Norddeutsche Forst- und Jagdgeschichten

Forstmeister i. R.
Helmut Mattke

WAGE-Verlag

Autor: Helmut Mattke
Zeichnungen: Diana Steckel
Umschlaggestaltung, Bildbearbeitung, Layout und Satz: WAGE-Verlag

Vertrieb: WAGE-Verlag
Am Tannenkopp 15, 18195 Tessin, Germany
Tel./Fax: (038205) 12902/12901

1 Auflage, 2000

ISBN: 3-9805273-8-7

Inhaltsverzeichnis

Zum Geleit

Es ist erstaunlich, daß Helmut Mattke zu einer Zeit, da prominente mecklenburgische Schriftsteller schweigen, bereits den dritten Band seiner Forst- und Jagdgeschichten vorlegen kann.

Ich bin ihm vor Jahrzehnten begegnet und kenne seit damals den Autor als einen fleißigen, hartnäckigen und talentierten Mann. Zu Beginn der fünfziger Jahre beauftragte mich das Landesforstamt Magdeburg mit der Leitung des Staatlichen Forstwirtschaftsbetriebes Salzwedel, und dort in den Wäldern traf ich auf Angehörige einer regelrechten Försterdynastie, auf die Mattkes nämlich. Die Alten waren nach der Vertreibung aus Ostpreußen endlich im altmärkischen Rustenbeck, später Dähre, seßhaft geworden, die Söhne folgten den Eltern. Vater Adolf Mattke konnte wieder als Revierförster tätig sein. Helmut übernahm eines Tages das Forstrevier Dähre, Fritz arbeitete in der Verwaltung des Forstamtes. Es war eine wilde Zeit. Die ersten landwirtschaftlichen Genossenschaften wurden gegründet. Es kam zu einer dramatischen gesellschaftlichen Konfrontation zwischen Anhängern der Kollektivierung und ihren Gegnern. Auch die Forstwirtschaft war auf vielfältige Weise davon betroffen. Damals war der Forstmann noch etwas wert. Auf Mattkes war Verlaß.

Und als ich, kaum über dreißig, meinen ersten literarischen Versuch wagte, floß mir, beinahe unbewußt, der Name Mattke aus der Feder, als es darum ging, die lebenstüchtige Heldin meiner Geschichte zu benennen. “Die Entscheidung der Lene Mattke” wurde für die damalige Zeit ein sensationeller Erfolg und für mich schließlich der Anlaß, den Forstberuf an den Nagel zu hängen, um in die Literatur zu gehen. Seit den fünfziger Jahren ist, gewollt oder ungewollt, meine künstlerische Arbeit mit dem Namen Mattke verbunden.

Übrigens habe ich auch Helmut Mattkes Mutter kennengelernt, eine starke Frau, die sich selber als Schreiberin versuchte, und mir ist noch in Erinnerung, wie bildhaft sie Szenen ihrer abenteuerlichen Flucht oder eine zottige Fichtenschonung in der Nähe des Forsthauses Rustenbeck beschrieb.

Das alles ist lange, lange her. Helmut Mattke und ich waren jung, als wir einander in den altmärkischen Wäldern begegneten. Inzwischen sind wir alte, aber, so würde ich sagen, gestandene Männer geworden, und ich nehme es als eine heitere Fügung des Lebens, daß wir uns als Bücherschreiber wiedertrafen, beide immer noch dem Wald verbunden, dem Getier, das ihn belebt, und den Menschen, denen er Brot und Erholung gibt.

Ich wünsche den "Norddeutschen Forst- und Jagdgeschichten" von Helmut Mattke einen schönen Erfolg.

Helmut Sakowski

Wesenberg, im Juni 2000

Vorwort

Ein dreiviertel Jahrhundert habe ich hinter mich gebracht und stehe am Ende eines erfüllten Lebens. Während dieser Zeit war ich Zeitzeuge mehrerer geschichtlicher Epochen: der Weimarer Republik (bis 1933), des "1000jährigen Reiches" (1933-1945), der Militärdiktatur (1945-1949), der DDR (1949-1990) und der BRD (ab 1990). Alle Epochen hinterließen Eindrücke, Spuren, aber auch Narben. Diese Zeitabschnitte sind nur erfaßbar, zu begreifen und zu bewerten, wenn man sie unmittelbar und bewußt erlebt hat. Die Nachgeborenen und Historiker können nur aus dem vorhandenen Material, den Berichten, Dokumenten, Bildern usw., einschätzen, analysieren und bewerten. Ihnen fehlt dabei jeweils die seinerzeit vorherrschende Emotionalität.

In meiner Jugend wählte ich den Beruf meiner Vorfahren, ich erlernte den Forstberuf. Die Forst- und Jagdwirtschaft prägte den bedeutsamsten Abschnitt meiner Entwicklung. Als wichtigster Faktor kam noch die preußisch-soldatische Erziehung hinzu. Sie gipfelte im pflichtbewußten Einsatz des eigenen Lebens im II. Weltkrieg. Der Sport hatte ebenfalls einen sehr hohen Stellenwert. In der Leichtathletik, in den Ballsportarten bis hin zum Schießsport, überall versuchte ich, Erfolge, Titel und Medaillen zu erringen.
Mein Engagement beim Wiederaufbau und der Erweiterung der weltbekannten Schießsportanlage in Heiligendamm sowie meine Leistungen innerhalb der Heiligendammer Schützenmannschaft waren nur durch die Liebe und verständnisvolle Unterstützung meiner Frau möglich. Über 50 Jahre teilt sie das Leben mit mir, zog vier Kinder auf, stand stets hilfsbereit und gütig fest an meiner Seite. Hierfür schulde ich ihr ewigen Dank. Ein Leben ohne Liebe, Verständnis und Toleranz wäre sinnlos gewesen.

Mit 70 Jahren begann ich, Erlebnisse aus meiner Jugendzeit zu Papier zu bringen. Nachdem einige Geschichten in der örtlichen Presse und auch in Jagdzeitschriften veröffentlicht

wurden, reifte mein Entschluß, ein Buch herauszugeben. So hielt ich dann 1996 "Ostpreußische Forst- und Jagdgeschichten" in meinen Händen, 31 Begebenheiten, ergänzt mit vielen Bildern, Zeitdokumenten und Illustrationen von Klaus-Peter Reif. Die vielseitige Zustimmung und freundliche Aufnahme meines Erstwerkes in der bundesweiten Leserschaft gaben mir Mut, ein zweites Buch zu schreiben. Mit dem Titel "Mecklenburgische Forst- und Jagdgeschichten" brachte der WAGE-Verlag Tessin 1998 mein nächstes Werk heraus. Es beinhaltet den Zeitabschnitt von 1945 bis in die Gegenwart. In 44 Geschichten schildere ich wiederum authentische Erlebnisse, auch dieses Buch fand eine gute Resonanz.
Um mein schriftstellerisches Schaffen nun abzurunden, entschloß ich mich, "Norddeutsche Forst- und Jagdgeschichten" herauszugeben. Somit entstand um die Milleniumswende eine Trilogie. Dieses Mal ereignen sich die Erlebnisse im Norden Deutschlands, zwischen dem 53. und 55. Breitengrad. Es umfaßt im wesentlichen die Gebiete des baltischen Höhenrückens, beginnend in Masuren, über Pommern, Mecklenburg bis in die Seenlandschaft von Schleswig-Holstein. Flensburg (Schleswig-Holstein) und Königsberg (Ostpreußen) befinden sich auf dem gleichen Breitengrad (54° 50' nördlicher Breite), nur gut 700 km Luftlinie (Wegstrecke über Berlin = 1.051 km) voneinander entfernt.
Im vorliegenden Buch tauchen viele verschiedene Menschen auf: Jäger, Freunde, Bekannte, Nahe- und Fernstehende. Eines jedoch zeichnet alle aus, sie sind eng mit der Natur verbunden. Sie lieben den Wald mit allen heimischen Tierarten und treten für eine sinnvolle Bewirtschaftung ein.
An dieser Stelle möchte ich allen (s. Anlage 1), die es mir ermöglichten, meine Trilogie zu vollenden, für ihre wertvollen Berichte, Beiträge und Ratschläge den besten Dank abstatten.

Helmut Mattke

Heiligendamm, während der Hirschbrunft 2000

Hochzeitsfeier im Forsthaus Pelohnen

Es gibt Traditionen, bei denen der Sohn jeweils in die Fußstapfen seines Vaters tritt und denselben Beruf ausübt. In der Landwirtschaft ist es nichts besonderes, wenn der Sohn den Hof übernimmt und im Sinne seines Vaters die Wirtschaft weiterführt. Auch bei Handwerksbetrieben vererbt sich der Betrieb auf die Nachkommen. In den übrigen Berufen, wie Lehrer, Ärzte, Post-, Bahn- oder Justizbeamte, sind Berufstraditionen über mehrere Generationen schon seltener.

Die Familie von Förster Friedrich Schmidt, der 1854 das Licht der Welt erblickte, entstammte sowohl von väterlicher wie auch mütterlicher Seite aus alten Försterfamilien. Der Vater seiner Frau Lina, Ludwig Frenkel, übte ebenfalls den Forstberuf aus. Auch dessen Vater, Martin Frenkel (1799-1871), war als Hegemeister tätig. Der Großvater mütterlicherseits, Friedrich Warnat (1798-1890), arbeitete ebenfalls als Förster. Etliche Söhne der Geschwister Schmidt, Frenkel und Warnat ergriffen den Forstberuf. Bei den Familienfesten dominierte somit immer die "grüne Farbe".

Förster Friedrich Schmidt hatte mit seiner Ehefrau sieben Kinder. Die Söhne Fritz, Wilhelm und Franz erlernten gleichermaßen den Forstberuf. Die älteste Tochter, Charlotte, heiratete den Landwirt Friedrich Deutschmann, Lina den Lehrer Otto Karahl und die dritte, Elise, den Lokomotivführer Fritz Schmidt. Die jüngste Tochter, Helene, verlobte sich zur Freude der Eltern, ja der ganzen Sippe, im September 1922 mit dem Förster Adolf Mattke. Die Hochzeit sollte im nächsten Jahr im Forsthaus Pelohnen gefeiert werden. Als Termin wählte die Brautmutter Freitag, den 25. Mai aus. Rechtzeitig informierte man die Verwandtschaft, Freunde und Bekannte darüber.

Nach dem verlorenen Weltkrieg verschlechterte sich die wirtschaftliche Situation in Deutschland von Monat zu Monat. Ursache waren die Reparationsleistungen und die Zahlung von einer Milliarde in Goldmark. Die Zerstückelung Deutschlands durch den Versailler Friedensvertrag sowie die Abtrennung Ostpreußens vom Reich vergrößerten noch mehr die Probleme in der östlichen Provinz. Die Inflation erreichte unvorstellbare Größen. Kostete im Jahre 1919 z. B. ein Brot noch 24 Pfennige, so stieg der Preis im folgenden Jahr auf eine Mark. Im Sommer 1922 betrug der Preis schon 23 Mark, und ein Jahr später zahlte man für ein Brot 800 Millionen Mark! Dieses steigerte sich noch auf 4,8 Milliarden, bis endlich im November 1923 das Gesetz über die Einführung der Rentenmark erlassen wurde. Eine Rentenmark entsprach einer Billion Mark!

Die Inflation bereitete auch den Brauteltern einige Sorgen. Glücklicherweise konnten sie die meisten Lebensmittel, wie Fleisch, Butter, Eier, Getreide, Kartoffeln und Gemüse, in der eigenen, zur Försterei gehörenden Landwirtschaft erzeugen. Diese Erzeugnisse stellten auch ein wichtiges Tauschäquivalent dar. Vorsorglich und zielgerichtet bereitete man eine große Hochzeit vor. In großen Weinballonflaschen gärte und gluckste Johannisbeer- und Hagebuttenwein. Auch "Selbstgebrannter" wurde besorgt und daraus Liköre und reichlich "Bärenfang", das Nationalgetränk der Ostpreußen, hergestellt. Diese Getränke fanden in einer Bodenkammer ihre Aufbewahrung. Aus Sicherheitsgründen schloß Mutter Schmidt diese zu und nahm den Schlüssel an sich, denn sie kannte ihre Männer. Die Söhne Willi und Franz sowie Neffe Walter Deutschmann entdeckten bald, daß das Kammerfenster nicht fest verschlossen war. Onkel Willi und Franz halfen ihrem 15jährigen Neffen Walter durch das kleine Kammerfenster, und so wanderten auf diesem Wege einige volle Flaschen nach unten und die leeren wieder nach oben. Einige Zeit später fiel der Brautmutter die Heiterkeit ihrer Söhne auf. Ein schlimmer Verdacht kam ihr. Sie eilte zur Bodenkammer und sah zu ihrem Entsetzen eine Batterie leerer Flaschen. Nachdem sie den Sündern tüchtig die "Leviten" gelesen hatte, mußten diese entsprechenden Ersatz heranschaffen. Das fanden ihre Söhne dann weniger lustig.

Der große Tag nahte. Am Polterabend versammelte sich schon ein Großteil der Familie. Die Näherwohnenden reisten mit Kutschen an. So die Eltern und Verwandten des Bräutigams, die von Plauen fast 25 km fahren mußten. Wer weiter entfernt wohnte, benutzte die Eisenbahn. Sie stiegen entweder in Tapiau oder Wehlau aus und liefen dann bis zum Forsthaus Pelohnen noch acht bzw. neun Kilometer zu Fuß oder legten diese Strecke mit einer Droschkenkutsche zurück. Jedem Neuankömmling reichten die Gastgeber zunächst einen Begrüßungstrunk. Da man bekannterweise auf einem Bein schlecht stehen kann, reichten sie sogleich den nächsten "Bärenfang" hinterher. Zum Essen und Trinken nötigten die Gastgeber ständig. Für die Verwandtschaft richteten sie zuvor auf dem Dachboden ein großes Matratzenlager ein. Die übrigen Gäste bekamen Platz in der Scheune. Nach der langen Reise und bei Bedarf konnten sie hier ein wenig ruhen oder ein Schläfchen machen.

Der Frühling zeigte sich Ende Mai von seiner besten Seite. Wunderbar sonnenreiche Tage brachten die Natur zur vollen Entfaltung. Alles grünte, wuchs und blühte, herrliche Düfte durchzogen die Luft. Die Tier- und Vogelwelt bemühte sich emsig um ihren Nachwuchs. Ein ideales Wetter zum Hochzeitmachen.
Gegen Abend versammelten sich die Jugend und die Schulfreunde der Braut aus den umliegenden Ortschaften, um zünftig den Polterabend zu feiern. Mit Girlanden und Maiengrün schmückten sie die Haustür und Toreinfahrt. Dabei wurde gesungen und eine "Quetschkommode" spielte zum Tanz. Auf der Tenne und vor dem Haus vergnügten sich die jungen Burschen mit ihren "Marjellchens". Mit Speisen und Getränken versorgte die Brautmutter mit ihren Hilfskräften fortwährend die Gäste. Zu später Stunde und gleichzeitig als Abschied warf das "junge Volk" altes Geschirr, Flaschen,

kaputte Eimer bis hin zum unbrauchbaren Nachttopf vor die Eingangstreppe. Es schepperte, klirrte, klapperte, und mit lautem Gejohle unterstützten sie ihre Aktion. Dieser alte Brauch wird überall in Deutschland gepflegt. Das Forträumen der Scherben am nächsten Morgen ist alleinige Aufgabe des Brautpaares. Diese Tätigkeit soll viel Glück auf dem gemeinsamen Lebensweg bringen.

Am nächsten Morgen, dem Hochzeitstag, hatten einige Gäste mächtige Probleme, doch nach entsprechendem Katerfrühstück und einem "Pillkaller" sah die Welt schon wieder viel freundlicher aus.
Das Gut Sanditten stellte einige Kutschen zur Verfügung. Die Hochzeitskutsche, gezogen von zwei Schimmeln, zeigte sich festlich geschmückt. Der Kutscher saß vorn auf dem Bock in gräflicher Livree, dahinter nahm das Brautpaar Platz. Die Braut strahlte in einem blütenweißen Kleid mit Kranz und Schleier. In ihren Händen hielt sie einen wunderschön gebundenen Brautstrauß aus weißem Flieder. Der Bräutigam daneben glänzte beeindruckend in seiner Galauniform mit Hirschfänger und Portepee. In den Kutschen dahinter fuhren die Eltern von Braut und Bräutigam und die Trauzeugen. Zuerst erfolgte die standesamtliche Trauung in Sanditten. Anschließend fuhr die Hochzeitsgesellschaft über Pelohnen zur Kirche nach Grünhayn. Diesem Zug schlossen sich vom Forsthaus aus noch viele Gäste mit ihren Fahrzeugen an. Vor der alten ehrwürdigen Kirche in Grünhayn fanden sich bereits viele Dorfbewohner ein. Die Forstkollegen aus den benachbarten Revierförstereien Köthen, Nickelsdorf, Rathsgrenz, Baining, Adamsheide und Naukel bildeten unter Leitung von Forstmeister Bernhard Amoneit, Forstamt Leipen, traditionsgemäß Spalier.
Hochrufe ertönten, als nach vollzogener Trauung das Brautpaar die Kirche verließ. Die Bläsergruppe der Forstkollegen begrüßte mit "Halali" und weiteren Jagdsignalen das jung vermählte Paar. Glückwünsche entgegennehmend, bahnte es sich, gefolgt von den Angehörigen, den Weg durch die Menschenmenge, um zu ihren Fahrzeugen zu gelangen. Die Ver-

teilung von Süßigkeiten, Nüssen und Fladen unter das jubelnde "Volk" organisierte die Brautmutter umsichtig. Endlich setzte sich der lange Hochzeitszug sachte in Bewegung. Die benachbarten Forstkollegen schlossen sich ihm an. Im scharfen Trab ging es dann gut gelaunt zur etwa zwei Kilometer entfernt im Walde liegenden Försterei Pelohnen.

Ein üppiges Festmahl erwartete dort alle Hochzeitsgäste. Die zusätzlich im Garten aufgestellten Tische und Bänke boten allen Platz. So ein Hochzeitsmahl dauerte Stunden. Nach der Devise "Essen und Trinken hält Leib und Seele zusammen", ließen es sich alle gut schmecken und das mit einem gesegneten Appetit. Alles, was Küche und Vorratskammer boten, wurde reichlich aufgetischt. Ständig ergänzten die Helfer Schüsseln und Platten, und die Gastgeber nötigten zum kräftigen Zulangen, was allerdings keiner großen Überredungskraft bedurfte.
Für die Musik zum "Scherbeln" sorgte am Klavier Schwager Otto Karahl, ein musikalisches Genie, und ein Handharmonikaspieler. Als wichtige Ergänzung stand ein Grammophon zur Verfügung. Dieses Gerät bediente meistens Bruder Willi, auch der "Lange Willi" genannt. Von den vielen herbeigeschafften Schallplatten ertönten verschiedenste Musikstücke, Volkslieder, Schlager, Walzer, Polka, Rheinländer, Schieber, auch die Polonaise fehlte nicht. Bei bekannten Liedern wie "Waldeslust", "Wir versaufen unser Oma ihr klein Häuschen", "Es war einmal ein treuer Husar", "Alte Kameraden" und in Abänderung des Originaltextes "Glücklich ist, wer verfrißt, was nicht zu versaufen ist", schwangen Alt und Jung laut mitsingend und unermüdlich das Tanzbein.
Infolge der erwähnten Umsichtigkeit von Brautmutter Schmidt stand ein sehr umfangreiches Angebot an alkoholischen Getränken zur Verfügung. So gab es selbstverständlich reichlich Bärenfang, Pillkaller, Wacholderschnaps (Machandel), Insterburger Reiterschnaps, Arrak und für die Damen außerdem ein "Schlubberchen" Wein, Waldmeisterbowle oder ein Likörchen. Durch den reichlichen Zuspruch

der angebotenen geistreichen Getränke steigerte sich die Hochzeitsstimmung zunehmend. Einlagen der gesangesfreudigen Forstkollegen und Jäger mit Liedern wie "Auf der Lüneburger Heide", "Ich schieß den Hirsch", "Im Wald und auf der Heide", von Otto Karahl am Klavier begleitet, sowie der helle Klang der Jagdhörner bildeten Höhepunkte der schönen Hochzeitsfeier.

Gegen Morgen verzogen sich einige Gäste zu einem kleinen Schläfchen, einer kurzen Ruhepause, danach ging das Feiern wieder weiter. Plötzlich fehlte Klavierspieler "Ottochen". Nach langem Suchen fand man ihn schlafend im "Häuschen mit dem Herzen". Lautes Klopfen und Rufen weckten ihn nicht auf, tief und ruhig war sein Schnarchen zu vernehmen. Durch den lauten Hall der Jagdhörner, kräftig geblasen von den "Familienförstern", schreckte "Ottochen" aus seinem Tiefschlaf und legte sich zur Freude der Feiernden gleich wieder voll ins Zeug, manchmal auch mit seiner Geige.
Dann entdeckte man, daß noch jemand fehlte, und zwar der Nachbar, Bauer Wilhelm Paukstat mit seiner Frau. Diese wohnten im Abbau Grünhayn, nur etwa 500 Meter von der Försterei entfernt. Schnell entschlossen marschierte ein Teil der Hochzeitsgäste dorthin, um sie zurück zur Feier zu holen. Natürlich mußte auch Musik den Zug begleiten, und so bliesen die Förster "Böb" und Franz in ihre Jagdhörner, der "Lange Willi" trug das Grammophon mit dem Trichter vor sich her, und "Ottochen" spielte auf der Geige. Mit flotter Marschmusik und Gesang näherten sie sich dem Paukstatschen Bauernhof. Dieser lag direkt am Waldesrand. Durch das nicht verschlossene Schlafzimmerfenster sah man das Ehepaar im tiefsten Schlaf liegen, das die lustige Gesellschaft nicht im geringsten bemerkte. Willi legte den neuesten Schlager "Schlaf mein Püppchen leise, schlafe nur ein" auf und ließ ihn mit voller Lautstärke abspielen. Hochgeschreckt, im Bett sitzend, starrten die Eheleute mit großaufgerissenen Augen auf die Eindringlinge. Das große Hallo und Gejohle übertönte das Jagdsignal "Aufbruch zur Jagd".

Damit Nachbar Paukstat gleich hellwach wurde, bekam er aus der mitgebrachten Flasche sofort einen Schnaps eingefüllt. Frau Paukstat rang die Hände und sagte halblaut nur “Erbarmung”! Nachdem sie sich vom Schrecken erholt hatte, mußte sie einen starken Kaffee aufbrühen und für alle Rührei mit Speck bereiten. Nach dieser ausgiebigen Stärkung spannte Wilhelm Paukstat einen Wagen an und fuhr alle zum Forsthaus zurück. Mit frischer Kraft ging dann die Hochzeitsfeier weiter.

Die zahlreichen Hochzeitsgäste vergnügten sich mit Musik und Tanz, dazwischen erfolgte laufende Stärkung durch gutes Essen und Trinken. Wen die Müdigkeit übermannte, der machte auf dem Matratzenlager ein kleines Schläfchen. In diesem Rhythmus feierte man lustig und vergnügt bis zum nächsten Morgengrauen. Eine solche ostpreußische Hochzeit währte gut und gerne drei Tage. Die Brauteltern stellten am Schluß der großen Hochzeitsfeier überaus zufrieden fest:

„Es hat ihnen gefallen!”

Inko, der Fischotter

Der Wind pfiff und brauste über den Wald hinweg. Er rüttelte und schüttelte die Baumwipfel. Zerrissene dunkle Wolkenschwaden jagten in Windeseile am Himmel entlang. Ein heftiger Frühlingssturm entwickelte sich. In der Nacht erreichte das Unwetter seinen Höhepunkt. Der Sturm tobte und wütete in den Baumkronen. Äste brachen, Bäume stürzten splitternd und krachend zu Boden. Prasselnd schlug der Regen gegen die Fenster der im Wald liegenden Försterei Dranzig bei Falkenburg/Pommern. Die Dachluke riß auf und klapperte hin und her. Plötzlich ein lautes Ratschen, Scheppern und folgend ein dumpfer Aufschlag. Dicht neben dem Forsthaus warf der Sturm eine alte starke Fichte zu Boden. Während des Fallens streiften Äste die Hauswand und rissen einige Dachpfannen herunter.

Im Morgengrauen legte sich das Unwetter. Sofort trat Förster Ludwig Frenkel mit seiner Frau aus dem Haus, um den angerichteten Schaden zu begutachten. Neugierig schaute auch die noch bei den Eltern wohnende Tochter Elise, in der Familie nur "Lieschen" genannt, heraus. Die umgeworfene Fichte ragte mit ihren Wurzeln wie ein struppiger, steiler Erdwall empor. Abgebrochene Zweige und Äste lagen überall umher. Alles sah verwüstet aus. Elise fing an, leise zu schluchzen. Ihr schöner alter "Tannenbaum", unter dem sie von klein auf oft mit ihren älteren Geschwistern spielte, fiel dem Sturm zum Opfer. Der Vater tröstete sein Töchterlein: „Lieschen, wir pflanzen an derselben Stelle einen neuen noch schöneren Baum."

Inzwischen kamen die Waldarbeiter Bernhard und Paul, die in Groß Grünow wohnten, zur Försterei Dranzig. Sie berichteten, daß es in ihrem Forstrevier an einigen Stellen recht wüst aussähe. Über Wege und Schneisen lägen Bäume, abgebrochene Kronen und Äste. Nur die Jungbestände blieben ohne Schäden. Sie murrten über die entstandene Waldverwüstung und über die nun folgende gefährliche Aufarbeitung des Bruch- und Windwurfholzes. Begannen dann aber doch unverzüglich, die Wege und Schneisen freizuschneiden. Plötzlich bewegte sich unter den Zweigen einer abgebrochenen Kiefernkrone ein kleines dunkelbraunes Knäuel. Paul reagierte schnell und fing das kleine Tier. Sie hielten es für einen jungen Iltis und brachten ihren Fang schnell zur Försterei.

Bei näherer Betrachtung des ängstlichen Findlings erkannte Förster Frenkel in ihm einen etwa zehn Wochen alten Fischotter. Es blieb ein Geheimnis, was mit dem Muttertier, der Fähe, geschehen war, warum sie den kleinen Otter allein zurückgelassen hatte. Fischotter haben in der Regel zwei bis vier Junge.

Hilflos, vor Kälte zitternd und recht kläglich, schaute das kleine Wesen umher. Schnell ergriff Tochter Lieschen die Initiative. Zuerst trocken und warm reibend, dann in eine Decke hüllend, versuchte sie, dem Otterchen etwas verdünnte warme Milch zu geben. Es dauerte lange, bis er von dem in Milch getauchten Finger die ersten Tropfen annahm. Allmählich leckte der Kleine häufiger und machte Schluckbewegungen. Mit viel Geduld bekam er auf diese Weise seine erste Mahlzeit. Eine kleine mit Heu ausgepolsterte Kiste sollte sein neues Zuhause werden. Vorsichtig legte Lieschen den Jungotter in die Kiste. Nun überlegte sie, wie man den neuen Hausbewohner zukünftig rufen könnte. Nach einigem Hin und Her fand sie den passenden Namen: “Inko”!

Ein Problem ergab sich mit den beiden Rauhhaarteckeln “Assi” und “Rex”. Nur mit Mühe unterdrückten sie ihr Jagdfieber. Sie spürten eben in dem neuen Mitbewohner das wilde Raubtier. Aber Herrchens Verbot mußten sie respektieren. Bemerkenswerterweise entdeckte die alte Teckelhündin Assi für den kleinen Fischotter sogar mütterliche Gefühle. Langsam schnuppernd näherte sie sich der Holzkiste, beleckte das Otterchen und legte sich zu ihm. Inko nahm die

gebotene Wärme dankbar an, und bald schliefen beide einträchtig nebeneinander. So begann eine seltene, einmalige Tierfreundschaft.
Umgehend wurde ein Säuglingsfläschchen mit Sauger besorgt. Aus verdünnter warmer Milch, ab und an mit einem gequirlten Ei versehen, bestand seine erste Nahrung. Auch bekam er oft noch zusätzlich ein gekochtes oder rohes Ei. Einige Zeit später ergänzten des öfteren Fische, die er am liebsten verzehrte seinen Speiseplan. Inkos Ernährung gestaltete sich nicht schwierig. Er fraß einfach alles. Gemeinsam mit den Hunden nahm er seine Mahlzeiten ein.

So verging die Zeit, und Inko wuchs als munterer Hausgenosse heran. Er spielte und tobte mit den Teckeln in Haus, Hof und Garten. Am liebsten jedoch begab er sich zu dem kleinen angrenzenden Hausteich, dem Poggenteich. Im Wasser bewegte sich Inko elegant und ungemein verspielt. Hier zeigte er seine Schwimmkünste. Mit unglaublicher Behändigkeit drehte er sich schwimmend um, vollführte Pirouetten, Saltos und Loopings. Blitzschnell sauste er mit seinem langgestreckten, stromlinienförmigem Körper durch das Wasser. Eine glitzernde Spur kleiner Luftbläschen folgte beim tiefen Tauchen Inkos Wegen. Oft blieb er lange unter Wasser, manchmal sechs bis acht Minuten. Im "Poggenteich" gab es nur Karauschen und einige Schleie. Schnell lernte er, die handgroßen Fische zu fangen. Am Ufer verzehrte er dann genußvoll seine Beute. Rief man jedoch: "Inko, komm, komm!" so kam er sogleich freudig herbei und sprang, schrille Pfeiflaute ausstoßend, an einem hoch und bettelte so um zusätzliche Fischnahrung.

Inko akzeptierte seine Ersatzmutti, begleitete sie stets in Sichtweite bei ihren Spaziergängen durch Wald und Flur. Einen besonderen Anziehungspunkt bildete das Torfmoor. Hier gab es reichlich Fische, vor allem große Hechte und Karpfen. In diesem Paradies befand sich Inko in seinem Element. Leider begnügte er sich nicht mit diesen gemeinsamen Ausflügen, sondern begann, auf dem Hof den Hühnern nachzustellen. Der stolze Hahn spürte als erster den inzwischen kräftigen Fang des Jungotters. Auf seinen Raubzügen gelangte er sogar ins etwa drei Kilometer entfernt gelegene Dorf. Einige Hühnchen mußten auch dort dran glauben. Für Förster Ludwig Frenkel eine peinlich bedrückende Situation. Nach dieser Tat schränkte man Inkos Freiheit erheblich ein. Er kam in einen extra aus Maschendraht hergestellten Zwinger. Eine geräumige Hütte mit viel Auslauf wurde sein neues Heim. Mit eigenartigen Lauten versuchte Inko, jeden, der vorbeiging, bettelnd zu bewegen, ihn aus dem Zwinger zu lassen. Lieschen konnte nie widerstehen, immer durfte Inko sie begleiten. Trotz seiner sonst oft stürmischen Wildheit konnte er ihr gegenüber sehr lieb, zutraulich und folgsam sein.

Der Sommer verging und auch der Herbst. Der Winter nahte. Schneeflocken tanzten langsam vom Himmel und deckten alles mit einem weißen Laken zu. Das Wasser in den Seen und Teichen erstarrte zu Eis. Nur in schnellfließenden Flüssen und Bächen gab es eisfreie Stellen, in denen sich zahlreiche Enten, Bleßhühner und manchmal auch Schwäne tummelten.
Inko wuchs inzwischen zu einem großen starken Fischotter mit einem wunderschönen seidig glänzenden, dunkelbraunen Balg heran. Noch spielte er immer noch gerne mit der Teckelhündin Assi, zog, zerrte und knuffte sie. Vieles ließ sie sich gefallen, nur wenn es zu arg wurde, verschaffte sie sich Respekt. Bei den täglichen Spaziergängen tobten Assi und Rex gemeinsam mit Lieschen und Inko umher. Nach kurzem Anlauf glitt der Otter spielend leicht über das Weiß der Natur dahin. Die Hunde stiebten währenddessen mit ihren kurzen Läufen durch den tiefen Schnee. Auch bei gelegentlichen Einkäufen in Groß Grünow trollten Inko und die Teckel brav hinter Lieschen her. Jedesmal bestaunten die Dorfbewohner diese nicht alltägliche Tierbegleitung.

Doch allmählich bemerkte die Familie eine Wesensveränderung bei ihrem "Pflegekind" Inko. Oft schaute er lange und lauschend in Richtung des großen, im Wald befindlichen

Klestin-Sees. Unruhig lief er danach im Zwinger hin und her. Er wollte in die große Freiheit zu seinen Artgenossen. Der Frühling kam. Die Natur erwachte. Überall regte sich neues Leben. Inko konnte wieder seiner natürlichen Veranlagung nachgehen und schwamm ausgiebig im Poggenteich und im Torfmoor umher. Nach so einem Bad sprang er dann pitschnaß, dabei freudige Laute ausstoßend, an seinem "Frauchen" hoch.

Zur Zeit der Getreideernte wanderte Lieschen mit ihrer Gefolgschaft eines Nachmittags zum Klestin-See. Inko stürzte sich sogleich in die Fluten. Auch die Teckel spielten eine Weile im flachen ufernahen Wasser, dabei laut kläffend. Das nasse Element ist im allgemeinen nichts für Teckel. Inko unternahm lange Tauchgänge und schwamm dabei weit auf den großen See hinaus. Nach geraumer Zeit sollte es wieder heimwärts gehen. Lieschen rief mehrmals: „Inko, komm, komm!" Aber nichts. Immer wieder rief sie, dabei am Seeufer hin und her laufend. Auch die Teckel beteiligten sich mit lautem Bellen. Keine Spur, kein Laut ließ sich von Inko ausmachen. Allmählich verlängerten sich die Schatten, und die Sonne versank hinter dem Wald. Die Dämmerung nahm zu, und die Nacht begann. Traurig machte sich Lieschen auf den Heimweg.
Weinend schilderte sie ihren Eltern den Vorfall. Der Vater tröstete sie mit den Worten: „Lieschen, weine nicht, wenn Inko wiederkommen will, findet er hierher. Er ist ja ein ausgewachsener intelligenter Fischotter." Jeden Tag suchte Lieschen den Klestin-See auf, schaute über die weite Wasserfläche und rief nach ihrem Inko, doch vergeblich.

Der Herbst hielt wieder seinen Einzug. In der Morgen- und Abenddämmerung zeigte sich im Spiel der Sonnenstrahlen eine vielfältige Farbenpracht. Die Blätter der Eichen und Buchen leuchteten teilweise goldgelb, oft auch rotbraun in den unterschiedlichsten Schattierungen. Die ersten Eicheln und Bucheckern fielen zur Erde, wurmstichige und taube Früchte. Rot leuchteten die Ebereschenbeeren, auch vom

Hagebuttenstrauch strahlte ein vielfaches Rot. Ebenso der Rote Holunder, im Gegensatz zu seinem Artverwandten mit dunkelblauen Beeren. Vereinzelt machte der Sauerdorn mit seinen gelben und scharlachroten Früchten auf sich aufmerksam, dazwischen mal eine Elsbeere mit lederbraunen Früchten. Am Boden fand man die letzten Blau-, Moos- und Preiselbeeren. Pilze aller Art vervollständigten die Vielfalt des Angebotes der Natur. Der Herbst ist Erntezeit für alle Lebewesen.

An so einem herrlichen Herbstnachmittag stand Lieschen wieder wie so oft am Klestin-See und hielt Ausschau. In einiger Entfernung krieselte die spiegelglatte Wasseroberfläche plötzlich. Kreisförmige Wellen entfernten sich von ihrem Mittelpunkt. Dann entstanden an anderer Stelle, immer näherkommend, wieder Wellen im Wasser. Für einen Augenblick erschien etwas Dunkles an der Oberfläche und verschwand sofort. Dann, weiter entfernt, eine zweite Wasserbewegung. Es konnten Haubentaucher sein. Gespannt beobachtete Lieschen die näherkommenden Tiere. Plötzlich erkannte sie, da gab es keinen Zweifel, Fischotter!

„Inko, komm, komm! Inko, komm!" rief, ja schrie sie freudig erregt den Tieren zu. Tatsächlich, der vordere Fischotter schwamm die rufende Elise direkt an. Der zweite jedoch blieb etwa 100 Meter zurück und verschwand unter Wasser. Langsam näherte sich ein Tier dem Ufer. Ja, es war Inko. Etwa zehn Schritte seitlich von Lieschen erreichte er das flache Ufer. Scheu und abwartend schaute er auf seine "Vizemutti", die sich ihm mit vielen lieben Worten näherte. „Inko, lieber Inko, wo warst du Ausreißer? Mein Liebling, komm, komm zu Frauchen!" Bis auf fünf Schritte ließ er sie heran, dann wich er ängstlich etwas zurück und blickte abwechselnd auf den See und auf das Mädchen, das ihn liebevoll aufzogen hatte.
In seinem Inneren kämpften die Gefühle miteinander. Zurück zu den Menschen oder in die große Freiheit zu seinen Artgenossen im Waldsee. Ein schweres Ringen, doch mit leisen Klagelauten, die sie zuvor nie gehört hatte, nahm er Abschied von Lieschen. Langsam schob er sich ins tiefe Wasser. Er schwamm, oft ans Ufer zurückschauend, der im See wartenden Otterin entgegen.

Hugo, der Adebar

Mit zunehmendem Alter erscheinen mir immer häufiger Bilder aus meiner Kindheit und Jugendzeit. Dieses geschieht in Träumen, aber auch unwillkürlich wandern meine Gedanken weit zurück. Plötzlich taucht ein Bild aus weiter Vergangenheit klar vor meinen Augen auf. Ich sehe meine Eltern, Brüder und Verwandte, mein Geburtshaus, jedes Detail ist hiervon deutlich erkennbar, mein Heimatdorf und dessen nähere Umgebung. Den uralten Eichenbestand, gleich hinter dem Hof der Försterei, der sich bis zum Steilhang der Swine hinzog. Dahinter stockte ein Laubholzmischbestand mit starken Eschen, Linden und Weißbuchen. Oft laufen die Bilder wie ein Film ab.

Im zeitigen Frühjahr, bei Beginn der Schneeschmelze, taute der Schnee zunächst nur zögerlich. Es ergaben sich kleine Rinnsale, die ständig größer wurden, dann kleine Bäche bildeten und sprudelnd den Hang hinunter ins Ursprungstal der Swine flossen. Auf dem Flußbett der Swine und im überschwemmten Ursprungstal schoben sich durch die Kraft des stromabwärts treibenden Wassers Eisschollen zusammen. Sie bildeten Eisbarrieren, die plötzlich knirschend, laut krachend auseinanderbrachen, und das gelb aufgewühlte strudelnde Wasser trieb, alles mitreißend, weiter in Richtung der Ankermühle. An der nächsten Flußbiegung schoben sich wieder Eisschollen zusammen, und das Spiel der Naturgewalten begann erneut.
Wenige Tage später, wenn die ersten Sonnenstrahlen die Erde erwärmten, verwandelte sich der Waldboden, den braune bis schmutziggraue alte Laubblätter bedeckten, in einen blauen Teppich. Leberblümchen reckten dicht an dicht ihre himmelblauen Blüten dem Licht entgegen. Diese Verwandlung geschah sehr schnell, fast über Nacht. Gleichzeitig fand man vereinzelt am Hang einen Strauch mit gelbgrauen Rutenzweigen, an dem rosarote, nach Mandeln duftende Blüten saßen, den Seidelbast. Wenig später verschwand all-

mählich der blaue Teppich, und das Weiß der Buschwindröschen (Anemonen) überwog. Manchmal sah man auch eine gelbe Anemone. Leuchtend gelb zeigten sich die Waldschlüsselblumen sowie vereinzelte Waldveilchen mit ihren dunkelvioletten Blüten. Sie boten dem Auge ein herrliches malerisches Bild.
Mit dem Erwachen der Natur regte sich auch die Vielzahl der Lebewesen in Wald, Wiese, Feld und Gewässer. Insekten aller Art krabbelten, burrten, summten und flogen umher. Gleichzeitig kehrten Scharen von Zugvögeln zurück. Gänse zogen mit schrillem Schrei in ihre angestammten Brutgebiete gen Norden. Kraniche flogen in Keilform. Dabei kündeten sie schon von weitem mit ihrem trompetenartigen Ruf ihr Erscheinen an. In den Abendstunden quorrten, puitzten Schnepfen und Bekassinen. Auch Enten aller Art verkündeten ihre Rückkehr. Stare, Finken Lerchen, oft in großen Scharen, gaben als Durchzügler mit vielem Gezwitscher ein kurzes Stelldichein.
Plötzlich schwebten in einiger Höhe schwadronsweise große Vögel mit weißem Gefieder, schwarzen Schwingen, roten Beinen und Schnäbeln heran. Die Weißstörche, in Ostpreußen auch "Oadeboar" genannt, kehrten in ihre Brutgebiete zurück. Zuerst kommen die Männchen, um ihre alten Horste wieder in Besitz zu nehmen. Sofort beginnen sie eifrig, ihre Nester auszubessern, und warten geduldig auf die Rückkehr ihrer Weibchen. Diese kamen immer ein paar Tage später ein geflogen und wurden mit freudigem Geklapper begrüßt.

Die Störche bringen eine weite Reise mit vielen Gefahren hinter sich. Alljährlich, im Juli/August, sammeln sich die Familien, machen große Flugübungen und ziehen gemächlich gen Süden. Die westlich der Weser lebenden Weißstörche fliegen über Gibraltar und Westafrika bis nach Kapstadt. Die östlich lebenden Störche nehmen ihre Flugroute über Ungarn, den Balkan, Kleinasien, den Nil entlang und erreichen ebenfalls die Gegend bei Kapstadt. Die Hinreise dauert etwa 80 Tage, dagegen schaffen sie im Frühjahr ihren Rückflug in knappen 25 Tagen. Die weltbekannte Vogelwarte Rossitten, auf der Kurischen Nehrung, hat die Storchenforschung sehr intensiv betrieben. Jährlich beringte man einige tausend Jungstörche und konnte im Ergebnis eindeutig die Lebensweise der Weißstörche belegen. 1934 zählte man in Ostpreußen 16.600 Horstpaare, weit mehr als im übrigen Deutschland zusammen. Ostpreußen nannte man auch das Land der Störche. Der storchreichste Kreis der Provinz war Insterburg. Durch Zufall - aber vielleicht auch deswegen - befand sich in Insterburg die Hebammenlehranstalt!

In Märchen, aber auch in der Familie, erzählte man den Kleinkindern, daß der Klapperstorch die Babys bringe. Kinderreime wie: "Storch, Storch, Bester
bring mir eine Schwester!
Storch, Storch, Guter
bring mir einen Bruder!"

oder: "De Oadeboar, de Oadeboar,
de hätt e dicke Kopp.
Un wenn er öm Frehjoar wedder kömmt,
denn bringt er ons e Popp."

sollten den Kinderglauben bestärken. Der Aberglaube, vor allem im ländlichen Raum, ist auch am folgenden Beispiel ersichtlich. Wer im Frühjahr den ersten Storch fliegend erblickte, dem sagte man ein fleißiges, gutes Jahr voraus. Wer aber seinen ersten Adebar stolzierenderweise auf der Erde sah, dem prophezeite man ein faules, schlechtes Jahr!

Von kleinauf ist mir unser Storchennest auf dem Dach unseres Wirtschaftsgebäudes der Försterei Plauen in Erinnerung. Das freudige Begrüßungsklappern des Storchenpaares, das Siegesgeklapper, wenn erfolgreich fremde Eindringlinge vertrieben wurden, all das ist mir gegenwärtig.

Ein Storchenpaar hält sich die Treue lebenslang. Im Brutgeschäft wechseln sich beide gegenseitig ab. Nach etwa 33 Tagen schlüpfen drei bis fünf Jungstörche. Dann haben die Altstörche viel zu tun, denn von Tag zu Tag verlangen die

Jungen mehr Nahrung. Etwa 8-10 Wochen später wagen sie ihre ersten Flüge. Auf den nassen Swinewiesen erlernen sie die selbständige Futtersuche. Frösche, Würmer, Schnecken, Eidechsen, Mäuse, Fische, alles Getier, was sie bewältigen können, wird gefressen.

Anfang der 30er Jahre war ein Jungstorch in die Telefonleitung, die von Groß Plauen zu unserer Försterei führte geflogen, und hatte sich verletzt. Eine Flügelspitze mit der Schwungfeder hing herab. Ungeschickt flatterte er umher und kippte immer seitlich ab. Die Verletzung machte ihn flugunfähig. Meine Eltern fingen ihn ein. Mutter, von kleinauf sehr tierlieb, hatte schon viele Jungtiere großgezogen und auch einige verletzte Tiere wieder gesundgepflegt. Die Palette reichte von Rehen, Eichhörnchen, Igeln, Fischotter, Hasen, Eichelhäher, Dohlen bis Tauben, und jetzt sollte es der verletzte Jungstorch sein. Nach entsprechender Behandlung bekam er auf der Tenne in der Scheune sein Quartier. Schnell fing ich ein paar Frösche, die er aber nicht fraß. Er verweigerte jede Nahrung. So ging es etwa drei Tage, dann endlich schluckte der scheue Vogel den ersten Fleischbrocken.
Allmählich nahm er die angebotene Nahrung an und wurde zutraulicher. Meine Mutter taufte ihn Hugo. Nur hörte er noch nicht auf seinen Namen. Eines Tages ließ sie ihn auf den Geflügelhof. Ganter, Puter und unser Hahn zeigten sich zunächst recht aufgebracht über den Neuen, den Störenfried. Zischend, blubbernd, krähend, mit Attacken versuchten sie, den Klapperstorch zu vertreiben. Dieser jedoch konnte sich, geschickt zur Seite oder hochspringend, der Gefahr entziehen. Nach einiger Zeit ließen die Angriffe nach und Hugo wurde geduldet. Täglich besorgte ich für ihn Futter. Der Poggenteich, gleich an der Ecke unseres großen Gartens, lieferte genug Frösche, aber auch Karauschen, die ich mit einem Kartoffelkorb fing.

Inzwischen kam die Zeit, in der sich die Storchenfamilien vereinigten, sich auf ihren großen Flug gen Süden vorbereiteten und davonflogen. Nur Hugo konnte nicht mit. Der

Heilungsprozeß und das Nachwachsen der Schwungfedern brauchten eben Zeit. Somit mußte er bei uns überwintern. Die Kälte machte ihm wenig aus. Futter fiel in einem Haushalt mit Landwirtschaft genügend an. Die Innereien von Hühnern, Enten, Gänsen. Der Aufbruch von erlegtem Wild. Ab und zu Fische, auch Mäuse oder mal ein Spatz. Beim großen Schweineschlachten, kurz vor Weihnachten, gab es mehr als genug für unseren Hugo. So verging die Zeit, unser Klapperstorch gewöhnte sich an das neue Umfeld und an diese Lebensbedingungen. Er wurde zutraulich, kam, wenn man ihn rief, und fraß aus der Hand. Auf dem Geflügelhof gab es auch keinen Streit mehr. Mittlerweile verheilte die Verletzung, die Federn wuchsen nach, und Hugo startete seine ersten Flugversuche. Zunächst probierte er nur kleine Sprünge. Nach einigen Metern kippte er aber immer noch zur Seite. Dieses ging so einige Zeit. Plötzlich, mit genügend Anlauf, erhob er sich, flog, Höhe gewinnend, im Halbkreis über den Hof und landete auf seinem Storchennest. Laut klappernd und anhaltend verkündete er seinen Erfolg.

Die schneebedeckte Winterlandschaft, von oben betrachtet, gab ihm sicherlich eine neue ungewöhnliche Perspektive. Nach einigem Rufen und Klappern mit dem Futtereimer ließ sich Hugo wieder auf dem Geflügelhof nieder und nahm sein Futter, wie uns schien, stolz entgegen.

Die Frühjahrsstürme und die beginnende Schneeschmelze kündeten das nahende Frühjahr an. Wie in jedem Jahr wiederholte sich der Rhythmus der Natur. Plötzlich klapperte unser Altstorch von seinem Horst und verkündete die glückliche Wiederkehr aus dem fernen Afrika. Hugo, sichtlich erregt, flog zum Storchennest seinem Vater entgegen. Dieser aber griff ihn an und vertrieb den vermeintlichen Konkurrenten mit einigen Schnabelhieben. Einige Tage später, als auch das Weibchen eintraf, versuchte Hugo wiederum, zu seinem Geburtsnest zu gelangen, aber ohne Erfolg. Er wurde von seinen Eltern vertrieben. So blieb ihm nichts anderes übrig, als sich in die Schar der Junggesellen einzureihen, um sich nach Geschlechtsreife eine Ehepartnerin zu suchen und einen eigenen Horst zu bauen.

Inzwischen sind rund 70 Jahre vergangen. Viel hat sich in dieser Zeit ereignet. Infolge des sinnlosen II. Weltkrieges (1939-1945) wurden viele Millionen von Menschen aus ihrer angestammten Heimat vertrieben, gequält, getötet, oder sie verhungerten. Es herrschte überall große Not und Elend. Fürchterliche Rache nahmen die Siegermächte an dem deutschen Volk. Meine Heimat Ostpreußen und die Gebiete bis zur Oder gingen verloren. Alles Deutsche, eine rund 700jährige deutsche Kultur, begann man auszurotten. Ottfried Graf Finkenstein schildert in seinem Buch "Nur die Störche sind geblieben" seine Erinnerungen an Ostpreußen. Bezeichnend und zutreffend ist der Titel.

Bei meinen vielen Reisen nach Ostpreußen, besonders nach Masuren, konnte ich mich immer wieder an der Landschaft mit ihren Wäldern, Seen und Flüssen erfreuen. Wildtiere, auch Elche fand ich noch vor. Am meisten jedoch war der

Klapperstorch anzutreffen. Viele mächtige Horste hoch auf den Gebäuden, Türmen, Schornsteinen, Masten und Bäumen zeugen von den zahlreichen großen Vögeln. Ein vertrautes vielstimmiges Geklapper begrüßt jeden Reisenden. Es ist eben das Land der Störche geblieben. Sie haben ihre Heimat behalten!

In meiner zweiten Heimat, in Mecklenburg, ist der Weißstorch nicht so häufig anzutreffen wie in Ostpreußen. Im Landkreis Bad Doberan stellte man aber in den letzten Jahren eine Zunahme um 20 % fest. 86 Horstpaare konnten hier registriert werden. Diese erfreuliche Tatsache ließ sich überall in den Storchbrutgebieten beobachten.

Jedesmal wenn ich jetzt einen Weißstorch erblicke, kommen mir die Jugenderlebnisse mit Hugo in den Sinn.

Tell

Mit diesem Namen ist nicht der legendäre Volksheld der Schweizerischen Eidgenossenschaft Wilhelm Tell gemeint, der im 14. Jahrhundert gegen die Habsburger kämpfte, sondern ein Deutsch-Drahthaarrüde mit Namen Tell.

Während seiner Tätigkeit als Förster im Forstrevier Plauen, Ostpreußen, richtete mein Vater häufig Jagdhunde für andere Jäger ab. Gestützt auf seine jagdlichen Erfahrungen sowie die Lehr- und Dressurbücher von Hegewald (Freiherr von Zedlitz und Neukirch), Diezel und Oberländer, konnte er auf einige Dressurerfolge verweisen.

Ein bekannter Jagdherr aus dem angrenzenden Eigenjagdbezirk besaß einen Deutsch-Drahthaarrüden. Dieser Hund, aus gutem Zwinger, befand sich schon im 3. Feld, leider war er durch eine falsche Abrichtung und Führung völlig unbrauchbar geworden. Der Hund besaß keinen Appell, war hand- und schußscheu. Sein Herr konnte mit dem Hund nicht mehr fertig werden. Letztendlich wollte er sich seines jagdlich nicht zu verwendenden Hundes entledigen. Ihn selbst totzuschießen, brachte er aber auch nicht fertig. Deshalb bat er meinen Vater, dieses zu tun. Mit den Worten: „Hier ist noch eine Patrone, erschießen Sie ihn, oder machen Sie mit dem Hund, was Sie wollen", übergab er Tell. Gründlich und mit Sachverstand besah sich mein Vater das Tier. Im Körperbau ein starker, gut gebauter Rüde, ohne Zahn- oder sonstige Fehler und gut im Haar. Der Hund tat ihm leid. Sofort erkannte er, daß die Schuld an dem bisherigen Versagen des Jagdhundes nicht an dem Tier lag, sondern eindeutig an seinem Führer.

In der Försterei kam Tell zunächst in den Zwinger und lernte unsere anderen Hunde kennen. Bei uns befanden sich oft drei bis sechs Hunde zur Ausbildung, die meisten davon gehörten Jägern. Vom Teckel über Pudelpointer bis hin zu

Deutsch-, Kurz-. Lang- und Drahthaar waren viele Rassen vertreten. Namen wie “Dina”, “Cora”, “Castor”, “Hektor”, “Treff” und “Tula” sind mir noch in guter Erinnerung. Alle diese Hunde sollten gute Jagdgebrauchshunde werden. Bei der Abrichtung durfte ich meinem Vater oft helfen. Häufig mußten Hasenschleppen bzw. Schweißfährten gelegt werden, anfänglich etwa 300 Meter weit, später mit stetiger Verlängerung und erhöhtem Schwierigkeitsgrad. Vater arbeitete dann die Schleppe mit dem Hund am Schweißriemen aus. Schweißfährten von Schalenwild gehörten ebenfalls zur Abrichtung. Die Varianten von “Verlorenbringen”, “Totverbellen” bis “Totverweisen” übten wir so lange, bis der Hund seine Aufgabe sicher beherrschte.

Mit Tell begann mein Vater ein langwieriges und schwieriges Ausbildungsprogramm. Zur Korrektur eines verdorbenen Hundes benötigt man Zeit und Geduld. Zunächst mußte mit viel Zuwendung Vertrauen zum neuen Hundeführer aufgebaut werden. Mit Ruhe, Besonnenheit und der notwendigen Erfahrung begann mein Vater mit der Parforce-Dressur, so nannte man seinerzeit die Stubendressur. Hierbei galt es, die Überlegenheit und absolute Macht seines Herrn in das Bewußtsein des Hundes zu bringen und ihn somit zum bedingungslosen Gehorsam zu zwingen. Dressurhalsband, Apportierbock und Apportiersack stellten wichtige Hilfsmittel in der Abrichtung dar. Allmählich machte Tell Fortschritte. So konnte seine Ausbildung anstatt auf der Tenne im Freien fortgeführt werden. Um die Schußfestigkeit zu erziehen, kaufte mein Vater eine damals übliche Knallpfropfenpistole. Von vorne schob man fest einen Knallpfropfen in den Lauf. Bei Betätigung des Abzuges schnellte der Schlagbolzen vor und brachte das Knallquecksilber im Pfropfen zur Entzündung. Mit lautem Knall flog der dann aus dem Lauf. Diesen Knalleffekt brauchte mein Vater, um Tell die Schußfestigkeit beizubringen. Auf etwa 200 Meter Entfernung begann ich mit der Knallerei. Auf Zuruf meines Vaters verringerte ich die Entfernungen. Diese Übung ging einige Tage und machte mir richtig Spaß, zumal ich manchmal eine leere

Patronenhülse Kaliber 12 über den Pistolenlauf schob, sodaß diese dann etwa zehn Meter weit flog. Eines Tages hatte mein Vater Tell dann soweit, daß er selbst mit seiner Flinte schießen konnte und der Hund dabei keine Schußscheue mehr zeigte. Auf diesen Erfolg aufbauend, ging es Schritt für Schritt weiter. Als ständiger Gehilfe mußte ich immer zur Stelle sein und konnte die guten Fortschritte bei der Abrichtung beobachten. Während der vielseitigen Ausbildung setzte mein Vater manchmal auch unsere gut abgerichtete Deutsch-Drahthaarhündin Dina ein, um Übungen vorzuführen und Tell anzuspornen.

Als vielseitiger Gebrauchshund sollte Tell auch als Wächter und Beschützer ausgebildet werden. Um den Hund wachsam und mannscharf zu machen, staffierte mich mein Vater zu einem "wilden Mann" aus. Einen alten Gehpelz mußte ich anziehen. Dieser reichte mir bis auf die Füße. Ein Strick, fest um meinen Leib gewickelt, hielt das Ganze zusammen. Die Weihnachtsmannmaske mit weißem Bart bekam ich vors Gesicht, eine Fellmütze auf den Kopf und einen kräftigen Stock in die Hand. In dieser Maskerade fühlte ich mich recht unwohl. Als erste Übung wurde das Bewachen von Vaters Rucksack geübt. Fest angeleint bewachte Tell den Rucksack. Ich mußte mich unter Wind nähern und versuchen, an den Rucksack zu gelangen. Zuerst knurrend und beim Näherkommen wütend Hals gebend und heftig an der Leine zerrend, verteidigte Tell den Rucksack. Obgleich Vater verdeckt die Übung beobachtete, war mir hierbei nicht wohl. Als nächstes mußte ich plötzlich in Drohgebärden hinter einem Busch erscheinen. Tell reagierte und zeigte die notwendige Schärfe. Auf Kommando ging er in "Down-Stellung" oder bei "Hui, faß den Kerl" konnte Vater ihn kaum an der Leine halten. Alle Übungen wiederholten wir in gewissen Abständen so lange, bis er sie hundertprozentig beherrschte.

Das Apportieren von Hase, Federwild, Fuchs und Apportierbock sowie das Überwinden von Hindernissen gehörten ebenfalls zur umfangreichen Abrichtung. Bei der Wasserarbeit warf mein Vater einmal gedankenlos den Apportierbock, mit Metallscheiben beschwert, in die glasklare, langsamfließende Swine. Das Gerät versank. Erschrocken gab Vater das Kommando “Bring Apporte”. Mit einem gewaltigen Satz sprang der Hund in das Wasser, tauchte und holte aus etwa eineinhalb Meter Tiefe den Apportierbock aus der Swine. Eine äußerst ungewöhnliche Leistung!

Nach monatelanger intensiver Abrichtung enwickelte sich Tell zu einem sehr guten Gebrauchshund. Auf Niederwildjagden oder Nachsuchen zeigte er hervorragende Leistungen. Dieses kam auch dem ehemaligen Besitzer zu Ohren. Als nach einem weiteren Jahr Tell auf den Hundeprüfungen (VGP, HZP) jeweils mit Abstand den 1. Preis erhielt und er als Zuchtrüde sehr gefragt war, wollte ihn der alte Hundebesitzer zurückkaufen. Er bot mit 800 Reichsmark und einem Welpen einen für die damalige Zeit sehr hohen Preis. Auf dieses Angebot ging mein Vater nicht ein. Tell blieb uns erhalten und dankte dieses bis ins hohe Alter durch absolute Treue und Zuverlässigkeit. Er war ein einmaliger Jagdkamerad.

Schicksalhafte Jagd

Das Jahr 1944 ging seinem Ende entgegen. Im sechsten Kriegswinter zeigte sich die Versorgungslage der Bevölkerung überaus angespannt. Die Lebensmittelrationen mußten erneut gekürzt werden. Äußerste Sparsamkeit in allen Bereichen stand an oberster Stelle. Täglich kamen im Radio und in der Tagespresse entsprechende Aufrufe. Im letzten Herbst fanden große Aktionen der Schulkinder zum Sammeln von Feld- und Waldfrüchten, Heil- und Teepflanzen statt. Die Erfassung und Ablieferung der landwirtschaftlichen Produkte erfolgte noch strenger. Wer beim Schwarzschlachten ertappt wurde, dem drohte wegen "Sabotage der Volkswirtschaft" sogar die Todesstrafe. Die Propaganda um "Kohlenklau" verlangte die sparsamste Verwendung von Brennstoffen, Energie und Material. Reichspropagandaminister Dr. Goebbels verkündete 1943 den "totalen Krieg". Dies bedeutete für Forstbehörden und Jägerschaft u. a. die restlose Erfüllung der Wildabschußpläne. Da viele Jäger als Soldaten an der Front kämpften, gab es bei der Bereitstellung des Wildbrets echte Schwierigkeiten. Der Reichsjägermeister beklagte mit Rundschreiben vom 24. Juli 1944 an die Gaujägermeister, daß der Wildabschuß der Jagdjahre 1942/43 und 1943/44 stark zurück gegangen sei; die geforderte Verminderung der Wildbestände, sei "durch Zusammenfassung aller Kräfte für den Kriegseinsatz" zu gewährleisten! Die Gau- und Kreisjägermeister wiesen daher an, alle Möglichkeiten zu nutzen, um die bestätigten Wildabschußpläne zu erfüllen. Deshalb sollten an Sonn- und Feiertagen verstärkt Jagden durchgeführt werden.

Zahnarzt Dr. Fischer aus Wehlau besaß nördlich des Pregels, in Richtung Ripkeim-Petersdorf, ein Niederwildrevier. Entsprechend den Weisungen der Jagdbehörden veranstaltete er am 25. Dezember 1944 eine Treibjagd. Viele bekannte Jäger folgten der Einladung. So erblickte man unter den Jagdgästen Dr. Reinhard Grigat, der seinen Sohn Hubertus als Treiber mitbrachte, Kaufmann Arnswald, Fuhrunternehmer Karl Salecker, Rudolf Herrenkind, die Förster Waldemar Fischer und Franz Schmidt sowie zwei Jäger aus der SS-Garnison mit Lazarett Allenberg. Bis 1941 bestand die Provinzial-Heil- und Pflegeanstalt Allenberg, die dann die Waffen-SS übernahm und entsprechend umgestaltete.

Dr. Fischer begrüßte seine Jagdgäste, gab das Übliche bekannt und verwies noch besonders auf die Vorsichtsmaßregeln. Während der Weihnachtsferien standen genügend Jungen als Treiber zur Verfügung. Mäßiger Frost und geringer Schnee boten für die Hasenjagd sehr gute Voraussetzungen.

Gleich im ersten Kessel kamen reichlich Hasen vor, und anschließend lagen etliche auf der Strecke. Während des zweiten Kessels erschreckte eine gewaltige Detonation aus Richtung Wehlau alle Jagdteilnehmer. Die Kreisstadt lag etwa fünf Kilometer entfernt, und niemand konnte sich erklären, was da vor sich ging.
Später stellte sich heraus, daß eine Explosion die massive Allebrücke zerstört hatte. Ob es sich hier um Sabotage oder eine Unvorsichtigkeit der Pioniere handelte, konnte nie geklärt werden.

Im weiteren Verlauf der Treibjagd schoß ein österreichischer SS-Arzt, der in Allenberg stationiert war, einen Hasen krank. Er eilte hinzu, schlug mit dem Kolben seiner Hahn-Doppelflinte auf den Hasen, um ihn zu "erlegen". Ein Krachen! Durch den Hieb löste sich ein Schuß aus der Waffe, und tödlich getroffen sank der Jäger zu Boden. Dr. Grigat konnte bedauerlicherweise nur noch seinen Tod feststellen. Dieses tragische Ereignis erlebte Hubertus Grigat, besagter Sohn, damals als Zeitzeuge. Schwer erschüttert und tieftraurig beendete die Jagdgesellschaft sofort die Treibjagd.

Offensichtlich herrscht bei einigen "Jägern" die irrige Annahme vor, daß die Waffe, wie beim Militär, verschiedene Funktionen ausüben könne. Damals hieß es: "Der Karabiner 98 (K) ist eine Schuß-, Hieb- und Stichwaffe!" Der Karabiner 98 war für diese Zwecke stabil genug gebaut und konnte notfalls im Nahkampf zum Totschlagen des Gegners verwandt werden. Eine Flinte jedoch so einzusetzen, ist neben unweidmännischem Verhalten auch sehr gefährlich!

Im ehemaligen Bezirk Schwerin ereignete sich ein ähnlicher Fall. 1956/57 veranstaltete die Ingenieurschule für Forstwirtschaft in Raben Steinfeld bei Schwerin eine Lehrjagd mit den Forststudenten. Auf dieser Jagd, in der Nähe von Raben Steinfeld, versuchte ein Forststudent ebenfalls, einen krankgeschossenen Hasen mit seiner Flinte zu erschlagen. Auch aus seiner Waffe löste sich ein Schuß und traf ihn voll in die Brust. Der Tod trat auf der Stelle ein.

Sicherlich gab es in der Vergangenheit noch mehr ähnliche Unfälle, die tödlich oder mit schweren Verletzungen endeten. Deshalb ist im Umgang mit Waffen besondere Vorsicht anzumahnen!

Die Linde

Auf unserer Erde gibt es etliche Lindenarten. Wir kennen die Weiß-, Schwarz-, Silber-, Rot-, Holländische Linde und noch einige mehr. Für Mitteleuropa sind aber nur die Sommerlinde (Tilia phatyphyllos) und die Winterlinde (Tilia cordata) von Bedeutung.
In grauer Vergangenheit, zur Zeit der Germanen, weihte man die Linde der Freya, Göttin der Liebe und Fruchtbarkeit. Der Baum galt als heilig. Nach der Christianisierung diente sie als "Lignum sacrum" (heiliges Holz) und wurde zum Schnitzen von Marien- und Heiligenstatuen verwandt.
Die Linde nannte man den "Hausbaum" Ostpreußens. Sie stand vor den Türen der Häuser, an den Toren der Bauerngehöfte, auf dem Dorfanger und bildete herrliche Alleen. Stellvertretend für die vielen Lindenalleen in Deutschland sei die schönste und eine der ältesten Winterlindenalleen Deutschlands (begründet 1852/53) genannt. Sie säumt die Chaussee von Bad Doberan nach Heiligendamm.
Unter der alten mächtigen Dorflinde, meistens eine Sommerlinde, berieten die Bauern über das Wohl der Gemeinde. Auch in anderen Teilen Deutschlands stand die Linde im Mittelpunkt des Dorfes. Mit Hilfe der daran hängenden "Hillebille", einem alten hölzernen Signalgerät, rief man Versammlungen ein. Auch als Gerichts- und Fehmelinde nutzte man sie. Für die Dorfjugend stellte die Dorflinde einen allgemein beliebten Treffpunkt dar. Bei Festlichkeiten feierten, tanzten und sangen die Leute unter ihr. Hermann Löns formulierte seinerzeit:

"Unter der Linde
Da ist mein allerliebster Platz,
Da will ich warten
Auf meinen Schatz."

Auch in weiteren Gedichten und Liedern setzte man der Linde ein Denkmal. Besonders bekannt sind die Lieder: "Am Brunnen vor dem Tore, da steht ein Lindenbaum", wel-

ches von Wilhelm Müller (1822) gedichtet und von Franz Schubert vertont wurde, und “Vor meinem Vaterhaus steht eine Linde”.
Pollenanalytische Untersuchungen haben ergeben, daß der vorgeschichtliche Waldzustand auf besseren Böden zunächst mit der Linde und der Ulme den größten Anteil hatte. Die später dominierende Eiche fand immer die Begleitung von vielen Laubhölzern, wie Linde, Ulme, Birke und Erle. Die intensive Nutzung vor allem junger Linden zur Bastgewinnung bewirkte eine rapide Abnahme der Lindenbestände, so daß ihr Anteil in schon verstrichener Gegenwart (1937) auf unter 2 % sank.

Blüht die Linde, lockt der süßlich aromatische Honigduft unzählige Bienen, Hummeln und weiteres Insektenvolk an. Sie brummen, summen, burren und surren in den Lindenblüten nach Nektar, um für ihre Nachkommenschaft Nahrung zu haben. In ihrer breiten, dichten, vielfältig verästelten Krone findet auch die Vogelwelt genügend Platz für ihre Nester. Als Schutz- und Rastbaum wird die Linde je nach Jahreszeit von vielen Vögeln aufgesucht. Gerne bauen zwischen den Astgabeln die Ringeltauben ihr Nest. Jeden Morgen ruft der Täuber sein “Ruck ru gru” mehrfach mit abschließendem “gruh”, dann äugt er vorsichtig umher. Die ersten Sonnenstrahlen lassen seinen Schnabel rosarot leuchten, hellgelb die Augen, und besonders hebt sich die weiße,

goldgrün und purpur schillernde Halsbinde ab. Graurote Brust und rote Tritte vervollständigen das Kleid des schönen Vogels.
Auch der sangesfreudige Buchfink schmettert sein Lied aus dem dichten Laubdach in den Morgen. Kohlmeisen bieten ebenfalls hier ihr großes Repertoire von Stimmlauten dar. Amseln zetern heftig, und der Zaunkönig, ein winziger, lebhafter, dunkelbrauner Vogel, singt kräftig und warnt oft und laut. Goldhähnchen, Rotkehlchen, Stare, sogar die Elstern und viele andere Vogelarten statten den alten Dorflinden ihren Besuch ab. In der Abenddämmerung huschen und gaukeln Fledermäuse während ihrer Nahrungssuche um die Linde herum. Mit ihrem geisterhaften, lautlosen Flug der nächtlichen Lebensweise angepaßt, versuchen auch die Eulen von hier aus, Beute zu machen. Fallen im Herbst die Blätter vom Baum, wird es ruhiger im Geäst, denn die "Sommergäste" fliegen in warme Gegenden. Zu den heimischen Arten gesellen sich dann die Rabenvögel.
Die Linde fand bei unseren Vorfahren eine vielfältige Verwendung. An erster Stelle stand damals die Beutnerei. Als Honigbaum bot sie eine ausgezeichnete Bienenweide. Den lieblich aromatisch schmeckenden Lindenhonig schätzte man besonders, ebenso das Bienenwachs. Die Lindenblüten lieferten ferner einen vorzüglichen Tee, der auch bei Erkältungskrankheiten wegen seiner schweißtreibenden Kraft die Gesundung förderte. Das Holz verwendete man für Schnitzarbeiten und zur Herstellung von Haushaltsgeräten. Da es nur einen geringen Heizwert besitzt, wurde durch Verkohlung Holzkohle für die Schwarzpulverherstellung sowie Pottasche und Zeichenkohle hergestellt. Von jungen Linden gewann man den Bast, der als Ausgangsmaterial für die Herstellung von Stricken, Seilen, Netzen, Matten und Fußbekleidung diente.
Während der Christianisierung und Besiedlung des Prußenlandes durch den Deutschen Orden (1231-1525) gründete dieser 93 Städte und rund 1.400 Dörfer. Überall wo der Deutsche Orden eine Burg anlegte, strömten Siedler herbei und siedelten sich im Schutze der Burg an. Für die Namens-

gebung der Ortschaften wählte man oft etwas landschaftlich Charakteristisches aus, wie Berg, Höhe, Tal, Grund, Fließ, See, aber auch Baumarten wie Eiche, Birke, Erle, Weide fanden hierbei ihre Berücksichtigung. Die Linde, im prussischen Ursprung "Lipe", im litauischen "Liepa" und im polnischen "Lipa" genannt, lieferte über 30 Mal den Ortsnamen. Die Ortschaften Heiligelinde, Hohenlindberg, Leipen, Lindenau, Lindendorf, -bau, -haus, -hof, -garten, -ort, -walde, -weiler usw. machten zum einen deutlich, daß seinerzeit viele Linden wuchsen, und zum anderen kennzeichnet es die damals wirtschaftliche Bedeutung dieses Baumes.

Nach fast 60 Jahren habe ich im Mai 1994 meinen Geburtsort in meiner Heimat Ostpreußen aufgesucht. Dieses Gebiet steht seit 1945 unter russischer Verwaltung. Vieles hat sich in der Zwischenzeit verändert. In den Ortschaften fehlen etliche Gebäude, viele sind verfallen. An den bewohnten Häusern wurde seit 50 Jahren nichts erneuert bzw. repariert. Alles grau, fahl und verkommen. Mit einem Wort läßt sich dieser Zustand beschreiben: "Erbarmung!"
Die beeindruckende Landschaft jedoch mit Wäldern, Hügeln, Flüssen und Seen ist geblieben. Manche Gewässer waren zwar verschmutzt, dennoch haben die vielfältig blühenden und grünenden Pflanzen einen heimatlichen Reiz auf mich ausgeübt. Die Natur hat sich an vielen Stellen ehemalige landwirtschaftlich genutzte Flächen zurückgeholt. Durch Anflug von Weide, Aspe, Birke, Erle und Hähersaaten von Eichen, Ebereschen usw. hat sich ein Naturwald, der stellenweise Urwaldcharakter annimmt gebildet.
Von der Försterei Plauen, Kreis Wehlau, meinem Geburtshaus, erkannte ich nur noch die Fundamente. Mauerreste lagen darüber und rundherum. Im ehemaligen Garten blühten noch fünf Obstbäume, die mittlerweile ca. 65 Jahre alt sind. Der Fluß, die Swine, und das umgebende Ursprungstal sahen wie ehemals aus. Genauso wie es sich vor über einem halben Jahrhundert bei mir einprägte, sich immer wieder in meinen Erinnerungen wiederfand und ich es manchmal im Traum erlebte. Von dem seinerzeit unmittelbar angrenzen-

den alten Eichenbestand, der größtenteils schon damals gefällt wurde, fand ich nichts mehr. Jetzt stockt darauf ein etwa 60jähriger Laubholzmischbestand von Eichen, Hainbuchen, Linden und Eschen. Gleich dahinter stehen einige alte Lindenüberhälter. Bei meinen Streifzügen stieß ich auf einen etwa Hektar großen Winterlindenreinbestand im Alter von 70 bis 80 Jahren und noch zwei weitere kleinere Lindenbestände. Überwältigt staunte und bewunderte ich diese Linden von allen Seiten. In meiner 50jährigen Berufspraxis begegneten mir noch nie solche in ihrer Wuchsform hervorragenden Winterlinden (s. Bild). Über 30 Meter hoch, gradschäftig, vollholzig mit durchgehendem Schaft bis hin zum Wipfel. Bei der Begründung und Pflege dieser Linden hat wohl mein Vater einen entscheidenden Anteil gehabt. In einem alten Spruch wird das verantwortliche Wirken eines jeden Forstmannes deutlich, der zutreffend ist und lautet:

"Wir ernten, was wir nicht gesät haben, und säen, was wir nicht ernten."

Schon als Junge kannte ich diesen Satz, doch blieb mir der tiefere Sinn damals noch verborgen. Andächtig verweilte ich längere Zeit in diesem eindrucksvollen, säulengleichen Bestand. Dann habe ich vorsichtig zwei kleine Lindenwildlinge ausgegraben, eine Hainbuche und eine Eberesche aus, um sie an meinem jetzigen Wohnort anzupflanzen. Aus den Mauerresten der Försterei habe ich noch einen gut erhaltenen Ziegelstein herausgesucht und nahm ihn zum bleibenden Andenken mit. Vielleicht hat mein Großvater, Zieglermeister Albert Mattke (1862-1933), in Klein Plauen seinerzeit diesen Ziegelstein gebrannt, sicherlich sogar.

Eine Handvoll Muttererde von der eigenen Scholle bedeutet für viele Heimatvertriebene und -treue Ostdeutsche sehr viel und ist für sie wertvoll. Sie spendet ihnen Trost und Hoffnung. Diese Heimaterde soll den Heimatentwurzelten wunschgemäß mit ins Grab gegeben werden. So geschehen und durchgeführt durch meine Nichten Marianne und Janny bei der Beerdigung meines Cousins Joachim Karahl im Sommer 1999.

Die mitgenommenen Forstpflanzen fanden in Heiligendamm/Mecklenburg in meinem Garten ihre neue Erde. Sie sind alle angewachsen. Eine Linde gedeiht besonders gut. Sie ist in den sechs Jahren von 30 Zentimetern auf eine Höhe von jetzt vier Metern gewachsen. Der Ziegelstein ist sichtbar in die Begrenzungsmauer unserer Eingangsterrasse eingemauert, bei jedem Anblick erinnert er mich so an meinen Geburtsort.
Ich fühle mich mit meinen "Heimatlinden" besonders verbunden, was sich sicher auch berufsbedingt erklären läßt. Sie sind ein lebendes Zeugnis meiner Heimat. Sie sollen eine Verbindung zu Ostpreußen herstellen, eine Brücke schlagen und auch für meine Kinder und Enkel der "Hausbaum" sein.

Hauptberuf Jäger

Die vordringlichste Pflicht und Aufgabe jedes weidgerechten Jägers ist die Hege seines Wildbestandes. Deshalb haben alle Maßnahmen nur ein Ziel, einen artenreichen, kräftigen und gesunden Wildbestand aufzubauen und zu erhalten. Der Jäger ist nicht nur Heger und Betreuer der jagdbaren Tiere, sondern der gesamten freilebenden Tierwelt. Hegen bedeutet, entscheidenden Anteil an Natur-, Landschafts- und Tierschutz zu haben. Mit hoher Verantwortung an der Erhaltung, und wo nötig, an der Regulierung der großen Lebensgemeinschaft in Wald und Feld mitzuwirken, ist die vordringlichste Aufgabe der Angehörigen von Forst und Jagd.

Jäger, die schon vor dem II. Weltkrieg verantwortlich tätig waren, wissen um den einstigen Artenreichtum in unseren Jagdrevieren. Die damaligen Jagdgesetze boten die Voraussetzung zur intensiven Hege der Wildbestände. Nach dem totalen Zusammenbruch Deutschlands konnte man nur allmählich mit dem Aufbau einer ordnungsgemäßen Wildbewirtschaftung beginnen. Erst ab 1953 begann ein geregeltes Jagdwesen. Viele Jahre benötigte man, bis der Anschluß an die Zeit vor 1945 erreicht wurde. Jeder verantwortliche Heger hofft, daß sich seine ständige Arbeit einmal auszahlt. Er ist erfreut, wenn im Laufe der Zeit gesundes, starkes Reh-, Dam- und Rotwild heranwächst. Gelingt es ihm irgendwann, mal eine Goldmedaillentrophäe zu erbeuten, ist er Diana besonders dankbar. Abgesehen von einigen Privilegierten, gar zwei solche Trophäenträger zu schießen, gilt als große Gunst der Jagdgöttin.

Vor einigen Jahren lernte ich einen "großen Jäger vor dem Herrn" kennen und schätzen, der in seinem Jägerleben zwei kapitale Rehböcke erlegte. Er hieß Alexander Kusenack, Jahrgang 1889 und war ein großer stattlicher Mann. Seine Jugend verbrachte er in Westpreußen, schon damals fühlte er sich mit der Natur eng verbunden. Der geheimnisvolle

Wald mit seiner Tierwelt, alle Lebewesen in Feld, Wiese und Wasser machten einen nachhaltigen Eindruck auf ihn. Leider ging sein Wunsch, Förster zu werden, nicht in Erfüllung. Er wurde Lehrer und außerdem ein passionierter Jäger. Sein Sohn, Obermedizinalrat Dr. med. Eberhard Kusenack, sagte später über seinen Vater: „Er war Jäger und nebenbei Lehrer!" Mit diesen wenigen Worten wird die Bedeutung, Wertigkeit und seine Verantwortung für die freilebenden Tiere deutlich.
Angetan von den Altmeistern der Jagd, Diezel, Hegewald, Oberländer, später v. Raesfeld, nutzte Alexander Kusenack jede Gelegenheit, um sich in der Natur aufzuhalten und von ihr zu lernen. Es ist also nur logisch, daß er die Jagdprüfung ablegte und sich schon bald zum passionierten Jäger entwickelte. So konnte er unmittelbar auf die Hege sowie auf die notwendige Regulierung des Wildbestandes Einfluß nehmen. Jedoch währte dieses nicht lange. Der I. Weltkrieg begann, und Alexander Kusenack mußte sich in das feldgraue Heer einreihen. Er überlebte als Offizier die Schrecken dieses Krieges. Gut 20 Jahre später mußte er zeitweilig nochmals in den nächsten, noch schlimmeren Krieg, um als Hauptmann seine Pflicht zu tun.

Mit dem Diktat von Versailles ging 1919 unter anderem Westpreußen an Polen verloren und somit Kusenacks unmittelbare Heimat. In Neufeld, Kreis Rummelsburg Hinterpommern, fand Alexander Kusenack eine Anstellung als Lehrer. Er heiratete, und mit Sohn Hans-Georg entstand seine Familie. Jagdlich suchte er sofort Anschluß zur heimischen Jägerschaft. Die damals geringen Einkünfte eines Dorfschullehrers begrenzten die Aktivitäten eines passionierten Jägers. Trotzdem engagierte er sich in jeder Weise. Bald galt er als weidgerechter Jäger und ausgezeichneter Schütze. Dieses konnte er häufig bei Drück- und Treibjagden beweisen. Einmal sagte der zuständige Forstamtsleiter zu dem jagddurchführenden Revierförster: „Herr Kollege, den Jäger Kusenack müssen Sie an die schmalsten Schneisen anstellen!" „Aber, Herr Forstmeister, dort wird er ja schon immer angestellt!"

Anfang der 30er Jahre bot sich die Gelegenheit, eine viel bessere Lehrerstelle in Tribsow, Kreis Cammin Hinterpommern, zu erhalten. Hier bestand auch die Möglichkeit, die Gemeindejagd zu pachten. Das Jagdgebiet, ein ausgesprochenes Feldjagdrevier mit einigen Brüchen, von Schilf umgebenen Wasserlöchern und dem Brendemühler Bach, bot dem Niederwild ausgezeichnete Lebensbedingungen. Starkes Rehwild, guter Hasenbesatz, Enten und Rebhühner kamen reichlich vor, nur Rot-, Dam- und Schwarzwild fehlten. Jäger Kusenack fand trotzdem große Erfüllung im eigenen Jagdrevier. Zielstrebig setzte er seine Hegemaßnahmen durch. Dieses um so mehr, weil 1934 ein Reichsjagdgesetz erlassen wurde, das auch heute noch die Grundlage unserer Jagdgesetzlichkeit darstellt. In den Hegeringen konnten sich vernünftige Wildbewirtschaftungsrichtlinien durchsetzen. Die Weidgerechtigkeit, die Hege, das jagdliche Brauchtum erhielten den entsprechenden Stellenwert, ebenso das jagdliche Schießen. Übungs-, Pflicht-, Plaketten- und Meisterschaftsschießen wurden einheitlich geregelt und zwingend vorgeschrieben. Am Pflichtschießen mußten alljährlich alle Jäger teilnehmen, die noch keine 10 Jahresjagdscheine besaßen. Bei den Hegering-, Kreis- und Gaumeisterschaften im jagdlichen Schießen sowie im Plakettenschießen konnte sich Jäger Kusenack meistens als "Bester Schütze" ehren lassen. Beim Plakettenschießen erkämpfte er sich mehrmals die "Goldene Plakette" und bei den Deutschen Meisterschaften 1937 einen vielbeachteten 14. Platz.

Im Sommer 1937, kurz vor der Blattzeit, trieb ein langer Spießer, ein sogenannter "Mörderbock", im Jagdrevier sein Unwesen. Mehrfach, doch immer erfolglos pirschte Jäger Kusenack auf diesen Bock. Aber immer wieder verstand der es, sich zu verdrücken. Unstetig trieb er umher, attackierte seine Konkurrenten und bedeutete für sie eine tödliche Gefahr. Eines Morgens, der Nebel schwebte noch teilweise über der Wiese, erblickte Alexander Kusenack plötzlich einen Bock mit sehr langen Enden. Ohne mit dem Fernglas genau anzusprechen, handelte er, und weil Eile geboten war, schoß er sofort. Im Feuer verendete der Bock. Im Gefühl, endlich den Langgesuchten gestreckt zu haben, schritt Jäger Kusenack zum Anschuß. Er traute seinen Augen nicht, glaubte zu träumen. Vor ihm im Wiesengras lag ein sagenhafter kapitaler Sechserbock. Lange Stangen, gleichmäßig stark und gut geperlt, Rosen sehr stark mit einer gewaltigen Gehörnmasse. Wie sich später herausstellte, 560 Gramm schwer! Diese Trophäe erbrachte fast 170 Punkte, also ein Goldmedaillenbock (s. Bild). Immer wieder wendete Jäger Kusenack das Haupt des Kapitalen und prüfte sein Alter. Diesen Bock, etwa dreijährig und sehr stark im Wildbret, kannte er nicht. Auch die Nachbarjäger hatten nie über die Existenz eines so starken Zukunftsbockes berichtet, woher er also stammte, blieb ungeklärt. Die Tatsache aber, daß er, sonst verantwortungsbewußter Weidmann, ohne genaues Ansprechen den Schuß abgeben hatte, belastete ihn selbst sehr.

Zu damaliger Zeit war Deutschland in Gaue eingeteilt. Die NSDAP übte in diesen Gebieten durch ihre Gauleiter die politische Macht aus. In Pommern regierte Gauleiter Franz Schwede-Koburg. Dem Geschäftsbereich des Reichsjägermeisters unterstanden die Gau- bzw. Landesjägermeister. Pommern war als einziges Land bzw. Gaur geteilt und hatte zwei Gaujägermeister. In Hinterpommern stand v. Lettow-Vorbeck 19 Kreisjägermeistern vor, und in Vorpommern gab es 11 Kreisjägermeister, die dem Gaujägermeister Landwirt Juhl aus Langenhanshagen unterstanden.

Der Kreisjägermeister von Cammin meldete dem Gaujägermeister v. Lettow-Vorbeck pflichtgemäß die Erlegung eines nicht im Abschußplan vorgesehenen Zukunftsbockes der Klasse I. Zunächst wollte der Gaujägermeister neben einer auferlegten Geldstrafe auch noch die Trophäe einziehen. Jedoch ließ er dieses, weil Jäger Kusenack bisher nur positiv als tüchtiger weidgerechter Jäger und hervorragender Schütze aufgefallen war. Er sperrte für das Jagdjahr den weiteren Bockabschuß und verhängte eine Strafe von 50 Reichsmark.

Nach dem Polenfeldzug und der Rückgewinnung von Westpreußen zog Alexander Kusenack 1940 mit seiner Familie in seine alte angestammte Heimat nach Poldersee in den Kreis Berent. Gut 20 Jahre hatte dieses Gebiet unter polnischer Verwaltung gestanden. Vieles hatte sich inzwischen verändert, aber die wunderschöne Landschaft nicht. Alexander Kusenack konnte wieder an die seinerzeit gewaltsam abgerissene Vergangenheit anknüpfen. Ein großes, wildartenreiches Jagdgebiet bot ihm zur jagdlichen Entfaltung viele Möglichkeiten.

Schweres Leid traf die Familie, als sie die Nachricht erreichte, daß am 17. Mai 1940 Sohn Hans-Georg gefallen war. Im Alter von 20 Jahren hatte ihn in Frankreich eine feindliche Kugel tödlich verletzt. An diesem schmerzlichen Verlust hatte die Familie schwer zu tragen, und die Eltern konnten Zeit ihres Lebens diesen Verlust nicht überwinden. Vater Alexander widmete sich nunmehr gründlich seinem Sohn Eberhard. Als ständiger Jagdbegleiter erhielt dieser in allen Sachgebieten und im jagdlichen Schießen eine ausgezeichnete Ausbildung. Schon 10jährig durfte er unter Vaters Anleitung seinen ersten Hasen schießen. In den folgenden Jahren kam noch einiges an Niederwild dazu.

Dunkle Wolken überschatteten die bis dahin vom Krieg verschonten Ostprovinzen. In den frühen Morgenstunden des 13. Januar 1945 begann die sowjetische Großoffensive. Mit weit über das zehnfache an Soldaten, Artillerie, Panzern und Flugzeugen durchbrach die Rote Armee an mehreren Stellen die deutsche Front. In erbittertem Abwehrkampf versuchten die deutschen Soldaten, den Feind aufzuhalten, um der Zivilbevölkerung und den Verwundeten eine Flucht zu ermöglichen. Schnelle russische Panzerspitzen schnitten zwischen dem 23. Januar bei Elbing und dem 27. Januar 1945 bei Tolkemit Ostpreußen ab. Sie kesselten die Provinz ein. Eine weitere Panzerarmee stieß, von Warschau kommend, westlich der Weichsel über Thorn und Bromberg vor. Sie eroberte am 1. März Bütow und erreichte am 8. März bei Stolpmünde die Ostsee. Damit war Westpreußen und ein Teil Hinterpommerns ebenfalls abgeschnitten und eingekesselt. Auf Nazi-Parolen und die Propaganda vertrauend, zögerten viele Deutsche mit der Flucht. Ein Verlassen der Ortschaften ohne Räumungsbefehl galt als Defätismus, Verrat und Sabotage. Familie Kusenack konnte sich schwer von ihrer Heimat trennen. Als durch den schnellen Vorstoß der russischen Panzer der Landweg gen Westen abgeschnitten war, flüchteten sie in Richtung Danzig. Sie hofften, auf dem Seeweg davonzukommen. Am 26. März jedoch erlebten sie den Kampf um Danzig und die Eroberung von Langfuhr, einem Vorort. Grausam, oft nur von Rachegefühlen geleitet, stürmten Soldaten der Roten Armee die Ortschaft. Ohne Gnade wurde gemordet, geplündert, geschändet und gebrandschatzt. Viele im arbeitsfähigen Alter befindlichen Personen trieb man in Kolonnen Richtung Osten. Familien wurden erbarmungslos auseinandergerissen. Tragödien spielten sich ab.

Auch Kusenacks gerieten in die Fänge der russischen Soldaten. Der Offizier, der sie durchsuchte, fand in den Papieren den Jahresjagdschein. „Du Jäger", fragte er in gebrochenem Deutsch. „Ja!" Die unerwartete Reaktion, die daraufhin folgte, entschied über den weiteren Verlauf des Lebens von Alexander Kusenack: „Denn du hier bei Familie bleiben!" In diesem ungewöhnlichen Fall kam die Solidarität zwischen Jägern zum Tragen und bewahrte sie vor Schlimmerem.

Unter gewaltigen Strapazen und Entbehrungen zog Familie Kusenack Richtung Westen. Nie wußten sie, wo sie etwas zu essen finden und wie sie die nächste Nacht verbringen würden. Ihr ganzes Hab und Gut ließen sie zurück, natürlich auch die Jagdwaffen, Alexander Kusenack mußte sie schweren Herzens tief vergraben. Viel Wertvolles ging verloren, aber in seinem Handgepäck befand sich die Trophäe seines kapitalen Rehbockes! Die Trophäe (s. Bild) überstand wohlbehütet Flucht und Vertreibung und schmückt jetzt die Trophäenwand von Sohn Eberhard in Bad Sülze.

Nach vielen Umwegen landete die Familie in Hinter Bollhagen, Land Mecklenburg. Alexander Kusenack bekam wieder eine Tätigkeit als Dorfschullehrer, und allmählich überwand man die Schrecken des Krieges. Sohn Eberhard besuchte das Gymnasium in Bad Doberan, machte sein Abitur und wollte zunächst Förster werden. Damals bevorzugte man Arbeiter- und Bauernkinder, so daß die Aussichten auf einen Studienplatz in der Forstwirtschaft gering waren. So studierte er Medizin.

Als in der DDR die Jagdausübung, zunächst in Form von Jagdkommandos, ab 1953 dann durch die GST-Jagdkollektive möglich wurde, schloß sich Alexander Kusenack sofort dem Jagdkollektiv Kühlungsborn an. Nach Erreichung des Rentenalters siedelte das Ehepaar ins Ostseebad Nienhagen über. Entsprechend dem Wohnsitz betätigte sich Jäger Kusenack dann im Jagdkollektiv Bad Doberan. Mit Jäger Günter Wischmann aus Admannshagen bekam er das Ehbruch und Nienhäger Holz als Pirschgebiet zugewiesen. Beide Jäger mußten sich aus dem Waffenstützpunkt von Jagdleiter Revierförster Werner Hasselmann die Doppelflinte mit Endnummer 07 abwechselnd ausleihen. In der ersten Zeit durfte die Waffe nur 24 Stunden, dann 48 Stunden, zuletzt bis 7 Tage beim Jäger verbleiben.

Im Jagdjahr 1957 hielt ein kapitaler Sechserbock im Ehbruch seinen Einstand. Diesen Bock, aus dem Vorjahr bekannt, schätzten die Jäger auf gut fünf Jahre. Zur Äsung trat er häufig am Südrand des Ehbruches auf die Feldmark heraus. Während der Blattzeit versuchte Jäger Kusenack mehrfach, auf Flintenschußentfernung heranzukommen, aber immer vergeblich. Eines Morgens jedoch klappte es. Vorsichtig pirschte er auf etwa 35 Meter heran. Langsam brachte er die Flinte in Anschlag und einen guten Schuß an. Das Flintenlaufgeschoß traf tiefblatt. Nach langer "Totenwacht" nahm Jäger Kusenack seinen kapitalen Bock "in Besitz". Das Gehörn brachte 450 Gramm auf die Waage. Fachgerecht ausgepunktet, erreichte die Trophäe gut 130 Punkte und kam somit in die Prämierungsklasse I, Goldmedaille.

Seitdem zierten zwei Goldmedaillenböcke, der eine 1937 in Hinterpommern, der andere 20 Jahre später in Mecklenburg erlegt, die Trophäenwand des verdienstvollen Jägers. Lange jedoch konnte sich sein Auge an diesem Anblick nicht erfreuen, denn schon 1960 verstarb Alexander Kusenack. Ein aus innerer Überzeugung passionierter Jäger, Heger und Naturfreund hatte für immer seine Augen geschlossen.

Jugenderinnerungen eines Jägers

Mit zunehmendem Alter macht sich das Heimweh verstärkt bemerkbar. Erlebnisse aus längst vergangenen Zeiten kehren in unser Langzeitbewußtsein zurück. Menschen, die mit Bewußtheit ihre Kindheit und Jugendzeit im Kreise der Familie erlebten, erinnern sich noch nach Jahrzehnten an viele Details. Bei Heimatvertriebenen haftet die durchlebte Vergangenheit in ihrem Gedächtnis. Der Verlust der Heimat bedrückt sie und wird sehr schmerzhaft empfunden. Jeder Lebensweg, jedes Menschenschicksal ist einmalig. Ein altes Sprichwort sagt: "Seinem Schicksal mag niemand entrinnen." Der passionierte Jäger, Architekt Siegfried Türk, hat mir seine Jugenderlebnisse erzählt. Erinnerungen, die aus seinem ersten Lebensabschnitt stammen und ihn sein Leben lang begleiten:

„In Marienthal, Kreis Greifenhagen Hinterpommern, stand die Wiege unserer Jägerfamilie Türk. Den Mittelpunkt dieses sauberen Bauerndorfes mit etwa 1.000 Einwohnern bildete eine alte Kirche. Der Turm des Gotteshauses ragte weit sichtbar ins Land hinein. Von allen wichtigen Punkten der Ortschaft konnte man die Uhren daran erkennen und sehen, was die Stunde geschlagen hatte. In ihrer Nähe stand die Dorfschule mit zwei Klassenräumen. Die beiden Lehrer Kinzel und Breitsprecher versuchten, aus den Kindern von Marienthal vernünftige Menschen zu machen. In zentraler Lage befand sich auch die Post mit Postmeister Dittschlag. An Handwerksbetrieben gab es zwei Schmieden, eine Stellmacherei, die Schusterei Strack, den Elektriker Karl Strezow, der auch Jäger war, und zwei Tischlereien. Die im unteren Ende des Dorfes gelegene gehörte meinem Vater, dem Tischlermeister und Jäger Otto Türk. Nicht weit davon entfernt, führte Walter Tech eine Gastwirtschaft. Im Oberdorf gab es noch die Gaststätte Mollenhauer. Beide Wirtshäuser besaßen für große Familienfeiern, Tanz- und Kinoveranstaltungen einen Saalanbau. Vier Verkaufseinrichtungen belieferten die Leute mit dem täglichen Bedarf. Der überwiegende Teil der Bevölkerung unseres Dorfes arbeitete in der Landwirtschaft. Den größten Hof besaß Landwirt Warbende mit etwa 100 Hektar. Ihm folgte in der Größe Landwirt Neubauer. Alle übrigen Bauern bewirtschafteten Höfe bis 40 Hektar Nutzfläche.

Die Jahrhunderte andauernde Entwicklung hat das Land und seine Menschen geformt. Der Pommer lebte in der Tiefe und Weite des Landes. Seine abgeschiedene, meist einsame Arbeit prägte ihn, beeinflußt durch die Kirche, zu einem stillen, nüchternen und nachdenklichen, für Frieden und Toleranz eintretenden Menschen. Wobei die Neigung zu Humor und Daseinsfreude bei besonderen Ereignissen, Familien- und Volksfesten zum Durchbruch kam.

Wunderschöne Waldungen umgeben Marienthal. Südöstlich erstreckte sich der 6.280 Hektar große Wald (9 Reviere) des Hofkammerforstamtes Wildenbruch mit anschließendem See. In südwestlicher Richtung befand sich der Thänsdorfer Wald und nordwestlich das Forstrevier Groß Schönfeld.
Vom Revierförster Böhnke aus Thänsdorf und Revierförster Grauert aus Groß Schönfeld bezog mein Vater die Stammware für seine Tischlerei. Das Holz mußte immer zum Sägewerk Radlow in die vier Kilometer entfernt liegende Kleinstadt Bahn transportiert werden. Die beiden Förster bedeckt schon lange der kühle Rasen. Revierförster Grauert wurde schon vor 1945 von drei geflüchteten Gefangenen hinterrücks ermordet, und Revierförster Böhnke kam bei der Eroberung Pommerns im Frühjahr 1945 um.
Die wunderschönen alten Lindenalleen, die auch noch heute vorhanden sind, gaben meinem Heimatdorf Marienthal einen besonders schönen Anblick. Die Alleen nach Thänsdorf, Selchow, Bahn und Wildenbruch boten während der Blütezeit den Bienen reichlich Nahrung. Ihr würziger Lindenduft schwebte weit über die Landschaft hinweg und ließ die Bewohner auf reichlichen Bienenhonig hoffen.

Diese wunderbare Landschaft mit leichten Hügeln (höchster Punkt 93 m ü. NN), zwei Windmühlen, dem Bahner und Wildenbrucher See, einigen schilfumrandeten Teichen, Brüchen, gutem Weide- und Ackerland stellten gleichzeitig die Jagdflächen dar. Die Gemeinde Marienthal teilte sie in drei Jagdpachtbezirke auf. Den Pachtbezirk in Richtung Groß Schönfeld bejagte der Landrat des Kreises Greifenhagen. Das Gebiet zwischen Selchower und Thänsdorfer Allee sowie einen Teil vom Unterbusch am Bahner See pachtete der Landwirt Albert Tech, und zwischen der Thänsdorfer und Wildenbrucher Allee jagte mein Vater. Jäger Karl Stresow erhielt von Jagdpächter Albert Tech einen Begehungsschein. In der Gaststätte seines Bruders Walter trafen sich die ortsansässigen Jäger regelmäßig und werteten bei Bier und Korn ihre Jagderlebnisse aus.

Zu damaliger Zeit, ich bin Jahrgang 1930, besuchte ich die Oberschule in Pölitz. Als die Luftangriffe auf Stettin, Pölitz und Umgebung immer häufiger wurden, verlegte man unsere Anstalt ins Ostseebad Baabe auf Rügen. Meine Klasse bezog in der Villa ‘Waldblick’ Quartier. Der Unterricht ging in gewohntem Trott weiter. Sehnsüchtig erwartete ich die Ferien. Mein Vater versprach mir aus Anlaß meines 14. Geburtstages den Abschuß eines Rehbockes, und meine Aufregung stieg von Tag zu Tag. Langsam vergingen die letzten Schulstunden, aber dann gab es kein Halten. Ich versuchte, so schnell wie möglich nach Hause zu kommen. Die Wiedersehensfreude mit meinen Eltern und Geschwistern gestaltete sich sehr herzlich. Ungeduldig fieberte ich nun der ersten Bockjagd entgegen.
Mein Vater versuchte mit mir die Ansitzjagd. Von den Jagdkanzeln bot sich uns stets ein recht guter Anblick, aber entweder zu weit oder nicht der richtige Bock dabei. Da uns die Ansitze bisher keinen Erfolg gebracht hatten, wollten wir es am späten Nachmittag des 27. Mai 1944 mit der Pirsch probieren. Entsprechend ausgerüstet, fuhren wir mit unseren Fahrrädern in Richtung ‘Krävgrundsecke’. Zunächst den holprigen Landweg entlang, vorbei an wogenden Kornfel-

dern bis zur Thänsdorfer Lindenallee. Auf der Allee gingen wir noch ein Stückchen in Richtung Wald und versteckten dann unsere Fahrräder unter einer dicht bewachsenen Linde. Inzwischen zeigte die Uhr die 19. Stunde, und ein schöner Frühlingstag neigte sich seinem Ende. Die immer länger werdenden Schatten deuteten den baldigen Sonnenuntergang an. Die nacht- und dämmerungsaktiven Tiere in Wald und Feld beginnen dann mit ihrer Nahrungssuche.
Vorsichtig pirschten wir an Haselnußhecken und bewachsenen Tümpeln vorbei. Oft verharrten wir und leuchteten mit unseren Ferngläsern die vor uns liegende Landschaft ab. Vor uns äste eine Ricke mit Kitz. Sie bemerkte uns, und augenblicklich verschwanden beide Rehe. Auf eine größere Entfernung machte mein Vater einen rötlichen Fleck aus. Beim genaueren Betrachten erkannten wir einen Rehbock. Hinter einer Hecke näherten wir uns bis auf etwa 100 Meter, doch für einen sicheren Schuß noch etwas zu weit. Die nächsten 30 Meter bis zu einem Böschungsrand mußten wir uns in kriechender Weise heranarbeiten. Plötzlich zog der Bock unruhig umher. Als Grund hierfür zeigte sich ein Schmalreh, das seine Aufmerksamkeit erregte.

Aus unserer jetzigen Position konnten wir den Bock akkurat ansprechen. Es handelte sich um einen mittelalten Bock ohne Vereckung mit langen nach hinten gebogenen Stangen, sehr eng gestellt. Das Gehörn sah aus wie von einem Ziegenbock. Mein Vater flüsterte mir zu: ‚De is richtig, denn kas du scheeten!'
Schon oft hatte ich meinen Vater auf Jagden begleitet und erlebt, wie er ein Stück Wild erlegte. Jetzt mußte ich handeln. Zunächst überprüfte ich schnell den Hahndrilling, alles in bester Ordnung. Um einen sicheren Schuß abgeben zu können, mußte mein Vater seine linke Schulter etwas über den Böschungsrand schieben, damit ich sie zur Auflage nutzen konnte. Aus dieser schwierigen Stellung heraus bekam ich über Kimme und Korn nur Kopf und Träger des Bockes in meine Visierlinie. Blitzschnell entschloß ich mich, auf den Träger zu schießen. Als Kimme und Korn mit meinem Ziel sauber eine Linie bildeten, betätigte ich den eingestochenen Abzug. Ein leises Knacken, und gleichzeitig verspürte ich einen heftigen Schmerz am kleinen Finger der linken Hand. Was war geschehen?
Bei dieser komplizierten Anschlagsart hatte ich meine linke Hand so weit zurückgezogen, daß mein kleiner Finger über dem Schlagbolzen lag, den harten Schlag abfing und somit das Auslösen des Schusses verhinderte. Den Schmerz verdrängend, blickte ich schnell zum Bock, er hatte nichts davon mitbekommen und äste ruhig weiter. Jetzt galt es, nochmals zu handeln. Sichtlich aufgeregt, aber dennoch konzentriert, brachte ich die Waffe wieder gespannt und eingestochen in Anschlag, zielte und löste den Schuß. Im Feuer sah ich, wie der Bock vorne zusammenruckte und dann hochflüchtig verschwand.
Jetzt kam mein Vater aus seiner Versenkung hoch und fragte: ‚Wat wier denn los?' Aufgeregt berichtete ich mein Mißgeschick. Seine zweite Frage: ‚Het hei tekend?' Ich beschrieb das Zeichnen. ‚Denn licht hei ok!' meinte der erfahrene Jäger daraufhin. Sofort wollte ich zum Anschuß. Vater jedoch mahnte zur Ruhe, zwirbelte seinen 'Kaiser-Wilhelm-Bart', holte seelenruhig eine Zigarre aus der Seitentasche

und zündete sie an. Auf mein ungeduldiges Drängen, den Anschuß zu untersuchen, sagte er: ,Wie weiten nich, wat hei vorn Schuß het, un wenn wie em jetzt upmögen, dann hem wie noher groten Arger.' Nach gut 10 Minuten gab Vater jedoch endlich nach, und wir näherten uns langsam dem Anschuß. Hellroter schaumiger Lungenschweiß führte zum etwa in 40 Meter Entfernung liegenden, schon verendeten Bock. Tief bewegt und beeindruckt stand ich nun vor meinem ersten erlegten Rehbock. Mit einem kräftigen 'Weidmanns Heil' überreichte mir mein Vater als Erlegerbruch einen Eichenzweig. Gemeinsam hielten wir noch lange die 'Totenwacht' und ließen das Erlebte nochmal Revue passieren.
Nach über 50 Jagdjahren kann ich heute sagen, daß dieser Augenblick in meinem Jägerleben zu den schönsten zählte.
Oft genug sah ich meinem Vater bei der 'roten Arbeit' zu. Theoretisch beherrschte ich die Versorgung eines Stückes Schalenwild, doch konnte ich es auch praktisch umsetzen? Unter den aufmerksamen Augen meines Vaters brach ich recht fachmännisch den Bock auf. Hierfür lobte er mich. Spät erreichten wir unser Dorf. Zu Hause bestaunten und bewunderten meine Mutter und meine beiden Schwestern mich und meinen Rehbock. Stolz berichtete ich von der erfolgreichen Jagd.

Schnell vergingen meine Ferien, und ich mußte wieder nach Baabe auf Rügen. Nach einigen Wochen verlegte man unsere Schule nach Rewal, Kreis Greifenberg, direkt an der Ostsee gelegen. Mit einem geregelten Schulbetrieb war es jedoch vorbei. Zwei unserer Lehrer mußten als Soldaten in den Krieg und der Jahrgang 1929 zur Musterung. Anfang 1945 teilte uns der Leiter unserer Schule, Oberstudiendirektor Wingut, mit, daß wir Rewal schnell verlassen müßten, weil der Russe die Verteidigungslinien durchbräche.
Wieder ging es nach Rügen, aber diesmal ins Ostseebad Sellin. Die allgemeine Situation wurde immer bedrohlicher. Tagtäglich bombardierten die Amerikaner die Hafenstädte im Ostseeraum, besonders Stettin. Ständig brachten Schiffe

Verwundete und Flüchtlinge aus Ost-, Westpreußen und Hinterpommern in vorübergehende Sicherheit. Alle Quartiere in Pensionen, Ferienhäusern, Schulen usw. wurden vollgestopft und als Notquartiere eingerichtet. Schon seit langer Zeit erhielt ich keine Post mehr von zu Hause. Die letzte Nachricht meiner Mutter lautete: 'Vater eingezogen, wir sind auf der Flucht.'
Eines Tages erreichte mich ein Brief von meinem Vater. Er teilte mir mit, daß er sich an der Seekadettenschule im Ostseebad Heiligendamm befinde und für diese Dienststelle Tischlerarbeiten auszuführen hätte. Er gab mir den dringenden Rat, sofort zu ihm zu kommen. Mutti und die beiden Mädchen wären auch auf dem Wege nach Heiligendamm. Nach dieser Nachricht gab es für mich kein Halten mehr. Ich wollte so schnell wie möglich zu meiner Familie. Mit meinem Schulfreund Hans-Jürgen Wolter, der auch aus Marienthal stammte, machte ich mich auf den Weg. Nach zwei Tagen erreichten wir Rostock, da er weiter zu Verwandten nach Westdeutschland wollte, trennten sich unsere Wege. Ich setzte meinen Marsch fort und konnte überglücklich in Heiligendamm meine Familie in die Arme schließen.

Meinen ersten Bock und noch einen 'Abnormen' von meinem Vater trug ich immer bei mir. In meinem Gepäck begleiteten mich die beiden Trophäen von Hinterpommern über Rügen bis nach Heiligendamm. Als Anfang Mai die Russen Bad Doberan und Umgebung besetzten, legte ich die Gehörne in eine Kiste und vergrub sie in einem Jungeichenbestand in Heiligendamm. Eine schlimme Zeit brach für uns an. Wir hatten kein festes Quartier, wurden hin und her geschoben. Plötzlich hieß es, alle Flüchtlinge müßten in ihre Heimat zurück. Mit einem zuvor von mir besorgten halbkranken Pferd und einem Panjewagen machten wir, meine Mutter, meine Schwestern und ich, uns auf den Weg. In Ivenack bei Reuterstadt Stavenhagen widerrief man den Befehl, und wir mußten umkehren. Auf einem Gut in Fahrenholz wurden wir verpflichtet, unter russischer Leitung in der Landwirtschaft zu arbeiten.

Mein Vater konnte sich der russischen Kriegsgefangenschaft entziehen. Er flüchtete mit einigen Soldaten über die Ostsee nach Fehmarn. Nachdem sich die Lage etwas normalisiert hatte, kehrte er nach Bad Doberan zurück und holte uns zu sich. Mein erster Gang führte mich zu meinen versteckten Böcken. Überglücklich fand ich die Kiste mit den beiden unbeschädigten Rehgehörnen.
Heute haben die beiden Rehkronen (s. Bild) in meinem Jagdzimmer einen Ehrenplatz und schmücken neben vielen anderen Jagdtrophäen die Wände meines Zimmers. Sie sind für mich eine bleibende Erinnerung an mein schönes Heimatdorf Marienthal."

Die Jugendzeit, die jagdlichen Erlebnisse im Heimatrevier gemeinsam mit seinem Vater haben Siegfried Türks Jägerleben geprägt. Nachdem die Jagd in der DDR wieder möglich wurde, gliederten sich beide sofort in das Jagdkollektiv Bad Doberan ein. Neben Weidgerechtigkeit und jagdlichem Brauchtum stand die Hege für Siegfried Türk im Vordergrund. In der Jagdhundehaltung und -führung machte er sich ebenfalls verdient. Absolute Höchstleistungen erzielte er im Jagd- und Wurftaubenschießen, erkämpfte sich so mehrfach Titel und Medaillen bei den DDR-Meisterschaften. In der Mannschaft auch mit den Schützen Heite, Geisler, Hasselmann, Ückermann, Schwarz und Mattke.
Gemeinsam mit den Initiatoren Helmut Mattke und Walter Salokat und den anderen Jägern der Jagdgesellschaft Bad Doberan erbaute er ein einmaliges Werk. Sie errichteten die internationalen Schießstände, das Trainingszentrum und das Jagdhaus in Heiligendamm.

Die Jägerfamilie Türk mit Vater Otto, Sohn Siegfried und Enkel Dietmar haben in drei Generationen sehr viel für das deutsche Weidwerk geleistet. Dafür gebührt ihnen ein kräftiges "Weidmanns Dank".

Jagdkommando

Nach der bedingungslosen Kapitulation der Wehrmacht und dem gleichzeitigen Zusammenbruch des Deutschen Reiches im Mai 1945 begann für alle Deutschen der dornenreiche Weg eines Neuanfangs.

Aufgrund der Deklaration der alliierten Siegermächte vom 5. Juni 1945 übernahmen die Militäradministrationen als oberste Regierungsgewalt die Macht in ihren Besatzungszonen. Entsprechend den Festlegungen des Alliierten Kontrollrates lag die Jagd nach Kriegsende ausschließlich in den Händen der Besatzungsmacht. Folglich mußten die Jagd- und Schußwaffen restlos abgeliefert werden und die Deutschen durften die Jagd nicht mehr ausüben.
Die sowjetische Militäradministration richtete ihre Bemühungen und Hauptanstrengungen auf die vollständige Überwindung und Beseitigung des deutschen Faschismus und Militarismus und deren Grundlagen. Im Zusammenwirken mit antifaschistisch-demokratischen Kräften begann der revolutionäre Prozeß mit der Entmachtung von Monopolkapital und Großgrundbesitz. Es folgte die Bodenreform, die Schaffung von Volkseigentum und der Aufbau einer neuen demokratischen Ordnung.

Für Mecklenburg, bis 1945 ein rückständiges Agrarland, erlangte die Bodenreform eine außerordentliche Bedeutung. Insgesamt wurden 1.050.466 Hektar enteignet und dem Bodenfonds (SBZ insges. 3,3 Mil. Hektar) zugeführt. Dieses Land bekamen Landarbeiter, landarme Bauern und Flüchtlinge. Es entstanden 78.000 Neubauernwirtschaften mit 738.500 Hektar Bodenfläche. Auch Volkseigene Güter (Saat- und Tierzuchtbetriebe, Versuchs- und Lehrbetriebe) wurden geschaffen. Durch die Bodenreform entwickelte sich eine wesentliche Voraussetzung für die Neugestaltung des Jagdwesens. Im weiteren Verlauf der Veränderung der Macht- und Eigentumsverhältnisse wurde die Bindung des

Jagdrechts an den Besitz von Grund und Boden aufgehoben und das freilebende Wild mit dem Jagdgesetz der DDR von 1953 zum Volkseigentum erklärt.

In den ersten Nachkriegsjahren übten die Angehörigen der Sowjetarmee in ihrer Besatzungszone die Jagd allein aus. Im Zuge der weiteren Demokratisierung entstanden Landes- und Provinzialverwaltungen. Schon im Juli 1945 setzte die sowjetische Militäradministration in den fünf Landes/Provinzialverwaltungen (Brandenburg, Mecklenburg, Sachsen-Anhalt, Thüringen und Sachsen) deutsche Bedienstete ein. Mit Verfügung der Landesverwaltung Mecklenburg vom 14. März 1946 erlaubte der Verantwortliche für Landwirtschaft Otto Möller, daß Angestellte der Forstämter die Jagd auf Schwarzwild mittels Saufängen ausüben durften. Trotz aller Bemühungen nahmen die Schwarzwildbestände zu. Die verursachten Wildschäden an Feldfrüchten während der absoluten Nahrungsmittelknappheit erregte die Bevölkerung, und es gab Proteste. So wurden alleine 1946 in der SBZ die angerichteten Wildschäden mit 6,1 Millionen Mark ermittelt. In Mecklenburg betrug der Schaden rund 1,9 Mil. Mark. Die größten Wildschäden entstanden in den Kreisen Waren, Güstrow, Malchin, Neubrandenburg, Neustrelitz und Rostock. Insgesamt wurden 4.546 Hektar an Feldfrüchten total und 10.090 Hektar stark geschädigt. Selbst aus in der Nähe von Bauerngehöften angelegten Mieten fielen über 2.500 Tonnen Kartoffeln und Rüben dem Schwarzwild zum Fraß. Die Klagen über Wildschäden bezogen sich nicht nur auf die Wildschweine, sondern auch auf Raubwild und Raubzeug. In dieser Situation schritt vielerorts die betroffene Landbevölkerung zur Selbsthilfe. Mit Hundemeuten und selbstgefertigten Saufedern gelang es ihnen, manches Wildschwein zu töten.

Mit Befehl Nr. 19 vom 08.02.1947 des Verwaltungschefs der SMA in Mecklenburg-Vorpommern durfte leitenden Funktionären der Landesregierung, den Landräten, Bürgermeistern und Polizeichefs, die Führung eines Jagdgewehrs mit glattem Lauf gestattet werden. Im September 1947 erhielt das Landesforstamt Schwerin 15 Doppelflinten aus Suhl. Marschall G. Shukow erlaubte mit dem Befehl Nr. 98 vom 01. Juni 1948 über “Maßnahmen zur Bekämpfung von Wildschweinen” die Bildung von Sonderjagdkommandos zur Schwarzwildbekämpfung. Die Jagdkommandos sollten vorzugsweise aus Forstangestellten bestehen und nicht mehr als 20 Personen umfassen. Zur Verfügung standen 100 Doppelflinten, die Eigentum der Landespolizeibehörde blieben. In Mecklenburg wurden fünf Jagdkommandos gebildet. Jeder Landkreis stellte einen Jagdleiter und einen Stellvertreter. Die Kreisforstämter sollten die Treibjagden auf Schwarzwild koordinieren und organisieren. Verzögerungen entstanden durch Munitionsmangel. Der intern im sowjetischen Machtbereich fortgeführte Klassenkampf verschärfte die politische Situation. So kam es vor, daß die Landespolizeibehörde vorgeschlagene Kader für den Einsatz im Jagdkommando nicht bestätigte. Dadurch bedingt, verstrich bis zum Einsatz der Jagdkommandos unnötig viel Zeit, und die Schwarzwildstrecken fielen gering aus.

Im Juni 1949 hob die SMAD den Befehl Nr. 98 auf. An Stelle der aus Förstern bestehenden Jagdkommandos sollten schnellstens solche bei den Polizeibereitschaften gebildet werden. Mit raschem Aufbau und dem folgenden schnellen Einsatz dieser Jagdkommandos begann eine wirksame Bekämpfung des Schwarzwildes.

Die Landesbehörde der Deutschen Volkspolizei in Schwerin bildete außerdem ein zentrales Jagdkommando. Dieses Einsatzkommando stand unter Leitung von VP Meister Rudi Schimmelmann. Es verfügte über ein ständiges Transportfahrzeug mit festmontierten Waffen- und Munitionsbehältnissen. Dieses Fahrzeug bot außerdem genügend Platz für die Jäger und für das erlegte Schwarzwild. Das Wild mußte, bis auf den 30%igen Schützenanteil, an die vom Kreisforstamt festgelegten Annahmestellen abgeliefert werden. Den Schützenanteil konnte man unter Jägern und Treibern (nach Trichinenschau) aufteilen.

Der damalige VP Hauptwachtmeister Erich Werner berichtete Nachstehendes über einen sehr erfolgreichen Jagdeinsatz:

Auf die äußerst dringenden Hilferufe der Bauern von Kogel bei Wittenburg beorderte die Einsatzleitung das zentrale Jagdkommando dorthin. In Kogel erwarteten sie schon ungeduldig der Bürgermeister und der VdgB-Vorsitzende. Nach Begrüßung und während eines kleinen Imbisses schilderte der Bürgermeister die äußerst schwierige Situation. Infolge der großen Wildschäden konnten die Bauern ihre Pflichtablieferung von Getreide und Kartoffeln nicht mehr erfüllen. Dieses führte in der Lebensmittelversorgung zu Schwierigkeiten. Eigeninitiativen mit Wachposten, Hunden, Klappern, Vogelscheuchen usw. blieben wirkungslos. Helfen konnte nur der radikale Abschuß des Schwarzwildes. Genügend Treiber und Hunde standen bereit, um die "Hexentannen", das Haupteinstandsgebiet des Schwarzwildes, durchzutreiben. Sollten bei dieser Jagd 20 Sauen geschossen werden, dann würde es für alle Jäger im Gasthaus ein großes Schüsseltreiben mit allem Drum und Dran geben. Damit endeten die Ausführungen des Bürgermeisters.
Gut organisiert und von ortskundigen Bürgern richtig angestellt, begann die Jagd. Eine langgestreckte, bürstendichte Kieferndickung, von einigen Schneisen unterbrochen, wurde zuerst getrieben. Jäger Erich Werner stand zwischen zwei Wechseln auf der letzten Schneise der Dickung.
Mit lautem Geschrei und Hundegebell trieben die Jagdhelfer die Sauen vor sich her. Immer mehr Schüsse fielen. Die Kanonade kam immer näher. Mit lautem Prasseln, Knacken und Poltern näherten sich die Sauen links und rechts von Erich Werner, auf jeweils nur etwa 20 Schritte überfielen viele Schwarzkittel die Schneise. Aus einer großen Rotte gezielt ein Stück herauszuschießen, bereitet Anfängern Schwierigkeiten. Die Flinte hin- und herschwenkend schoß er auf das vierte oder fünfte Stück. Schwergetroffen verendete es ein paar Meter weiter. Sein nächster Schuß auf den 12. oder 15. Schwarzkittel ließ diesen im Feuer tödlich getroffen zusammensacken. Über seine erste "Doublette" sehr

überrascht, vergaß Erich Werner nachzuladen. Weitere Sauen brachen aus dem Treiben. Endlich löste sich sein Staunen, seine Stagnation. Aufgeregt lud er nach. Inzwischen überfielen an die 50 Wildschweine die Schneise, bis er wieder schoß. Ein Überläufer roullierte wie ein Hase, am nächsten schoß er vorbei. Bei mehr Erfahrung und Cleverness hätte der Jäger bequem acht bis zehn Sauen schießen können. Nach Beendigung der Jagd lagen 29 Sauen auf der Schwarte. Sehr zufrieden nahm der Bürgermeister das Jagdergebnis zur Kenntnis. Abschließend meinte Erich Werner mit vielsagendem Schmunzeln: „Der Bürgermeister hat sein Wort gehalten."

Anfangs setzten sich die Jagdkommandos nur aus Angehörigen der Deutschen Volkspolizei zusammen. Schritt für Schritt wurden nach entsprechender Überprüfung geeignete, die neue Gesellschaftsordnung unterstützende Arbeiter sowie Bauern und Werktätige anderer Schichten in die Jagdausübung einbezogen. In jedem Kreis mußte das Kreisforstamt zuverlässige Produktionsarbeiter für die Jagdkommandos abstellen. Die Jagdeinsätze für die abgestellten Waldarbeiter entlohnten die Kreisforstämter mit Durchschnittslohn. Im Kreis Rostock erhielten die Waldarbeiter Hermann Nilson, Paul Krüger und Franz Effenberger den Auftrag, im Jagdkommando tätig zu sein. Im späteren Kreis Bad Doberan die Holzfäller Bruno Schäfer und Franz Hübner und in Wismar die Kollegen Franz Stroppe und Alfons Limpächer. Die Volkspolizei setzte in Wismar Hauptwachtmeister Erich Werner, in Bad Doberan Ernst Krüger, später Fritz Leskin, und in Rostock Hauptwachtmeister Fritz Mannwill als Leiter und Willi Bünger als Stellvertreter des Jagdkommandos ein. Jedem dieser Jagdkommandos standen anfänglich zehn Doppelflinten zur Verfügung. Entsprechend den Wildschadensschwerpunkten planten die Verantwortlichen (Leiter des Kreisforstamtes und Leiter des Kreispolizeiamtes) den Einsatz ihres Jagdkommandos. Der Jagdkommandoleiter mit seinen ständigen Mitgliedern bekam jeweils am Montag den festgelegten Wocheneinsatzplan. Meistens fuhr das VPKA die ständigen Wildschweinjäger unter Mitnahme der Waffen, Fahrräder, Sachen des persönlichen Bedarfs und Verpflegung zum ersten Einsatzort. Hier warteten schon die zeitweiligen Mitglieder des Jagdkommandos. Sobald die Übernachtung in Gaststätten oder bei Bauern geklärt war, erfolgte durch die Ortskundigen die Einweisung zur Jagd. Anfänglich stand der Munitionsverbrauch zur Strecke in einem eher schlechten Verhältnis. Die jagdliche Unerfahrenheit und mangelhafte Handhabung der Jagdwaffen wurde indes bald überwunden und Tagesstrecken bis zu 20 Stück Schwarzwild (Kogel, 29 Sauen) erreicht. Durch die intensive Bejagung konnten die Wildschäden einigermaßen in Grenzen gehalten werden. Der Jagdeinsatz war keine leichte Aufgabe und fand bei jedem Wetter statt. Zum nächstgelegenen Einsatzort fuhr man oft mit dem Fahrrad. Drei, vier Flinten auf dem Rücken, und außerdem mußte ja noch das Gepäck mit. Es waren Strapazen, aber es gab auch glückliche Momente, wenn durch den jagdlichen Erfolg Wildschäden verringert wurden und sich die Neubauern hierfür bedankten.

Durch die Verwaltungsreform der DDR, welche die Auflösung der Länder und Bildung der Bezirke brachte, begann Mitte 1952 ein neuer Abschnitt in der Geschichte der DDR. Auch die Forstwirtschaft bekam eine neue Struktur. Es entstanden die Staatlichen Forstwirtschaftsbetriebe. Die Aufstellung und Abstimmung der Einsatzpläne zur Schwarzwildbekämpfung erfolgte nun auch mit den StFB.

Im November 1953 beschloß die Volkskammer der DDR das "Gesetz zur Regelung des Jagdwesens". Damit begann endlich die Jagdbewirtschaftung auf einer gesetzlichen Grundlage. Jagdbehörden, Jagd- und Schonzeiten, Ablegung von Jagdeignungsprüfungen, Bildung von GST-Jagdkollektiven, Durchführung von Kollektivjagden und weitere Fragen wurden im Jagdgesetz und den Durchführungsbestimmungen festgeschrieben.

Das Jagdgesetz forderte die Erfüllung folgender Aufgaben:

1. Erhaltung der freilebenden Tierwelt in einem kulturell und wissenschaftlich notwendigen Umfang.
2. Schutz der Land- und Forstwirtschaft vor Wildschäden.
3. Nutzbarmachung der jagdbaren Tiere.

Eine enorme Arbeit stand den Verantwortlichen und den jagdlich interessierten Bürgern bevor. Die Jagdkommandos der DVP unterstützten mit ihren Erfahrungen und Voraussetzungen den Aufbau des Jagdwesens in der DDR. In Verbindung mit alten, jagdlich erfahrenen Forstleuten, wie die Forstmeister Otto-Heinrich Curschmann, Heinrich Scheel, Friedrich-Wilhelm Kootz, Willy Bolland, Wilhelm Ahrens, den Revierförstern, wie Fritz Hagemeister, Willi Biemann und Willy Melms, um nur einige zu nennen, bildeten sie die Keimzelle beim Neuaufbau der Jagd. Für die Bewahrung des Jagdlichen Brauchtums unter den neuen Bedingungen setzten sie sich ebenfalls ein.

Was den Erwerb und Besitz von Jagdwaffen und Munition betraf, tat sich das Ministerium des Inneren der DDR äußerst schwer. Erst ab 1957 war es einigen Forstangestellten und einem besonders ausgesuchten Personenkreis gestattet, Jagdwaffen zum persönlichen Eigentum zu erwerben.

Die Jagdkommandos der DVP bestanden bis 1955 und haben sich unter den damals schwierigen Bedingungen bewährt.

Der „Käptn“

Unter einem Kapitän versteht man im Allgemeinen den Führer eines Seeschiffes. Je nach abgelegter Prüfung und Fahrenszeit erhält er das Patent für Binnen- bzw. Küstenschifffahrt für “Kleine” oder “Große Fahrt”. Desweiteren ist Kapitän ein Dienstgrad bei den Seestreitkräften, bei einigen Landstreitkräften steht er an Stelle des Hauptmannsranges. Bei der Luftfahrt nennt man so den Chefpiloten.
Im Sport gibt es letztendlich bei allen Mannschaftssportarten einen Kapitän. Dieser ist der Spiel- bzw. Mannschaftsführer und vertritt die Interessen seiner Mannschaft. Er organisiert den Spielverlauf bzw. die Wettkampfgestaltung und gibt mit seinem Einsatz, seiner Vorbildwirkung Signale zur Mobilisierung aller Kräfte, zum unbedingten Siegeswillen seiner Mannschaft. Im fairen Wettkampf das Beste zu geben, sich voll in den Dienst der Mannschaft zu stellen, sind die Attribute eines Kapitäns. Der Weg zu dieser Vertrauensstellung ist oft lang. Intensives Training, restloser Einsatz, Zurückstellung persönlicher und familiärer Angelegenheiten bilden die Voraussetzung für dieses Ehrenamt und den späteren Erfolg. In der Stunde der Bewährung liegen oft Sieg oder Niederlage dicht nebeneinander. Ein kleiner Fehler, eine Unaufmerksamkeit, eine Unkonzentriertheit beeinflussen entscheidend das Ergebnis.

Der Werdegang von Forstmeister Heinz Rehder ist gekennzeichnet von vielen Stationen. Geboren 1916 im Forsthaus Pechau, etwa 3 km südöstlich von Magdeburg gelegen, verlebte er dort auch seine Jugend. Sein Vater Heinrich Rehder, als Förster bei den Stiftungsforsten (Kloster Bergeschen Stiftung) zu Magdeburg tätig, verwaltete das relativ kleine Revier Pechau. Von klein auf mit Wald und Natur verbunden, reifte in Heinz der Wunsch, Förster zu werden.
Im Oktober 1935 begann er seine Forstlehre bei der Forstverwaltung des Reichsgrafen v. d. Schulenburg-Wolfsburg im Forstrevier Neumühle, Kreis Salzwedel. Mit entspre-

chenden Vorkenntnissen erzielte er sehr gute Ausbildungsergebnisse. Sein Lehrrevierförster zeigte sich sehr zufrieden mit Heinz Rehder. Nur einmal bekam er ein ernstes Problem. Sein Berufsfortgang hing an einem seidenen Faden, und dieses kam so:

Im Sommer 1936 mußte Heinz Rehder Verlohnungsunterlagen zum zuständigen Forstverwaltungsbezirk Brome bringen. Von seinem Lehrrevier Neumühle bis Brome waren es etwa 10 Kilometer. Diese Strecke schaffte der angehende Förster mit seinem Fahrrad in knapp einer halben Stunde.
Vor der Forstverwaltung lag ein großer Garten mit vielen Blumen und seltenen Pflanzen. In diesem Garten sah Heinz Rehder, wie ein Schafbock die sicherlich wohlschmeckenden Blumen abfraß.

Schnell eilte er in das Geschäftszimmer, in dem Forstsekretär Trost eifrig rechnete und nur flüchtig hochschaute, als Rehder eintrat und die Verlohnungsunterlagen abgab.
„Herr Forstsekretär, der Schafbock ist im Garten und frißt alle Blumen ab." „Rehder, da in der Ecke steht der Drilling, schieß!" wobei der Beamte nicht hochschaute, sondern ge-

schäftig und ungestört an seinen wichtigen terminlichen Aufgaben weiterarbeitete. Heinz Rehder, sichtlich ungläubig und zögernd, ergriff den Drilling, die danebenliegenden Schrotpatronen und ging hinaus. Der Schafbock, noch immer mitten in einer Blumenrabatte, machte sich ganz genüßlich weiter über die schönen Blumen her. Wirre Gedanken jagten Rehder durch den Kopf. Was soll geschehen? Was ist zu tun? Aber immer gewohnt, jede Weisung, jeden Befehl auszuführen, lud er, noch mit sich kämpfend, den Drilling, doch das “Schieß” war eindeutig. Auf etwa 10 Schritte mit 3,5 mm Schrot aufs Blatt geschossen, ließen den Schafbock im Knall verenden. Bleich und mit zitternden Gliedern ging er ins Geschäftszimmer zurück.
Der Forstsekretär, ohne hochzusehen, sagte: „Stell den Drilling wieder zurück und nimm die Post für deinen Revierförster mit!” Heinz Rehder jedoch stotterte: „Herr Forstsekretär, was soll nun mit dem toten Schafbock geschehen?” „Waaas?” Wie von der Tarantel gestochen schrie der Forstsekretär aufspringend: „Du bist wohl des Teufels! Bist du total verrückt geworden?” „Aber Sie haben doch gesagt, ich soll schießen!” antwortete Heinz Rehder verstört. „So etwas blödes habe ich noch nicht erlebt! Du solltest den Schafbock doch nur mit einem Schrotschuß verjagen! Das ist einfach unglaublich. Oh Gott, oh Gott, das wird noch ein böses Nachspiel haben.” Mit diesen zornigen Worten beendete der Beamte sein Geschimpfe und eilte zum toten Schafbock hinaus.
Heinz Rehder dagegen fuhr sorgenvoll nach Neumühle zurück. Hier wurde er von seinem Lehrrevierförster gleichfalls mit einer fürchterlichen Strafpredigt empfangen. Die Forstverwaltung des Reichsgrafen von der Schulenburg in Wolfsburg zeigte sich aber gnädig. Mit einem Tadel und Schadensersatz kam Heinz Rehder davon.

Vom August bis Ende September 1936 absolvierte er bei der Forstverwaltung des Fürsten zu Stolberg-Wernigerode den Zulassungslehrgang zum Forstschulbesuch. Ein Jahr später legte er mit gutem Ergebnis die Hilfsförsterprüfung für den

Privatforstdienst ab. Danach schloß sich der Wehrdienst an. Zwischenzeitlich erfolgte von 1940 bis April 1941 ein Einsatz bei der Forstabteilung des Reichsnährstandes Landesbauernschaft Sachsen-Anhalt. Während dieser Zeit erweiterte er seine Kenntnisse in der Verwaltungsarbeit. Die Revierförsterprüfung legte Heinz Rehder im Februar 1943 in Ülzen ab. Als Prüfungsvorsitzender fungierte Oberforstmeister Mann. Nach anstrengenden Prüfungstagen konnte Heinz Rehder die Urkunde über die mit "gut" bestandene Prüfung in Empfang nehmen. Damit hatte er endlich sein Berufsziel erreicht.

1944 wurde Heinz Rehder als Soldat an der Ostfront verwundet, überstand mit Glück das Ende des II. Weltkrieges und die Wirren der ersten Nachkriegszeit. Im Forstamt Mirow fand er 1946 als Forstsekretär eine Anstellung. Von 1948 bis 1952 leitete er die etwas abgelegene Revierförsterei Zwenzow. Als im Staatlichen Forstwirtschaftsbetrieb Güstrow eine Revierförsterei frei wurde, bewarb er sich und konnte ab Juli 1952 die Revierförsterei Kirch-Rosin übernehmen. Später war er dort als Oberförster tätig.

Neben den forstlichen Aufgaben wollte Heinz Rehder auch Einfluß auf die Jagd in seinem neuen Forstrevier nehmen. Auf Befehl Nr. 98 der Sowjetischen Militär Administration Deutschland (SMAD) vom 1. Juni 1948 wurden Abschuß-Sonderkommandos zur Schwarzwildbekämpfung gebildet. Dem Jagdkommando im Kreis Güstrow gehörte Walter Krüger aus Kirch-Rosin an. Schnell fand Heinz Rehder Kontakt zu dem Jagdkommando und übte in diesem Rahmen die Jagd aus. Seine neuen Jagdkameraden und Kollegen gaben ihm den Spitznamen "Käptn". Dieses leiteten sie von einem Namensvetter ab. Bei der Kriegsmarine gab es seinerzeit einen Kapitän Erich Raeder, der spätere Großadmiral (bis 1943), nur schrieb dieser seinen Namen etwas anders.

Nach Erlaß des Gesetzes zur Regelung des Jagdwesens der DDR vom 25. November 1953 begann ein geregeltes Jagdwesen. Organisatorisch festigte sich die Jagd mit der Bildung der GST-Jagdkollektive (Gesellschaft für Sport und Technik). Als Vorsitzenden des Jagdkollektivs Kirch-Rosin wählte man Wolfgang Zeiske, zum staatlich beauftragten Jagdberechtigten Heinz Rehder. Bei den Kollektivjagden, in der Hauptsache auf Sauen, sammelten die Jagdteilnehmer Erfahrungen und eigneten sich jagdliche Kenntnisse an. Jeder, der die Jagd weiter ausüben wollte, mußte die Jagdeignungsprüfung ablegen. Als Jagdausbilder betätigten sich u. a. Heinz Rehder, der schon vor 1945 seine forstliche und jagdliche Berufsausbildung abgeschloßen hatte, sowie auch Wolfgang Zeiske, der als Tierarztsohn von Jugend auf mit Tieren und der Jagd zu tun hatte. 1954 veröffentlichte Jäger Zeiske mehrere Artikel über das jagdliche Schießen, und 1956 kam sein Buch "Waffe und Schuß" heraus, das für die Waffen- und Schießkunde in der DDR zum Standardwerk wurde.

Jäger Heinz Rehder schoß, wenn sich die Gelegenheit bot, gerne und mit recht gutem Erfolg auf Flugwild. Wolfgang Zeiske tat dieses ebenfalls. Aus dieser jagdlichen Anfangszeit gibt es ein nicht sehr rühmliches Erlebnis:

Die Nebel, ein kleines Flüßchen, richtiger gesagt ein Bach, schlängelt sich durch Wiesen, Felder, Waldgebiete sowie durch Güstrow und fließt bei Bützow in die Warnow. Die angrenzenden Dorfbewohner lassen schon seit uralten Zeiten ihr Wassergeflügel immer auf diesen Bach. Gewässer, ganz gleich welcher Art, sind für die Haltung von Enten und Gänsen sehr wichtig.
An einem frischen Herbstmorgen kehrten die Jäger Heinz Bening, verantwortlicher VP-Angehöriger für die Jagdwaffen, Heinz Rehder und Wolfgang Zeiske, Vorsitzender des Jagdkollektivs Kirch-Rosin, von einer erfolglosen Ansitzjagd zurück. In der Nähe der kleinen Ortschaft Kölln sichteten sie auf der Nebel einen Schof Enten. Eine günstige Gelegenheit, um Beute zu machen. Auf ein Zeichen von Wolfgang Zeiske machten sie sich vorsichtig schußfertig. Dann eine Salve. Jäger Zeiske, der am nächsten stand, schoß noch blitzschnell einen zweiten Schuß hinterher. Fünf Enten schwammen tot auf dem Wasser. Freudig rief Wolfgang

Zeiske: „Ich habe sie alle getroffen!" und beeilte sich, sie herauszufischen. Heinz Rehder und Heinz Bening schauten sich etwas ungläubig an. Plötzlich vom Dorf her ein Schreien. Aufgeregt kam eine Frau über die Wiese herbeigelaufen und rief: „Das sind ja meine Enten, was macht ihr bloß?" Wolfgang Zeiske ließ vor Schreck eine Ente fallen und sagte kopfschüttelnd etwas kleinlaut: „Ich habe nicht getroffen!" Das Malheur war groß, aber nicht mehr zu ändern. In der Annahme, es wären Stockenten, hätten sie geschossen. Revierförster Heinz Rehder, den die Frau kannte, konnte sie mit vielen entschuldigenden Worten die sehr aufgeregte Bäuerin besänftigen. Mit entsprechendem Schadenersatz wurde das äußerst unangenehme Geschehen aus der Welt geschaffen.

Beim Zentralvorstand der GST in Neuenhagen bei Berlin waren alle technischen Sportarten, wie Motor-, Flug-, Nachrichten-, See-, Schießsport und noch einige mehr, zusammengefaßt. Wolfgang Zeiske engagierte sich sehr für das Sportschießen, ganz besonders für die Disziplin Wurftauben Trap. Als erster Trainer der Trapschützen der DDR übernahm Wolfgang Zeiske 1957 diese Aufgabe. 1959 folgte Artur Reddmann, und ab 1960 trainierte Hans Kahlenberg die Nationalmannschaft der DDR.
Anfang 1958 überzeugte Trainer Zeiske Oberförster Heinz Rehder für das Wurftaubenschießen. Nach einigen anfänglichen Trainingstagen fand er Gefallen an diesem Sport und schloß sich dem GST Sportclub Leipzig an. Seinen ersten großen internationalen Wettkampf bestritt Heinz Rehder in Polen. Am 8. April 1960 konnte er in Warschau auf das Siegerpodest steigen und die Bronzemedaille in Empfang nehmen. Den Wettkampf gewann Adam Smelczynski (Pol) mit 192 Tauben von 200 möglichen. Den 2. Platz belegte Gerhard Aßmus (DDR) mit 186 Tauben, und Heinz Rehder traf 184 Wurftauben. Seit diesem Zeitpunkt berief man Heinz Rehder zum Kapitän der Nationalmannschaft im Wurftaubenschießen der DDR. Der "Käptn" behielt dieses Ehrenamt bis zum Ausscheiden aus dem aktiven Leistungssport im Jahr 1967.

An einer geeigneten Stelle im Wald von Kirch-Rosin erbaute sich Heinz Rehder Anfang 1960 einen Drei-Maschinen-Wurftaubenstand, den man später erweiterte. Hier nutzte er jede Gelegenheit zum Training. Seine Frau Gertrud leistete dabei oft schwere körperliche Arbeit. 100 bis 200 mal am Tag die starken Federn der Wurfmaschinen (Modell Reddmann) zu spannen und dann auf Kommando im Bruchteil einer Sekunde blitzschnell auszulösen, war schon eine sehr beachtliche Leistung. Kleinere Wettkämpfe, wie 1962 die Bezirksmeisterschaft Schwerin, oder auch die Rundenwettkämpfe der Staffel Rostock-Schwerin-Neubrandenburg, fanden ebenfalls auf diesem Stand statt.

Durch gründliche Auswahl und intensives Training bildeten Wolfgang Zeiske und Artur Reddmann Schützen heran, die Hoffnung auf gute Ergebnisse im internationalen Sportgeschehen gaben. Trainer Hans Kahlenberg konnte darauf aufbauen. Die sportlichen Erfolge stellten sich bald ein. Zum damaligen Kaderkreis der Nationalmannschaft der DDR gehörten: “Käptn” Heinz Rehder, Gerhard Aßmus, Karl-Heinz Kramer, Joachim Marscheider, Erich Baltrusch, Heinz Raguse und Eckkehard Bartels. Bis Ende der 60er Jahre vertraten noch weitere gute Sportschützen die DDR, so z. B.: Joachim Büchner, Klaus Schewe, Rudolf Hager, Werner Trübenbach, Albrecht Heite, Kurt Schwarz, Siegfried Türk, Burghard Hoppe, Dr. Hans-Jürgen Ladisch, Franz und Manfred Geisler und Kurt Gzekalla, der 1968 in Mexiko bei den Olympischen Spielen die Bronzemedaille im Wurftaubenschießen gewann.

Höhepunkte im Sportlerleben von “Käptn” Rehder (s. Anlage 2) waren die Olympiaausscheide 1960 und 1964 zwischen den beiden deutschen Staaten zur Gemeinsamen deutschen Mannschaft (GdM) sowie seine Teilnahme an den XVIII. Olympischen Spielen in Tokio 1964. Im auserlesenen Feld der Sportschützen aus aller Welt erkämpfte er sich mit 189 Treffern den 14. Platz. Bei der Abschlußveranstaltung wurde “Käptn” Rehder eine besondere Ehrung zuteil. Er er-

hielt die Auszeichnung als ältester aktiver Sportler (48 J.) der Olympischen Spiele. Weitere Höhepunkte bildeten die Weltmeisterschaften 1962 in Kairo, hier wurde er mit der DDR Mannschaft Vizeweltmeister. Bei den Europameisterschaften 1963 in Brno (CSSR) erkämpfte sich "Käptn" Rehder mit seiner Mannschaft den 2. Platz. Eine Vielzahl von Medaillen konnten sie noch im Laufe der Zeit gewinnen.
Eine bittere Niederlage gab es für ihn bei den Europameisterschaften 1966 in Lahti (Fin). Nach 275 beschossenen Wurftauben führte Heinz Rehder das große Teilnehmerfeld souverän an. In der letzten Serie jedoch verkrampfte er, verlor seine sonstige Nervenstärke und traf nur 17 Tauben! Acht Stück flogen heil davon. Von den zuvor 275 beschossenen Wurftauben schoß er nur an sieben vorbei und von den letzten 25 Wurftauben gleich acht Fehler. Mit nur zwei Tauben mehr wäre ihm die Bronzemedaille sicher gewesen und mit 22 Treffern der Europameistertitel. So jedoch siegte Prevost (Fra) mit 289 Treffern. "Käptn" Rehder belegte Platz 7 mit 285 getroffenen Wurftauben.
Dem Engagement seines Vaters für das Wurftaubenschießen folgte Sohn Claus. An einigen Wettkämpfen nahmen beide teil. Bei den DDR-Meisterschaften 1966 siegte Vater Rehder mit 193, sein Sohn Claus belegte Platz 12 mit 181 Tauben. Bei dem großen Ostseepreis 1967 in Heiligendamm traf "Käptn" Rehder 192 Wurftauben, und Sohn Claus konnte sich mit 187 Treffern im Vorderfeld plazieren. Den letzten Wettkampf in seiner aktiven Sportlerlaufbahn bestritt er am 26. November 1967 beim Jahresabschlußschießen in Warin. Nach diesem Wettkampf wurde er in feierlicher Form vom Sportschießen und als Kapitän der Nationalmannschaft verabschiedet.

Seine großen Erfahrungen im Wurftaubenschießen übermittelte Heinz Rehder auch Nachwuchsschützen. Er trainierte in Kirch-Rosin eine Gruppe von Junioren, von denen zwei, und zwar Hans-Joachim Krüger und Jürgen Metz, recht gute Leistungen erbrachten. Hans-Joachim Krüger übernahm der Sportclub Dynamo Hoppegarten als Leistungsschütze. Diesem Sport ist er bis heute treu geblieben. Hans-Joachim Krüger trainiert jetzt in Hoppegarten Nachwuchsschützen. Für seine hervorragenden sportlichen Leistungen zeichnete man "Käptn" Rehder mehrfach aus. So wurde er "Meister des Sports" und erhielt auch die höchste Sportauszeichnung der DDR: den Titel "Verdienter Meister des Sports".

Nach dem Ausscheiden aus dem aktiven Sport sollte Heinz Rehder wieder zurück und sein Forstrevier Kirch Rosin übernehmen. Dieses besagte die seinerzeit getroffene Vereinbarung. Jedoch ergab sich eine neue Perspektive. Die Stelle des Direktors der Forstbetriebsschule Klueß wurde vakant. Um diese Position einzunehmen, mußte man einen pädagogischen Abschluß nachweisen. An der Pädagogischen Hochschule in Güstrow studierte Heinz Rehder drei Semester und legte die erforderliche Prüfung ab. 1969 wurde er Direktor der BBS-Forst in Klueß und zum Forstmeister befördert.

Die Forstbetriebsschule beherbergte im Internat im Durchschnitt 80-90 Forstlehrlinge. Die Ausbildung dauerte zwei Jahre, und anschließend legten sie ihre Forstfacharbeiterprüfung ab. Acht Lehrausbilder mit Lehrobermeister Peter Warnik und als Fachlehrer Frau Annemarie Töpfer standen dem Direktor zur Verfügung. Heinz Rehder bezog mit seiner Frau eine geräumige Wohnung in der 1. Etage des Verwaltungsgebäudes der BBS. Somit war er jederzeit erreichbar und konnte sich voll seinen neuen Aufgaben widmen. Die Forstlehrlinge mochten ihren Direktor sehr. Er zeichnete sich als eine hervorragende Persönlichkeit aus, ruhig und sachlich konnte er ihnen fachlich sehr viel beibringen und erklären. Bei passender Gelegenheit erzählte er seinen Lehrlingen von seinen Weltreisen, Wettkämpfen und jagdlichen Erlebnissen.
Alljährlich veranstalteten die Lehrgruppen ein Biwak am Gardener See. Das Programm bestand aus Angeln, Baden und Sport. Auch gab es immer Wildschweinbraten am Spieß. Abends ertönten am Lagerfeuer Lieder, aber auch spannen-

de Erlebnisse aus Ägypten, Japan, Chile, Finnland und vielen anderen Ländern konnte Heinz Rehder seinen interessierten Zuhörern erzählen. Mit Erreichung des Rentenalters im Jahre 1981 schied Heinz Rehder aus dem Schuldienst aus. Als Nachfolger übernahm Klaus Hagemann diese verantwortungsvolle Aufgabe.

Auf Grund seiner zahlreichen internationalen sportlichen Erfolge sowie seines 65. Geburtstages am 19.03.1981, aber auch für gute jagdliche und forstliche Arbeit erhielt Heinz Rehder von der Bezirksjagdbehörde Schwerin die Abschußfreigabe eines Rothirsches der Klasse I. Dieses sollte in der Jagdgesellschaft Kirch-Rosin erfolgen. In dieser Jagdgesellschaft kommt gut veranlagtes Rotwild häufig vor. Alljährlich zur Brunft konnten mehrere kapitale Hirsche bestätigt, aber auch manchmal ein Medaillenhirsch gestreckt werden. Walter Krüger besaß 1980 das große Glück, einen Goldmedaillenhirsch von 216,49 Punkten zu erlegen. Zuvor schoß Revierförster Wolfgang Hasse 1974 einen Goldmedaillenhirsch mit 213,43 Punkten, 1981 einen Silbermedaillenhirsch und 1976 einen Hirsch, der eine Bronzemedaille erhielt. Medaillenhirsche erlegten in dieser Jagdgesellschaft bis dato noch die Jäger Dr. Westerling, Vorsitzender der Jagdgesellschaft Kirch-Rosin, Scheminowski, Patschkin, Harder, Dr. Düwel und Naef.

Mehrfach saßen Jagdleiter Walter Krüger und der "Käptn" im Jagdgebiet Zehna auf einen Hirsch der Klasse I. an, aber bisher ohne Erfolg. Sie suchten einen bestimmten Hirsch, dessen Abwurfstange Walter Krüger besaß. Es war eine starke 22ender Abwurfstange, die er Heinz Rehder zeigte. Offensichtlich stammte sie von einem mittelalten, gut veranlagten Hirsch. Am Morgen des 7. September 1981 sah Walter Krüger diesen Hirsch mit seinem Rudel in der Nähe der Feldscheunenkanzel. Für den Abendansitz beorderte er Heinz Rehder dorthin. Selbst fuhr er etwas weiter und beobachtete beim Besser-See die Rotwildbrunft.

Forstmeister Heinz Rehder bezog rechtzeitig auf der Feldscheunenkanzel seine Stellung. Ein angenehmer typischer Herbsttag ging langsam zu Ende. Die Sonne verschwand allmählich am Horizont, ihre letzten Strahlen beleuchteten dunkelrot die vereinzelten am Himmel dahinziehenden Wolken. Die Dämmerung nahm zu. Jetzt begannen die nachtaktiven Tiere, auf Nahrungssuche zu gehen. In der Brunft des Rotwildes herrscht aber der Paarungstrieb der Hirsche vor. Das Kahlwild bevorzugt bestimmte Äsungsplätze, die von dem Platzhirsch als Brunftterritorien Rivalen gegenüber verteidigt werden. Jeder Platzhirsch versucht, sein Rudel zusammenzuhalten. Durch häufiges Röhren markiert er unter anderem auch akustisch sein Territorium. In Rotwildeinstandsgebieten bekommt der Jäger während der Brunft bald einen Überblick über die Anzahl der Hirsche, ihren Einstand, über Stärke, Alter usw.. Die Heimlichkeit der Feisthirsche ist dann vorbei. Während der Brunft tritt ein grundlegender Wandel in der Verhaltensweise der Hirsche ein.

Aus der Ferne vernahm Heinz Rehder den ersten Brunftschrei. Wenig später antwortete ein weiterer Hirsch. Von weiteren Plätzen schallte das Röhren der Rothirsche herüber. Plötzlich, in unmittelbarer Nähe der Kanzel, ein kräftiges, heftig ausgestoßenes Röhren. Wenig später beobachtete der "Käptn" das zögerliche Austreten eines Rotwildrudels aus dem gegenüberliegenden Bestandsrand. 17 Stück Kahlwild gehörten zu dem Rudel, und zuletzt erschien ein ganz kapitaler Platzhirsch. Das Leittier zog langsam äsend weiter, gefolgt von dem übrigen Kahlwild. Die Entfernung zum Rudel noch gut 200 Meter. Durch das Fernglas versuchte

Heinz Rehder angestrengt, den Hirsch genau anzusprechen. Der Körperbau erschien massig mit kräftigem Vorschlag. Die Brunftmähne und die Haltung von Haupt und Träger deuteten auf einen Hirsch von etwa 10 Jahren. Das Geweih stark und endenfreudig. Immer wieder versuchte Jäger Rehder, die Endenzahl festzustellen. Doch jedesmal beim Zählen eine Bewegung des Hauptes, und er konnte von neuem beginnen. Ob es sich nun um einen 22ender oder ungeraden 24ender handelte, ließ sich nicht mit Bestimmtheit feststellen. Ziemlich sicher schien Heinz Rehder zu sein, daß es sich um den Hirsch handelte, dessen Abwurfstange er bei Walter Krüger gesehen hatte.
Die Dämmerung nahm zu, derweil umkreiste der Platzhirsch ständig sein Rudel. Von Mal zu Mal verhoffte der Kapitale, um durch sein Schreien in das Konzert der anderen Brunfthirsche einzufallen. Mittlerweile zog der sehr starke Hirsch mit dem Rudel auf etwa 110 Meter heran. Jetzt entschloß sich Jäger Rehder zu schießen.
Noch nie hatte er jemals auf so einen Kapitalen geschossen. Er bekam plötzlich Jagdfieber. Schneller und stärker pochte sein Herz, er spürte deutlich die pulsierende Halsschlagader. Schweißausbruch, Stirn und Hände wurden feucht. Sich zur Ruhe zwingend, ein paar Mal tief durchatmend, zog er die Waffe fest in die Schulter ein und ging grob ins Ziel. Langsam erfaßte der Zielstachel das Blatt. Als der Hirsch verhoffte, betätigte Heinz Rehder voll konzentriert den Abzug. Der scharfe Knall ließ das Rudel aufgeschreckt hochflüchtig abgehen. Geblendet durch das Mündungsfeuer, konnte er nicht das Zeichnen des Hirsches feststellen. Dann sah er, wie der Hirsch schwerkrank dem Rudel folgte und etwa 50 Meter vor der Dickung zusammenbrach. Dieser Augenblick war wie eine Erlösung. Die gewaltige Nervenanspannung löste sich, und mit zitternden Händen zündete er sich schnell eine Zigarette an.
Mit dem Fernglas schaute er lange und aufmerksam zum daliegenden Hirsch. Der bewegte sich nicht mehr. Mit etwas weichen Knien schritt der “Käptn” zu seinem “Kapitalen”. Je näher er kam, desto gewaltiger erschienen ihm Geweih

und Wildkörper. Im Augenblick der "Inbesitznahme" lassen sich seine Gefühle schwer beschreiben. Er stand vor seinem "Lebenshirsch". Heinz Rehder zählte die Enden. Einen ungeraden 26ender stellte er fest. Die Abwurfstange, die Walter Krüger besaß, wies eine gewisse Ähnlichkeit auf. Lange hielt er die Totenwacht. Emotional durchlebte der erfolgreiche Jäger nochmals seine Jagd.

Nach Versorgung des Hirsches fuhr Heinz Rehder mit seinem Lada nach Kirch-Rosin. Jagdleiter Krüger, der inzwischen auch eintraf, schilderte er kurz die Jagd und betrachtete dabei die Abwurfstange. Ja, es war der gesuchte "Kapitale". Schnell organisierte man den Abtransport. Mit seinem Wartburg B 1000" holte Walter Krüger noch drei Mann zusammen und fuhr zum Erlegungsort. Auch "Käptn" Rehder eilte mit seinem Fahrzeug dorthin. Alle Anwesenden staunten über den ungeraden 26ender. Nach Überreichung des Schützenbruches wünschten sie ihrem "Käptn" ein kräftiges "Weidmanns Heil".
Am nächsten Tag fand zuerst ein Fototermin statt. Anschließend transportierte man den Hirsch zur Wildannahmestelle des StFB Güstrow. Einige Tage später lud der Forstmeister Heinz Rehder seine Jagdgenossen, Kollegen und Freunde zum "Tottrinken" ein. In einem entsprechend dem jagdlichen Brauchtum hergerichteten Rahmen prahlte im Mittelpunkt sein Goldmedaillenhirsch, den die Trophäenbewertungskommission mit 214,98 internationalen Punkten bewertete. Während dieser Feier schenkte Walter Krüger dem "Käptn" die passende Abwurfstange zu seinem "Lebenshirsch".

Nach erfolgreichen Jagden berichten die Jäger beim "Schüsseltreiben" oft über ihre Jagderlebnisse. Anlässe zum Feiern gab es in der Jagdgesellschaft des öfteren. Bei diesen Gelegenheiten trug Heinz Rehder lange, von ihm verfaßte Gedichte auf Niederdeutsch (s. Anlage 3) vor. So z. B.: "Wat de Hunn sik vertellen" oder "De best Medizin". Obgleich er nicht aus Mecklenburg stammte, sprach er ein gutes "Meck-

lenburger Platt". Seit Kriegsende lebte er in Mecklenburg und hatte auf langen Autofahrten und Reisen vieles von seinem Sportkameraden Karl-Heinz Kramer, einem waschechten Mecklenburger von der Insel Rügen, angenommen.
Die Verbindung zu seinen alten aktiven Sportkameraden hielt Heinz Rehder auch in seinem Ruhestand aufrecht. In der Jagdgesellschaft war er nach wie vor sehr aktiv und hilfsbereit zu jeder Zeit. Seinem Sohn Claus stand er mit Rat und Tat zur Seite und lebte mit seiner Frau glücklich zusammen.

Das Glück jedoch währte nicht lange. Am 18. Juli 1987 verstarb er plötzlich im Alter von 71 Jahren. Große Trauer erfaßte jeden, der ihn kannte. Unter großem Geleit und zunftgemäß wurde der verdienstvolle "Käptn" Heinz Rehder mit "Jagd vorbei" und "Halali" zur ewigen Ruhe gebettet.

Jagdschriftsteller Wolfgang Zeiske

Am 30. Mai im Jahre 2000 jährte sich der Geburtstag von Wolfgang Zeiske zum 80. Mal. Jedoch, schon im Alter von 55 Jahren wurde er in die Ewigkeit abberufen. Als katholischer Christ erzogen, trat er immer für Verständigung und Toleranz ein. Seine Maxime: Ohne Liebe und Freundschaft ist niemand ein vollwertiger Mensch.
In seinem relativ kurzen Leben hatte Wolfgang Zeiske viel bewegt, bewirkt und geschaffen. Vielseitig und sehr fleißig, betätigte er sich als Schriftsteller. Seit 1954 freischaffend, veröffentlichte er über 30 Bücher (s. Anlage 4) und zahlreiche Artikel in der örtlichen Presse und in Fachzeitschriften. Die Bezeichnung "Jagdschriftsteller" ist für ihn zutreffend, weil er hauptsächlich Wald, Wild, Natur in der Vielfalt mit all ihren Besonderheiten für Jung und Alt, Naturfreunde, für Fachleute und solche, die es werden wollten, aufzeichnete und der Öffentlichkeit präsentierte. Seine Kinderbücher "Esox", "Wittschwart", "Das große Buch vom Wald" und die Serie "Förster Grünrock erzählt ..." sind der Generation der 60er und 70er Jahre aus ihrer Kindheit noch gut in Erinnerung. Das Buch "Waffe und Schuß", 1956 veröffentlicht, und "Jagdliches Schießen", 1961, galten für Jäger und Sportschützen als Standardwerke. Einem zweiten Themenkomplex, dem Angeln und Fischen, widmete er sich auch als Fachmann. Bücher wie z. B. "Fische und Gewässer", 1961, "Handbuch des Angelsports", 1962, sowie noch eine Vielzahl weiterer Angelfachbücher erschienen aus seiner Feder. Auch fünf Romane und Titel mit heiterem und besinnlichem Inhalt vervollständigten seine umfangreiche schriftstellerische Tätigkeit.

Der Lebensweg von Wolfgang Zeiske begann in Görlitz-Moys. Hier in der Oberlausitz, einem Teil von Schlesien, verlebte er seine Jugend. Als Sohn eines Tierarztes bekam er schon frühzeitig Kontakt und Bezug zu Tieren aller Art. Die heimische Tierwelt mit ihren sehr zahlreichen Lebewesen zu pflegen, heilen und bewahren, sie als wichtigen Teil der Natur zu betrachten, wurde ihm schon frühzeitig bewußt. Auch erkannte er durch die Vorbildwirkung seines Vaters, daß der Mensch bei der Erhaltung der Natur eine wichtige Funktion ausübt. Die sinnvolle Regulierung von Tierarten, sei es durch Jagd, Fischerei oder Naturschutz, gaben ihm die Richtung für sein späteres Schaffen.

In Görlitz begann Wolfgang Zeiskes Schulzeit. Nach dem Abitur folgte ein umfangreiches Studium. Er schrieb sich zunächst für Geschichte, Germanistik und Philosophie ein. Außerschulisch betätigte er sich bis 1933 in der Fahrtenbewegung.

Nach der Machtübernahme durch die NSDAP vereinnahmte die Hitlerjugend die gesamte deutsche Jugend. Die 10 bis 14jährigen waren im DJ (Deutsches Jungvolk) in Jungenschaften, Jungzügen und Fähnlein zusammengeschlossen, die 14 bis 18jährigen in der HJ (Hitlerjugend). Deren Struktur baute sich über Kameradschaft, Schar und Gefolgschaft auf. In Personalstärke und der Leitung ähnelte die Organisation dem Führerprinzip von SA, SS und letztendlich der Wehrmacht. Die Mädchen erfaßte man analog in JM (Jungmädel) und BDM (Bund Deutscher Mädel). Die Hitlerjugend war eine Pflichtorganisation und diente der ideologischen Indoktrination und der vormilitärischen Erziehung. Wolfgang Zeiske durchlebte diese Zeit wie viele Millionen deutsche Jugendliche. Durch intensive nationalsozialistische Propaganda und weltanschaulichen Unterricht beeinflußt, in dem das "Versailler Diktat", der Raub von über siebzigtausend Quadratkilometer (rd. 13%) deutschen Landes, "Volk ohne Raum" und die "Dolchstoßlegende" die Hauptthemen darstellten. Über die Schuldnerfrage an dem verlorenen Weltkrieg, der Verstümmelung und dem Niedergang des Deutschen Reiches gab es damals keinen Zweifel, es war das internationale Judentum. Der Antisemitismus mit der Pogromnacht ("Kristallnacht") vom 9. November 1938 sowie der Neid der "Entente", geschürt seit 1904 von England und Frankreich, verschärften das internationale Klima

gegenüber Deutschland. Die aggressive Außenpolitik Nazi-Deutschlands führte zwangsläufig zum gewaltsamen Konflikt.
Am 1. September 1939 begann der II. Weltkrieg. Millionen junger deutscher Männer, nunmehr in feldgrau gekleidet, marschierten über die Grenzen nach Polen. Unter ihnen auch Soldat Wolfgang Zeiske. In einem Blitzfeldzug zerschlugen sie das polnische Heer. Auch die Sowjetunion rückte 17 Tage später mit der Roten Armee in Polen ein. Im Hitler-Stalin-Pakt teilten sich beide Länder Polen. Dieser Geheimvertrag besiegelte auch das Schicksal der baltischen Staaten. 1940 besetzte die Sowjetunion diese Länder. Der Krieg weitete sich aus. Überall Tod und Verderben, Not und Elend. Die deutsche Armee, zu der auch die Einheit von Wolfgang Zeiske gehörte, überfiel in einem riskanten Unternehmen Norwegen. Nächste Station war die Eroberung von Frankreich. Über und mit Finnland, sowie an der langen Grenze von Memel bis zum Schwarzen Meer (Rumänien), begannen die deutschen Truppen 1941 den Krieg gegen die Sowjetunion. Der Kampf in Rußland wurde von den kriegsführenden Mächten mit äußerste Härte und Grausamkeit geführt. Die Einhaltung der Haager Landkriegsordnung von 1907 fand keine Beachtung. Überall loderte die Brandfackel und zerstörte Dörfer und Städte, sie hinterließen nur "Verbrannte Erde". Anfang 1943 begann bei Stalingrad und Ende des Jahres bei El Alamein die Wende im gewaltigen Vernichtungskrieg. Die deutschen Armeen hatten "ausgesiegt". Niederlagen, Rückzugsgefechte und Absatzbewegungen bestimmten fortan den Verlauf des Krieges.
Aufgrund seiner Schulbildung und soldatischen Pflichterfüllung wurde Wolfgang Zeiske Offizier. Verantwortlich für Leben und Tod seiner Soldaten, kämpfte er mit ihnen aufopferungsvoll im Glauben an Deutschland. In seinem Buch "Flucht ins Feuer" schilderte er den dramatischen Schlußakkord der deutschen Soldaten. Die eingeschlossenen Verbände kämpften verbittert gegen die Rote Armee, nur noch mit dem Ziel, Verwundete, Frauen, Kinder und alte Menschen in Sicherheit zu bringen. Die bittere Erkenntnis, Wunsch und

Hoffnung gipfelten in dem Gedanken: "Wenn du aus diesem Schlamassel mit dem Leben davonkommen solltest, dann alles zu tun, um beizutragen, daß sich so ein wahnsinniger Krieg nie wiederholt." Bei diesem verzweifelten letzten Ringen verwundet, überstand er mit viel Glück das Kriegsende und versuchte, schnell in seine Heimat zu gelangen.

Trümmer, Scherben, Ruinen überall, wo man hinkam. Grausige Wirklichkeit überzog Deutschland. In einem Kampflied hieß es seinerzeit: "Wir werden weitermarschieren, wenn alles in Scherben fällt ..." Nun gab es nur noch Scherben. Für die Überlebenden begann ein böses Erwachen. Eine gewaltige Arbeit bestand im Aufbau der zerstörten Dörfer und Städte und dem Ingangebringen der zerstörten Wirtschaft. Große Schwierigkeiten bereitete auch die ideologische Aufarbeitung der Vergangenheit. Die Zukunft sah mehr als düster, ja völlig hoffnungslos aus. In dieser trostlosen Zeit gab es dennoch Menschen, die an die Zukunft glaubten und mit Elan an die Lösung dieser Aufgaben gingen. Johannes R. Becher, Dichter und Staatsmann, schuf den Text der DDR-Hymne: "Auferstanden aus Ruinen und der Zukunft zugewandt ..." Hiermit wies man in die neue Richtung. Diesem Ruf folgten viele.

Wolfgang Zeiske begann zielstrebig, sein Studium fortzusetzen. Zu den Stationen seiner Lehrertätigkeit zählten Görlitz, Reichenbach und Rostock. Nach erfolgreichem Abschluß seines Studiums in Berlin gab er sein Wissen als Oberschullehrer in Güstrow, der Ernst-Barlach-Stadt, an die Nachkriegsgeneration weiter.
Während seines Germanistik- und Geschichtsstudiums in Rostock lernte er Inge Brüsehaber, Tochter eines Lehrers aus Retschow, kennen. Sie fanden aneinander Gefallen, lernten sich schätzen, und schon im November 1946 schlossen sie den Bund fürs Leben.

Nach gründlichem Überdenken, dabei alle Vor- und Nachteile erwägend, faßte Wolfgang Zeiske 1954 den Entschluß, seine Lehrertätigkeit aufzugeben und als freischaffender

Schriftsteller zu arbeiten. Doch bald schon erkannte er, daß Schreiben harte Arbeit ist. Von unzähligen Möglichkeiten der Formulierung, der richtigen und treffenden Wahl des Wortes, des Ausdruckes, bis zur realen und wahrheitsgemäßen Darstellung muß ein Schriftsteller seine Geschichten zu Papier bringen. Sie müssen klar, einfach, zutreffend, kurz gesagt, auf den Punkt gebracht sein. Dieses bereitet vielen Geistesschaffenden Schwierigkeiten. Jeder Schriftsteller entwickelt im Laufe der Zeit einen eigenen Stil. Vom ersten Gedanken, einem plötzlichen Einfall, zum Reimen eines Gedichtes, der Formulierung einer Erzählung oder Buches bis zur Endfassung ist es ein weiter Weg. Viel Fleiß und mühevolle Arbeit, gekoppelt mit kritischer Betrachtung, sind nötig, um ein Manuskript entstehen zu lassen. Zu dieser Erkenntnis gelangte auch Wolfgang Zeiske. Seine Lieblingsthemen: Wald, Wasser, Getier.
Für die Erarbeitung von Fachbüchern ist neben entsprechendem Fachwissen auch eine Vielzahl von Lehrbüchern, wissenschaftlichen Werken und Lexika nötig. Bücher sind wertvoll, aber auch teuer. In seinem Elternhaus erlebte Wolfgang Zeiske von Jugend auf den Umgang mit wertvollen Büchern. Sein Vater verfügte über eine umfangreiche Büchersammlung. Das in der Nähe befindliche Antiquariat suchte man oft auf und stöberte unter den vielen Bänden in der Hoffnung, vielleicht eine besondere Erstausgabe oder eine Ergänzung zu vorhandenen Fachbüchern zu finden, natürlich kostengünstig. Die Sammlerleidenschaft vererbte sich auch an Sohn Wolfgang. Im Laufe der Jahre gelang es ihm, mit wenig Geld eine umfangreiche, wertvolle Bibliothek zu besitzen. Nur genügende Sachkenntnis und Sammlerfleiß ermöglichten dies. Hierbei stand ihm seine Frau mit Rat und Tat zur Seite.

Die neue Heimat, Mecklenburg, war für den aus Schlesien stammenden Wolfgang Zeiske nicht fremd. Schon als Zwölfjähriger bekam er von seinem Vater die Werke des niederdeutschen Klassikers Fritz Reuter in die Hand. Anfänglich bereitete ihm das Mecklenburger Platt Schwierigkeiten, aber bald verstand er die Sprache. Mit Freude und Genuß las er "Ut mine Stromtid", "Ut mine Festungstid" und weitere Bücher von Fritz Reuter. Beeindruckend fand er die schlichte Darstellung der Menschen, den derben ländlichen Humor und die vielen bildlichen Beschreibungen in der gemütlichen, ihm immer vertrauter werdenden niederdeutschen Mundart. Nachdem Wolfgang Zeiske dann eine echte Mecklenburgerin geheiratet hatte, lernte er gründlich Land und Leute kennen und Mecklenburg als seine neue Heimat lieben. Im Umgang mit den Einheimischen bediente er sich häufig des Mecklenburger Platt. (s. Anlage 5). Er ging auf die Menschen zu, half und knüpfte Freundschaften. Auch in seiner schriftstellerischen Tätigkeit bediente er sich manchmal des "Mecklenburgischen".

Ein besonderes Kapitel stellte für ihn die Jagd dar. Von Jugend auf mit Tieren aller Art vertraut, erlebte er auch die Vielseitigkeit der Jagd. Jede Jagdart, die er mit seinem Vater und weiteren Jägern mitmachen durfte, nahm er wißbegierig auf. Großes Interesse zeigte er für Waffen. Ob Sport-, Jagd- oder Kriegswaffen, Lang-, Kurz- oder blanke Waffen, jedes Kaliber, jede Laborierung einer Patrone interessierte ihn. Die Handhabung von Luftgewehr, Tesching, Repetierer bis hin zur Flinte und Drilling erlernte er schnell und konnte stets gute Schießergebnisse vorweisen. Mit diesen Grundkenntnissen begann Wolfgang Zeiske schon ab 1954, als freischaffender Schriftsteller Veröffentlichungen über Sport-, jagdliches und Übungsschießen herauszugeben.

Nach 1945 erfogte die Ausübung der Jagd durch sogenannte Jagdkommandos, nur in einem beschränktem Rahmen und mit gewissen Auflagen. Jeder Landkreis bildete laut Befehl der SMAD Nr. 98 vom 1. Juni 1948 ein solches Jagdkommando zur Bekämpfung von Wildschäden. Die Volkspolizei verfügte über Jagdwaffen und Munition und zeichnete auch für deren Sicherheit verantwortlich. Die Leitung der Jagdkommandos, die sich aus klassenbewußten Arbeitern und Bauern, Angehörigen der Intelligenz und anderen fort-

schrittlichen Schichten der Werktätigen rekrutierten, übernahmen ebenfalls VP-Angehörige. Wolfgang Zeiske gehörte zu diesem Personenkreis. Mit der Verabschiedung des Jagdgesetzes der DDR, im November 1953, begann endlich ein geregeltes, auf gesetzlicher Basis beruhendes Jagdwesen. Im Rahmen der GST (Gesellschaft für Sport und Technik) organisierte Wolfgang Zeiske die Jagd im Kreis Güstrow. Er übernahm die Funktion des Kreisjagdbeauftragten der GST. Der Landkreis gliederte sich in 39 Jagdgebiete, denen jeweils ein Jagdgebietsverantwortlicher mit etwa fünf Jagdteilnehmern vorstand. Drei bis fünf Jagdgebiete bildeten ein Jagdkollektiv mit einem Jagdkollektivleiter an der Spitze. Das GST-Jagdkollektiv 1, Kirch-Rosin, eines von zehn des Kreises Güstrow mit insgesamt rund 200 Jagdteilnehmern, wählte Wolfgang Zeiske in diese Position.
Als erste und vordringlichste Aufgabe ergab sich die Bestätigung und Qualifizierung der Jagdteilnehmer. Es galt, in Jagdzirkeln und auf Schießständen die Ausbildung der Jagdteilnehmer vorzubereiten und durchzuführen. Mit Elan und viel Eigeninitiative ging Wolfgang Zeiske an die Lösung dieser Aufgaben. Zunächst mußte er fachlich geeignete Zirkelleiter und Lektoren finden, die ihn bei dieser gewaltigen Aufgabe unterstützten. Mit Alfred Müller, Erich Nehls, Günter Holtfreter, Heinz Rehder, Harald Voß und Karl Warschewski standen ihm erfahrene Jäger zur Seite. Sie bereiteten die Jagdteilnehmer in mindestens 100 Ausbildungsstunden theoretisch und praktisch auf die Jagdeignungsprüfung vor, die laut Gesetz von allen Jagdteilnehmern verlangt wurde. Gleichzeitig mußten Schießstände für die Ausführung von Übungs-, Prüfungs- und Pflichtschießen gebaut werden. Binnen weniger Monate entstanden in Klueß, Kirch-Rosin, Charlottenthal, Bockhorst, Laage, Kuhs und Serrahn geeignete Anlagen. Eine große Initiative ergriff damals die gesamte Jägerschaft. Erstmals bekamen breite Schichten der Werktätigen die Möglichkeit, die Jagd auszuüben. Große Aufgaben warteten auf ihre Lösungen, wie z. B. Wildschadensverhütung, Tollwutbekämpfung, Schalen- und Niederwildbewirtschaftung, Jagdgebrauchshundewesen usw.. Die

Beachtung und Pflege des jagdlichen Brauchtums besaß einen hohen Stellenwert. Die uralten Traditionen der deutschen Jäger bei der Durchführung von Jagden erwiesen sich als unumgängliche Notwendigkeiten. Im Herbst 1956 fand schon die erste Vollgebrauchsprüfung der Jagdhunde im Kreis Güstrow statt. Von den 15 Jagdhunden erreichte der Rüde “Artus vom Damhof” des Jägers Wolfgang Zeiske die drittbeste Bewertung. Diese vom erfahrenen Jagdhundzüchter und Abrichter Karl Schlag durchgeführte Prüfung zeigte aber auch auf, daß es auf diesem Gebiet noch viel zu tun gab.

Der erste Kreisvergleichwettkampf im jagdlichen Schießen 1956 fand in der Jägerschaft eine ungewöhnliche Resonanz. Über 150 Jäger beteiligten sich an dem Wettkampf. Geschossen wurde auf Wurftauben, stehenden Bock, laufenden Keiler und Hase. Den 1. Platz errang Alfred Müller, Lüdershagen, gefolgt von Herbert Lierk, Charlottenthal, und Wolfgang Zeiske, Güstrow. Für das Sportschießen, besonders für die Disziplin Wurftauben, zeigte Wolfgang Zeiske großes Interesse. Über den Bezirksvorstand der GST Schwerin bekam er bald guten Kontakt zum Zentralvorstand der GST in Neuenhagen bei Berlin. Die Abteilung Sportschießen begann damals, in der DDR das Sportschießen aufzubauen und den Leistungssport zu fördern. Die Initiative der Güstrower Kameraden fand deshalb entsprechende Beachtung. Abteilungsleiter Rudi Kneisel überreichte Wolfgang Zeiske die erste Sportwaffe zum Wurftaubenschießen, eine Doppelflinte vom Typ “Monte Carlo”, mit dem Auftrag, gute Schützen zu finden. Die Waffe eignete sich hauptsächlich für Anfänger. Zum Leistungssport kamen später nur Bockdoppelflinten aus Suhl in Frage. Mit diesen Qualitätswaffen konnte man Höchstleistungen erzielen, was später oft bewiesen wurde.
In den Gesprächen und Verhandlungen kam man überein, in Leipzig den GST-Club für Sportschießen zu gründen und eine Nationalmannschaft für diese Disziplin zu bilden. Innerhalb des Deutschen Schützenverbandes der DDR, unter

Leitung von Präsident Bernhard Fischer, vereinigten sich die Sportclubs von GST, ASV und Dynamo. Zum ersten Trainer der Nationalmannschaft der DDR im Wurftaubenschießen berief man 1957 Wolfgang Zeiske. Mit großem Elan ging er an diese neue Aufgabe und nahm die Herausforderung an. Zunächst mußte die materielle Sicherstellung geschaffen werden. Waffen, Munition, Wurftauben, Schießstände und viele andere Dinge galt es zu besorgen. Gleichzeitig suchte man nach geeigneten Schützen. In den GST-Jagdkollektiven begann man, interessierte Kameraden zu testen. Übungs- und Vergleichsschießen sowie Wochenendlehrgänge wurden organisiert. Alles mit dem Ziel, möglichst schnell gute Schützen herauszufinden. Auf diese Weise qualifizierten sich Karl-Heinz Kramer, Joachim Marscheider und Heinz Rehder. Der ASV (Armee-Sport-Verein) suchte unter den Militärangehörigen auch die Besten für das Wurftaubenschießen und ermittelte Gerhard Aßmus, Heinz Raguse und Erich Baltrusch. Die Hauptaufgabe für die Nationalmannschaft mit ihrem Trainer bestand erstmals darin, durch intensives Training den Anschluß an das internationale Niveau zu erreichen. Große Wettkämpfe, wie Europa-, Weltmeisterschaften und Olympische Spiele, standen bevor, und hier sollte die DDR-Mannschaft ihr Können unter Beweis stellen. Zielstrebig und mit großem Ehrgeiz setzten die Sportler der DDR-Mannschaft die hohen Anforderungen, Trainingspläne und Hinweise von Wolfgang Zeiske um.
Internationale Verbindungen mit nützlichem Erfahrungsaustausch knüpfte man mit den sowjetische Jagdschützen in Wünstorf, dem Hauptquartier der sowjetischen Streitkräfte in der DDR, an, ebenso mit den polnischen Wurftaubenschützen. Mit Adam Smelzynski befand sich in den Reihen der polnischen Mannschaft immerhin der Silbermedaillengewinner der Olympischen Spiele von Melbourne 1956. Auch mit den tschechoslowakischen Sportschützen führte man Vergleiche durch.
Die intensive Aufbauarbeit und Trainertätigkeit von Wolfgang Zeiske zahlte sich ab 1960 und in den Folgejahren unter Trainer Artur Reddmann und Hans Kahlenberg aus. 1960

erkämpften sich Karl-Heinz Kramer und Gerhard Aßmus die Olympiaqualifikation für Rom. 1962, bei den Weltmeisterschaften in Kairo, wurde die DDR-Mannschaft mit den Schützen Marscheider, Rehder, Kramer und Aßmus Vizeweltmeister. Außerdem errang Joachim Marscheider in der Einzelwertung die Bronzemedaille. Bei den Europameisterschaften 1963 in Brno/CSSR siegte Karl-Heinz Kramer und holte den ersten Europameistertitel für die DDR. In der Mannschaftswertung belegte die Nationalmannschaft der DDR, wiederum mit den Schützen Kramer, Rehder, Aßmus und Marscheider, den 2. Platz. Für alle diese großartigen Erfolge legte Wolfgang Zeiske den Grundstock. Seine schriftstellerischen Tätigkeit und ein Wohnungswechsel zwangen ihn zur Aufgabe des Traineramtes. Nur noch im Bezirksmaßstab stand er mit Rat und Tat den Sportschützen zur Verfügung.

Durch Zufall ergab es sich, daß in Hinrichshof, Gemeinde Linstow, ein großes Haus mit Park und etwas Land zum Verkauf anstand. Die Stadtwohnung in der Trotschestraße 4 in Güstrow reichte mittlerweile für die immer größer werdende Familie Zeiske, sie vergrößerte sich später auf sieben Kinder, nicht mehr aus. Das auf dem abseits gelegenen Grundstück befindliche weißgekalkte Haus, im oberen Geschoß durch schwarzbraunes Gebälk als Fachwerk unterbrochen, sah aus der Entfernung märchenhaft aus. Seitlich und im Hintergrund rahmte es ein Park mit vielen alten Koniferen ein. Beim Betreten des Gebäudes stellte man jedoch schnell fest, daß es sich um ein sehr altes Haus handelte. Vor über 200 Jahren errichtet, diente es der mecklenburgischen Herzogsfamilie als Jagd- und Lusthaus. Nach 1945 wechselten oft die Bewohner und Eigentümer. Teilweise standen Räume leer, so verwahrloste es. Viel Arbeit stand bevor, um es zu renovieren und wohnlich zu machen. Jedes Familienmitglied half hierbei entsprechend seinen Kräften. Das geräumige Haus mit den vielen Zimmern bot reichlich Platz für alle Familienmitglieder, aber auch für Gäste. Bald fühlte sich die große Familie in der neuen Umgebung heimisch

und liebte ihr “Zuhause”. Für Wolfgang Zeiske ging hiermit ein Jugendtraum in Erfüllung. Mitten in der Natur, in reizvoller Landschaft, vom Park, nahen Wald und Gewässer umgeben, mit seiner zahlreichen heimischen Tierwelt zu wohnen, zu leben und zu arbeiten, machte ihn zu einem glücklichen Menschen.
Als Arbeitszimmer wählte er sich einen der größten Räume aus. So fand er Platz für seine umfangreiche, gut 4.000 Bände zählenden Bibliothek. Zum Schreiben von Fach- und Sachbüchern, Biographien, Erzählungen, historischen Werken ist ein gründliches Quellenstudium unerläßlich und erfordert viel Zeit und die entsprechende Literatur. Fremde finden das Arbeitszimmer eines Schriftstellers meistens unordentlich, nicht aufgeräumt. Auf dem Schreibtisch ein aufgeschlagenes Buch, Manuskripte, Broschüren, Zeitungen, viele Zettel mit Notizen in rot, grün und blau haften an den Wänden und liegen überall herum, auch ein Stapel Bücher türmt sich auf dem Fußboden. Der große Papierkorb quillt über, einiges liegt daneben. Schreiben bedeutet sehr konzentrierte Arbeit, und Wolfgang Zeiske arbeitete viel. Seine Ideen und viele Einfälle mußte er umsetzten und aufs Papier bringen. Nur so wurde seine produktive Schaffenskraft meßbar. Dies war auf Dauer nur möglich, weil seine liebe Frau in der Familie, in seiner Umgebung für Ordnung, Harmonie und Gemütlichkeit sorgte, kurz gesagt, sich aufopferungsvoll für das Wohl ihres Mannes und letztendlich für die ganze große Familie einsetzte.
Wolfgang Zeiske bemerkte einmal, daß von sechs Seiten, die er geschrieben habe, nur eine an Verlage und Redaktionen wandere, um vielleicht gedruckt zu werden. Ein anderer Autor sagte: „Diesen Artikel habe ich siebenmal korrigiert, verändert und geformt, und jetzt, wo er gedruckt ist, gefällt er mir immer noch nicht!”

Das idyllisch, abseits liegende alte Wohnhaus konnte man mit öffentlichen Verkehrsmitteln nicht erreichen. Zum Dorf Linstow führte ein drei Kilometer langer, breit ausgefahrener Sandweg. Die nächste Kleinstadt, Krakow am See, lag

15 Kilometer entfernt, und zur Kreisstadt Güstrow mit Bahnhof, wo Schnellzüge hielten, mußte man 35 Kilometer zurücklegen. In Güstrow genügte Wolfgang Zeiske seinerzeit ein Motorrad. Damit konnte er schnell zur Jagd, zum Angeln oder Schießen gelangen. Jetzt aber mußte für die große Familie eingekauft, manchmal zum Arzt, zur Apotheke, zu Behörden oder zur Bahn gefahren werden. Sie brauchten ein Auto. Relativ günstig erwarb man einen alten, noch mit Holzkarosserie versehenen PKW aus der "Vorkriegszeit". Anfänglich machte die Technik dem neuen Besitzer einige Schwierigkeiten. Die häufigen Pannen und Defekte bereiteten ihm Kummer und trieben die Reparaturkosten weit über den Anschaffungspreis hinaus. Dennoch, das Auto bot der ganzen Familie Platz und einigermaßen Schutz vor Regen, Wind und Kälte. Das laute Klappern, Rattern und Hintersichlassen einer Qualmwolke zeigte den einheimischen Linstowern schon von weitem an: Jetzt kommt unser Dichter!

Das schriftstellerische Schaffen von Wolfgang Zeiske fand zunehmend immer mehr Leser und einen größeren Interessentenkreis. Nicht nur die Fach- und Sachbücher über Jagd und Angeln wurden gern gekauft und gelesen, sondern auch seine Kinderbücher, Erzählungen und Romane.
Für sein Buch "Flucht ins Feuer" und sein bisheriges Schaffen erhielt er, gemeinsam mit noch einem Schriftsteller, den 1. Preis für Literatur der Gesellschaft für Deutsch-Sowjetische Freundschaft der DDR.

Am Tage der feierlichen Auszeichnung fuhr Wolfgang Zeiske mit seiner Frau nach Berlin. Rechtzeitig machten sie sich mit ihrem Auto auf den Weg. Die Fahrt verlief ohne Probleme. Auf dem Parkplatz, am Haus der Kultur, in dem der Festakt stattfinden sollte, regelte die Volkspolizei den Verkehr. Als Wolfgang Zeiske mit seinem alten klapprigen und laut knatternden PKW dort parken wollte, wies man ihn zunächst ab. Erst als er seine Einladung vorzeigte, durfte er in der letzten Ecke parken. Vorn standen die "großen Schlitten" von Anna Seghers, Präsidentin des Schriftstellerverbandes, von weiteren Persönlichkeiten und erwartungsfrohen Kulturschaffenden. Die Festrede, kulturell umrahmt, sowie den Auszeichnungsakt führte Johannes Dieckmann, ehemals Präsident der Volkskammer der DDR, durch. Anschließend bat man alle Ausgezeichneten und die Gäste in den Nachbarsaal zu einem Bankett. Mit einem Glas Sekt beglückwünschte der Minister für Kultur die Geehrten und eröffnete das Büfett.

Auserlesene Speisen aller Art standen, von einem festlichen Blumendekor umgeben, auf der langen Tafel. Dazwischen Obstschalen, mit Äpfeln, Birnen, Weintrauben, aber auch mit Bananen, Apfelsinen und Pfirsichen, vervollständigten dieses Festmahl. Auf großen Tabletts boten Kellner laufend Getränke aller Art an. Frau Zeiske gingen die Augen über. Sie dachte an ihre Kinder daheim. „Bananen!"
Sich selbst gönnte sie keine, sondern steckte sich ein paar der leuchtendgelben Früchte unter ihr Jackenkleid. Das bekam ein Verantwortlicher für den Empfang mit und fragte, warum sie die Bananen nicht esse. Worauf Inge Zeiske antwortete: „Ich habe sechs Kinder zu Hause, und die haben in ihrem Leben noch nie eine Banane gegessen. Ihnen wollte ich eine Freude machen."

Wenig später erschien Johannes Dieckmann mit den Worten: „Aber, Frau Zeiske, bitte entschuldigen Sie, wir wußten ja gar nichts von Ihren vielen Kindern. Hier ist ein ganzer Karton mit Bananen. Wir wünschen Ihren Kindern Gesundheit und einen guten Appetit!"

Nur eine kleine Episode, doch bezeichnend für die Verhältnisse zu damaliger Zeit.

Jede freie Minute verbrachte Wolfgang Zeiske in der Natur. Entweder zur Jagd, zum Angeln oder auch in beobachtender Weise. Abschalten und Ausspannen wollte er und dabei seine Kräfte für seine schriftstellerische Tätigkeit sammeln. Manchmal besuchten ihn auch sowjetische Offiziere. Sie brachten ihm Jagdwaffen zur Reparatur. Obgleich sonst in technischen Dingen wenig beschlagen, verstand er von Waffen recht viel. Kaputte Federn, Schlagbolzen, Sicherungen usw. reparierte bzw. wechselte er aus und machte die Jagdwaffen wieder einsatzfähig. Die Offiziere ließen ihre Waffen oft wochenlang bei ihm. Für sie gab das keinerlei Probleme, für Jäger Zeiske schon. Die DDR-Behörden und Sicherheitsorgane verhielten sich in Fragen Sicherheit sehr kleinlich. Unangemeldet überprüfte die Volkspolizei die Jäger in gewissen Abständen. Die zeitweilig im Besitz der Jäger befindlichen Kollektivwaffen durften nur in vorschriftsmäßigen Waffenschränken, getrennt von der Munition, aufbewahrt werden. Auch das Schußbuch unterlag einer genauen Führung, der Bestand mußte mit der vorhandenen Munition übereinstimmen. War das nicht der Fall, so gab es empfindliche Strafen. Bei einer plötzlichen Kontrolle konnte Wolfgang Zeiske nur mit Mühe die illegalen Waffen der sowjetischen Offiziere verstecken.

Über die aus dem Bezirk Rostock stammenden GST-Sportschützen Karl-Heinz Kramer und Albrecht Heite und den Dynamo-Sportschützen Hauptmann Erich Zilius und Erich Werner bekamen wir Bad Doberaner Jagdschützen Kontakt zum Wurftaubenschießen. 1962 bestritten Siegfried Türk, Walter Salokat und ich in Kirch-Rosin, Beidendorf und

Dreschvitz unsere ersten Vergleichswettkämpfe im Wurftaubenschießen. Dabei lernten wir aus dem Nachbarbezirk Schwerin Wolfgang Zeiske, Heinz Rehder, Fritz Borchert, Bruno Thies und weitere Kameraden kennen. Aus Neubrandenburg Jürgen Gottschlich, Ernst-August Alban und Horst Stremlow. Die Sportschützen der DDR teilte man in fünf Staffeln ein. In der Staffel E kämpften um die Qualifizierung zur Teilnahme an den DDR-Meisterschaften die Bezirksmannschaften Rostock - Schwerin - Neubrandenburg. Wolfgang Zeiske organisierte als Staffelleiter die Rundenwettkämpfe in Kirch-Rosin. Als damaliger Verantwortlicher für die Bezirksmannschaft Rostock hatte ich häufig mit ihm zu tun, lernte ihn kennen, schätzen und achten. Er zeichnete sich nicht nur als guter Trainer und Organisator aus, sondern auch als hervorragender Schütze. Die Bezirksmeisterschaften im Wurftaubenschießen gewann er 1962 mit 93 von 100 Tauben und 1963 mit 91 Treffern.
Durch Initiative der Bad Doberaner Jagdschützen entstand in Heiligendamm ein großer internationaler Wurftaubenstand. Trainer Wolfgang Zeiske, Trainer Artur Reddmann, der Präsident des Deutschen Schützenverbandes Bernhard Fischer, der Bezirksvorsitzende der Nationalen Front Gerhard Klösel und weitere Persönlichkeiten unterstützten mit Rat und Tat dieses gewaltige Vorhaben. Am 27. Oktober 1963 fand der erste Wettkampf auf dem neu erbauten Stand nahe der Ostsee statt. Wolfgang Zeiske startete für den Bezirk Schwerin und konnte einen vierten Platz belegen, seine Mannschaft den 2. Platz hinter den siegreichen Rostockern. Die nächsten Staffelwettkämpfe, Vergleiche und Meisterschaften fanden fortan auf der modernen Schießanlage in Heiligendamm statt.

In seiner gesamten verantwortlichen Schaffenszeit, sei es als Offizier, Lehrer, Jäger, Trainer, Schriftsteller oder Familienvater, war er stets bemüht, verantwortungs- und pflichtbewußt, hilfsbereit und kameradschaftlich seine Aufgaben zu erfüllen. Seine gegenüber jedermann vorhandene Freundlichkeit zeugte auch von ernster Lebensauffassung und tiefgründiger Frömmigkeit. Leider konnte er nicht alle Ideen verwirklichen, denn allzu früh riß der Tod ihn aus seinem schöpferischen Wirken. Mit gebührender Achtung und Wertschätzung habe ich versucht, dem eng mit der mecklenburgischen Heimat verbundenen Wolfgang Zeiske ein Denkmal zu setzen.

Neuschnee

Noch in den späten Nachtstunden schneite es. Eine knapp zehn Zentimeter starke Neue bedeckte den alten, von vielen Spuren und Fährten durchzogenen Schnee. Die langsam zunehmende Morgendämmerung versprach einen prächtigen Wintermorgen. Ein ideales Jagdwetter bot sich dem Jäger zum Abfährten, Abspüren, Ausneuen bzw. Ausgehen. Wald, Feld - das ganze Jagdrevier lag wie ein offenes Buch dar, in ihm stand so viel, man mußte es nur richtig lesen und deuten können.
So ein Neuschnee gibt einen genauen Überblick über den Bestand der einzelnen Wildarten, über die Zusammensetzung der Rotten, Rudel und Sprünge, aber auch über die "Kapitalen" sowie den Einstand des Wildes. Alle in der Natur vorkommenden Wildarten hinterlassen sichtbare Spuren, ganz gleich ob es sich um Hasen, Füchse, Marder, Schalen- oder Flugwild handelt. Auch die Verhaltensweise des Wildes läßt sich erkennen. Es ist zu ersehen, wie der Hase vertraut daherhoppelt oder mit weiten Fluchten und Haken versucht, der Gefahr zu entrinnen. Wenn plötzlich ein Sprung Rehe hochflüchtig abgeht, ist dieses im Schnee deutlich sichtbar, und man findet auch die Ursache für diese Flucht. Im Neuschnee ist alles sehr deutlich geschrieben.

Tags zuvor hatten Jäger Hans Fredrich und ich vereinbart, daß wir uns um 13.00 Uhr auf der Schneise zwischen Abteilung 13 und 15 kurz vor Heiligendamm treffen wollten. Hans Fredrich mußte als Berufsschullehrer in Rostock noch drei Stunden, wie er es nannte "aufsagen"! Dann wollte er pünktlich zum gemeinsamen Pirschgang da sein.
Dienstliche Aufgaben beschäftigten mich am Morgen. Ungeduldig und etwas verärgert schaute ich immer wieder durchs Fenster. Ein herrliches Winterwetter lud zur sofortigen Pirsch ein. Solch einen Spurschnee gibt es nicht alle Tage. Viel zu langsam verrann die Zeit. Frühzeitig machte ich mich jagdfertig und fuhr mit meinem Motorrad zum Treffpunkt nach Heiligendamm. Ein Blick zur Armbanduhr, sie zeigte erst zwölf. Also verblieb bis zum Treff noch eine Stunde.

In reinem Weiß lag der Große Wohld vor mir. Vom überwiegend blauen Himmel strahlte die Sonne, ließ den an den Bäumen haftenden und auf dem Boden liegenden Schnee wie viele tausend kleine Kristalle glitzern. Die alten Buchenüberhälter zur linken Hand warfen Schatten über die aufkommende Naturverjüngung der Abteilung 13. Rechts davon wuchs eine Partie junger Buchen um einen Eichenhorst. Die Schneise dazwischen führte schnurgerade zur Conventer Niederung.
Im losen Pulverschnee stapfte ich die Schneise langsam herunter. Meine Augen suchten dabei prüfend den Boden nach Fährten ab. Zunächst erkannte ich eine Hasenspur, die hoppelnd ein Stückchen auf der Schneise langführte und in den jungen Buchen verschwand. Ein paar Schritte weiter hatte ein Sprung Rehe die Schneise überquert. Laut rätschend beschwerte sich ein Eichelhäher über mich. Die Störung zur Mittagszeit gefiel ihm offensichtlich nicht. Unmittelbar nach der rechts abzweigenden Mittelschneise stieß ich auf eine starke Saufährte. Sie wechselte in die Altholzbuchen, in der sie sich in einem Konglomerat von aufgewühlten Buchenblättern,

kleinen Zweigen, Humus, Waldboden und Schnee verlor. Nach den umgebrochenen Flächen, in denen das Schwarzwild nach Bucheckern suchte, führte dann die Fährte, wieder gut auszumachen, weiter. Unwiderstehlich machte sich mein Jagdinstinkt, meine Jagdleidenschaft, bemerkbar. Zügig folgte ich mit schußbereiter Flinte, jeweils ein Flintenlaufgeschoß geladen, der Saufährte. Nach einigen Widergängen wechselte sie aus dem Großen Wohld in die Conventer Wiesen in Richtung See aus.

Alle etwa 400 Meter verbindet dort ein gut 30 Meter breiter Erlenstreifen (Windschutzstreifen) den Großen Wohld mit dem Deich des Conventer Sees. Um die Wasserfläche, mit dem ihr umgebenen bis zu 400 Meter breiten Schilfgürtel, steckt das Schwarzwild. Es ist ein ideales Einstandsgebiet. Sumpfige, grundlose und nicht passierbare Stellen werden vom dichten Schilfrohr umgeben. Heimtückisch und trügerisch erscheint oft der Moorboden. Sobald sich der schwankende, vom alten Rohr verfilzte Untergrund bei jedem der Schritte bewegt, gluckst und schwappt, ist äußerste Vorsicht geboten. Diese sprindigen Stellen, die auch bei starkem Frost nicht zufrieren, stellen eine tödliche Gefahr für den Menschen, aber auch für größere Tiere dar. Das Schwarzwild meidet instinktiv diese quelligen, grundlosen Stellen, sie umgehen mit sicherem Abstand den gefährlichen Sumpf. Solange sich der Jäger vorsichtig auf dem Schwarzwildwechsel bewegt und keinen Schritt davon abweicht, kommt er aus diesem Dschungel heraus.
Der Conventer See mit seinem ihn umgebenden Röhricht hatte für mich von Anfang an eine große Anziehungskraft (von 1953). Vorsichtig, vor allem in den Wintermonaten, erkundete ich gründlich dieses Gebiet und erlegte dabei manche Sau. Nach etwa zehn Jahren wußte ich, wo ich mich bewegen konnte. Jäger aus meiner Jagdgesellschaft zeigten für dieses gefährliche Jagdgebiet wenig Interesse, so daß ich dort konkurrenzlos jagen konnte. Manchmal, bei starkem Frost, schlossen sich mir einige Jäger an und jagten entsprechend meiner Einweisung.

Weit sichtbar führte in leichter Schlangenlinie die Saufährte in den nächsten Erlenstreifen (Rähmel). Ich folgte ihr. In den etwa dreißigjährigen Erlen mit einigen Stockausschlägen, die auf Rabatten angelegt waren, wuchs stellenweise Schilfrohr, Brennessel, Wiesenbärenklau, ab und zu auch ein Weißdornstrauch, Holunder oder auch mal eine Schlehe. Stieß man gegen den mit viel Schnee behafteten Unterwuchs, so stiebte einem der Schnee entgegen und bedeckte Hut und Mantel mit weißen, wie Puderzucker aussehenden Schneekristallen. Vorsichtig pirschend und in höchster Anspannung folgte ich der Fährte. Ich spähte nicht nur nach vorne, sondern sicherte auch nach den Seiten. So ging es etwa 200 Schritte, als es plötzlich, keine 20 Schritte von mir entfernt, unter einem mit Schilfrohr umgebenen Weißdornstrauch rappelte und polterte. Eine stiebend niederrieselnde Schneewolke nahm mir für einen Augenblick die Sicht. Dann sah ich für den Bruchteil einer Sekunde den Urian hochflüchtig aus seinem Lager abgehen. Das genügte, um ihm mein Geschoß mitten ins Leben anzutragen. Auf der Stelle, nur noch etwa zwei Schritte vorrutschend, beendete das Hauptschwein seine Flucht. Schnell nachladend näherte ich mich von hinten mit schußbereiter Waffe dem Koloß. Ein fünf- bis sechsjähriger Keiler mit gutem Gewaff, er verendete bereits. Ich atmete erleichtert auf, die Spannung löste sich, und ein erhebendes Gefühl überkam mich. Schnell versorgte ich das große Stück. Drehte es auf die Bauchseite, so daß es Raubwild bzw. Raubzeug nicht anschneiden konnten. Dann verblendete ich den Keiler und eilte zurück.

Einige Minuten vor 13.00 Uhr erreichte ich wieder den vereinbarten Treffpunkt. Pünktlich kam Jäger Fredrich mit seinem Trabant, genannt "Blaufink", angeknattert. Nach unserer Begrüßung erzählte ich so nebenbei, daß ich gerade vor einer halben Stunde einen starken Keiler geschossen hätte. Hans Fredrich wollte es zunächst nicht glauben. Im Schnee jedoch ließen sich die Saufährte und mein Ausgehen deutlich erkennen. Als wir uns dem Erlenrähmel näherten, hörten wir den tiefen Ruf "klong - klong" von den Kolkraben, die auf den Bäumen saßen, und einigen sich am Boden um den Aufbruch streitenden. Es ist erstaunlich, daß sich in so kurzer Zeit schon Kolkraben zum Fraß eingefunden hatten. Widerwillig strichen sie ab und kreisten in sicherer Entfernung. Hans Fredrich staunte über meinen Jagderfolg und wünschte "Weidmanns Heil".

Gemeinsam stiefelten wir durch den Schnee zum Röhricht. Kurz vor dem Deich kreuzten mehrere Saufährten unseren Weg. Sofort überlegte ich, wo die Rotte stecken könnte. Wahrscheinlich in der "Tannenplage", einer etwas höher gelegenen Stelle im Schilfgebiet. Hans Fredrich stellte ich unweit des Deiches an einen Wildwechsel mit der Maßgabe auf, dort solange die Stellung zu verteidigen, bis ich ihn abholte.

Wieder begann ich meine jagdliche Tätigkeit mit höchster Anspannung. Vorsichtig Schritt für Schritt folgte ich fast lautlos den sehr gut auszumachenden Saufährten. Meine Sinne waren aufs äußerste gespannt. Der Wind, ein leichter Hauch, kam aus östlicher Richtung, für das Ausgehen der Fährten sehr günstig. Nach jeweils etwa 20 Schritten sicherte ich nach allen Seiten, dabei mein Gehör auf die geringsten Geräusche eingestellt. Keinen Laut vernahm ich, nur aus der Ferne das "klong - klong" der Kolkraben. Langsam pirschte ich weiter.

Das Schilfrohr lichtete sich. Auf einer größeren Fläche hatte sich die Rotte in mehrere, von Schilf zusammengetragene und etwas erhöht gebaute Kessel eingeschoben. Plötzlich schreckte eine Sau hoch, die anderen folgten mit dem Warnruf "Wuff". Sie stoben auseinander und versuchten, in hohen Fluchten das dichte Schilfrohr zu erreichen. Blitzschnell visierte ich auf knapp 20 Schritt das erste Stück an, und im Knall verendete ein Überläufer.

Das Rauschen des Schilfes und die Bewegung der Rohrhalme zeigten mir die Fluchtrichtung der Rotte an. Genau auf Hans Fredrich gingen sie ab. Laut hallten zwei in schneller Folge abgegebene Schüsse durch die Winterlandschaft. Auf einem Wildwechsel bahnte ich mir den Weg zu meinem angestellten Jagdkameraden.

Aufgeregt berichtete mir Jäger Fredrich, daß nach meinem Schuß mehrere Sauen hochflüchtig bei ihm vorbei auswechselten. Auf einen Überläufer habe er geschossen. Wir gingen zum Anschuß. Nichts konnten wir dort feststellen. Der Fluchtfährte folgend, dann, nach etwa 20 Schritten, der erste hellrote Schweiß. Immer stärker werdend führte er uns nach wenigen Metern zu einem schwarzen Klumpen. Dort lag ein schon verendeter Überläuferkeiler. Hans Fredrich, über seinen Jagderfolg sichtlich erfreut, staunte nicht schlecht, als ich ihm von meiner zweiten erlegten Sau berichtete.
Entsprechend dem jagdlichen Brauchtum versorgten wir unser erlegtes Wild. Anschließend schleppten wir es aus dem Röhricht zu einer Stelle, von der es Heiner Rieckhoff mit seinem Doberaner Forstgespann abtransportieren konnte.

Im Winter 1964/65 fiel häufig Schnee. Bei jeder “Neuen” ging es hinaus ins Revier. An solchen Tagen stellten unsere Jäger sehr eifrig den Sauen nach.

In der Nacht schneite es wieder. Gleich nach dem Frühstück stiefelte ich, diesmal zu Fuß und mit meinem Jagdterrier “Dachsgräbers Antek”, in unser Jagdgebiet Heiligendamm. Von der Oberförsterei ab, entlang dem durch unseren Garten fließenden Mühlenbach, vorbei am Münster bis zur Walkenhagener Mühle und weiter zur Nienhäger Chaussee. An den langsamfließenden Stellen rahmten an beiden Uferseiten Eisränder den Bach ein. Oft stöberte ich einen Schof Enten auf, die ich beim Gründeln störte und die mit lautem “quaak, quaak” abstrichen. Nach etwa zwei Kilometer erreichte ich den Wald, die “Spitze Ecke”. Der Mühlenbach begrenzt hier den Buchenwald zu den Wiesen der Conventer Niederung. In der Abteilung 23 stellte ich einige Saufährten fest, die durch den Mühlenbach in Richtung Schilfgebiet führten. In einiger Entfernung entdeckte ich einen Sprung Rehe, die, neben einem mit Schilf bewachsenen Grabenrand sitzend, ruhig ihre Äsung wiederkäuten. Nicht weit davon schnürte ein Fuchs, der sich offensichtlich mit “Mausen” beschäftigte.

Plötzlich kam Bewegung in den mit mannshohen Erlen und einigen Pappeln bewachsenen Randstreifen. Schnee stob nach allen Seiten, und unterschiedliche schwarze Schatten brachen los. Eine gemischte Rotte platschte ins Wasser und durchrann den Bach. Überhastet backte ich den Drilling an, doch meine Kugel verfehlte ihr Ziel. Schnell nachgeladen, und im zweiten Schuß zeichnete auf gut 100 Meter ein Überläufer. Sichtlich langsamer werdend blieb das kranke Stück weit hinter der Rotte zurück. Lange konnte ich dieses beobachten, bis nach etwa 700 Metern die Sauen im Schilfrohr in der Nähe des Dabergrabens verschwanden.
An der Heuschneise, nur einige Meter weiter, gab es eine Brücke über den Mühlenbach. Zwar fehlten ihr einige Bohlen, aber trotzdem konnte man hinüberbalancieren. Am An-

schuß und auf der Wundfährte stellte ich, wie schon vermutet, einen typischen Weidwundschuß fest. Gut sichtbar zeichnete sich jeder Tropfen Schweiß deutlich im Schnee ab. Kein Problem für die Nachsuche.
Am Deich jedoch stellte ich fest, daß der Wasserstand im Schilfgebiet relativ hoch war und das Eis kaum trug. An den niedrigliegenden Stellen brach ich häufig ein, und meine Gummistiefel füllten sich mit eiskaltem Wasser. "Kwutsch, kwutsch" machte es bei jedem Schritt, dennoch folgte ich mit meinem Jagdkameraden "Antek" der Schweißfährte. Vorsichtig gelangte ich an mehrere Kessel. Eine Sau schob sich langsam aus einem Berg von fahlgelbem Gras empor. Meine Kugel ließ sie sofort zusammensacken. Erschreckt preschten mehrere Schwarzkittel ins dichte Rohr. Schnell schob ich eine neue Kugel in den Lauf und wartete gespannt ab.
Nach etwa fünf Minuten vernahm ich ein leises Knistern im Rohr. Die Sauwitterung nahm zu. Hier und dort bewegten sich die Rohrhalme. Langsam näherten sich die Sauen wieder ihrem Kessel. Eine versuchte, einen Bogen schlagend, Wind zu nehmen. Äußerst gespannt wartete ich. Immer näher kommend, bewegten sich die Halme, aber noch war nichts zu sehen. Doch dann ein dunkler Schatten, die Silhouette eines Wildschweines zeichnete sich ab. Etwas spitz von vorn verdeckten noch etwa drei Meter Schilf die Sau, als ich auf 20 Schritte die Kugel 8x57 IRS abfeuerte. Der starke Frischling sackte tödlich getroffen zusammen. Sofort nachladend näherte ich mich dem Stück und stellte etwas enttäuscht fest, daß es sich hierbei nicht um meinen kranken Überläufer handelte.
Zunächst zog ich meine Gummistiefel aus und wrang mehrmals meine nassen Socken aus. Anschließend versorgte ich die etwa 80 Kilogramm schwere Bache und den starken Frischling.
Weiter ging die Nachsuche. Nach etwa 200 Schritten wurde der nächste Kessel sichtbar. Diesmal regten sich die Sauen zeitig und wollten sich fortstehlen. Das letzte Stück jedoch

riß es im Schuß schwerkrank um. Nach wenigen Metern stellte Antek den Überläufer, so daß ich den Fangschuß antragen konnte.
Wiederum mußte ich jedoch feststellen, daß die Wundfährte des krankgeschossenen Überläufers weiterführte. Hin und her im Schilfrohr, oft Widergänge machend, zog sie zu einem Kessel. Das erste Wundbett, doch die Schweißfährte führte weiter. Immer hoffend trieb es mich mit geschärften Sinnen und mit meinem vierbeinigen Jagdkameraden vorwärts. An einer sprindigen, wenig bewachsenen Stelle vorbei, sah ich auf der Gegenseite ein einzelnes Lager. Ein schwarzes Borstentier versuchte, sich auszuschieben. Im Schuß sackte das Stück blitzartig zusammen. Kaum hatte ich nachgeladen, kam es torkelnd auf die Läufe, um dann beim zweiten Schuß zu verenden. Mein Antek nahm einen dreijährigen Keiler in Besitz. Vier Sauen lagen, aber der kranke Überläufer noch nicht. Routinemäßig brach ich den Keiler auf und versorgte ihn.

Anschließend überprüfte ich meine Munition. Ich besaß nur noch eine Kugel, zwei Brennecke und Schrote. Immerhin hatte ich schon acht Kugeln fliegen lassen. Kurz entschlossen brach ich die Nachsuche ab und marschierte schnellen Schrittes die Fischersteigschneise zu Gärtnermeister Walter Koch hoch. Dieser wohnte 1,5 Kilometer von Bad Doberan entfernt an der Heiligendammer Chaussee. Von hier rief ich meine Frau an. Sie arbeitete als Leiterin des Standesamtes Bad Doberan, und ich schilderte ihr kurz die Situation und bat um Hilfe. Sie sollte meinen Stellvertreter in der Jagdgesellschaft, Kreisschulrat Joachim Daedlow, benachrichtigen und er mir bei der Nachsuche behilflich sein, außerdem einige Kugeln, wollene Socken, etwas zum Essen und Zigaretten mitbringen. Dann rief ich Revierförster Fritz Semper in Heiligendamm an. Ich bat ihn, unser Forstgespann mit Gespannführer Hannes Ruge zum Dabergraben in Marsch zu setzen, um die Sauen abzuholen. Von dort aus wollte ich ihn einweisen.

Inzwischen wärmte ich mich gemeinsam mit Antek am warmen Ofen auf. Eine Tasse heißer Kaffee und zwei Schnäpse weckten meine erschlafften Lebensgeister. So gegen 13.00 Uhr hörte ich Motorengeräusche. Der PKW von Joachim Daedlow erschien. Schnell stieg ich ein, und wir fuhren die Fischersteigschneise bis zum Mühlenbach hinunter. Über die dortige Brücke marschierten wir zum Dabergraben.
Beim letzten erlegten Stück setzten wir die Nachsuche fort. Joachim Daedlow folgte mir in entsprechendem Abstand. Auf einem Wechsel führte uns die Wundfährte immer näher zum See. Das Eis hielt nicht mehr, brach unter meinen Füßen. Antek ließ ich bei Jäger Daedlow zurück. Durch berstendes Eis, planschendes Wasser bewegte ich mich allein langsam weiter. Manchmal bis über die Knie im eiskalten Wasser, quälte ich mich voran. Die Gedanken an das kranke Stück trieben mich immer weiter. Kurz vor dem Ende des Schilfrohrs, dort wo die Eisfläche des Sees begann, steckte der Überläufer im Wundbett. Meine Kugel beendete diese schwierige Nachsuche.
Das Bergen des Überläufers gestaltete sich äußerst problemvoll. Ich versuchte, ihn zu ziehen. Nur zwei, drei Schritte, dann behinderte das dichte, verfilzte, seit Jahren verwachsene Rohr ein Weiterkommen. Kurz entschlossen stellte ich meinen Drilling ins Rohr, schulterte mühsam das gut 40 Kilogramm schwere Stück, erfaßte meine Waffe, und langsam, Schritt für Schritt planschte ich zurück. Durch die zusätzliche Last sackte ich weitaus tiefer als zuvor ein, stellenweise reichte mir das Wasser bis zum Bauch. Nur etwa 50 Schritte mußte ich so zurücklegen, die aber äußerst qualvoll, Erbarmung!
Endlich erreichte ich die etwas höherliegende Partie. Mit Hilfe meiner Hundeleine zogen Joachim Daedlow und ich dann den Überläufer bis zum Deich am Dabergraben. Auf diese Weise schleppten wir noch die anderen Sauen heran. Ein hartes Stück Arbeit. Inzwischen erschien Hannes Ruge mit seinem Gespann. Gemeinsam verluden wir die fünf Sauen, die insgesamt ein Gewicht von rund 280 Kilogramm erbrachten.

Mehrfach habe ich im Laufe der Zeit in einer mondhellen Nacht ober beim Ausgehen im Neuschnee drei, vier auch fünf Sauen erlegt, aber niemals ist es für mich wieder so strapaziös gewesen.

Ein paar Jahre später. Der Winter war schneereich und kalt. Am Tage zuvor begann es zu schneien, und dies hielt bis in die späten Abendstunden an. Noch schneeverhangen zeigte sich der folgende Sonntagmorgen.

Solch ein prächtiges Jagdwetter, so ein Neuschnee lassen keinen Jäger zu Hause hocken. Schnell informierte ich einige meiner Weidgenossen, und ab ging es zu einer kleinen Schwarzwildjagd. Pet Kruse, mit seinem neuen Wartburg, nahm Hans Fredrich mit, und die zweite PKW-Besatzung bildeten Walter Salokat, Kurt Schwarz und ich mit meinem Terrier Antek.
Im Großen Wohld fuhren wir die Fischersteigschneise bis zum Mühlenbach hinunter. Dort ließen wir unsere Fahrzeuge stehen und marschierten entlang des Baches bis zum Deich des Conventer Sees. Schon auf dem Wege dorthin registrierten wir mehrere Saufährten, die sowohl vom Conventer See in Richtung Großen Wohld führten wie auch umgekehrt. Viele Fährten und Spuren hatte der Neuschnee in der vergangenen Nacht aufgezeichnet. Am Hauptwechsel und anderen günstigen Stellen bis zur "Tannenplage" postierte ich meine Jagdfreunde.
Mit meinem Jagdterrier versuchte ich, eine Rotte Sauen auszugehen. Vorsichtig, mit schußbereiter Waffe und Antek bei Fuß, pirschte ich auf den Saufährten langsam weiter. Hin und her wechselten hier die Sauen, jeden Augenblick konn-

te ich auf sie stoßen. Im lichter werdenden Schilfrohr wurden Kessel sichtbar, diese nahm die Rotte aber nicht an. Die Fährten führten im Bogen weiter an einer sprindigen Stelle vorbei. Deutlich erkennbar an weniger Schnee, stellenweise dunkles Wasser mit Sumpfpflanzen.
Einige Meter weiter plötzlich "Wuff", ein Poltern, Knistern und Rauschen im Rohr. In hohen Fluchten ging die Rotte aus ihrem Kessel ab.
Der Wind stand schlecht, und so bemerkten sie mich leider zu früh. Meine Waffe noch im Anschlag, wartete ich eine Weile, aber nichts rührte sich mehr. Alles still. Jetzt schnallte ich meinen Jagdterrier. Lauthals nahm er die frischen Fährten auf und brachte die Sauen in Bewegung. Eine eifrige Hatz begann. Plötzlich ein Schuß und noch einer. Anteks Hetzlaute kamen näher. Bewegung und Rauschen im Rohr. Etwa 20 Meter von mir entfernt trieb mein Hund eine Sau vorbei. Leider konnte ich sie im dichten Schilfrohr nicht sehen. So ging es noch eine Weile. Die Nerven aufs äußerste gespannt, hoffte ich, auf ein Stück Schwarzwild zum Schuß zu kommen. Aber es blieb nur bei der Hoffnung. Laut knallte vom selben Stand wieder ein Schuß, und das Echo hallte vom Großen Wohld herüber. Mit unserem Sammelruf "Wohl" beendete ich die Jagd.
Zielstrebig ging ich zu dem Stand, an dem die drei Schüsse gefallen waren. Aufgeregt berichtete mir der treffsichere Jäger Kurt Schwarz, daß die Rotte auf dem Wechsel flüchtig an ihm vorbei durchgebrochen sei. Das erste Stück hätte im Feuer gelegen und das zweite sei schwerkrank weitergetrollt. Wenig später habe Antek einen starken Frischling vorbeigetrieben, der im Schuß sofort verendete.
Inzwischen fand sich mein Hund ein, der zunächst die erlegten Sauen in Besitz nahm. Auf der starken Wundfährte, keine 50 Schritte weiter, lag die dritte Sau. Drei Sauen innerhalb kurzer Zeit von einem Stand zu erlegen, so etwas war Jäger Kurt Schwarz bisher noch nicht geglückt. Freudig nahm er unsere Glückwünsche und das kräftige "Weidmanns Heil" entgegen.

Nach dem Aufbrechen und Versorgen des Wildes standen wir vor einem ernsten Problem, und zwar dem Abtransport der drei Sauen. Es galt, die sehr starke Bache von 125 Kilogramm und die Frischlinge von jeweils ca. 35 Kilogramm zu schleppen. Von Kurt, Walter und Pet übernahm ich die Jagdwaffen. So konnten sie sich besser bewegen und mit der schweren Bache hantieren. Hans Fredrich und ich schleppten jeweils einen Frischling. Auf dem Wildwechsel bis zum Deich kamen wir nach einigen Pausen noch verhältnismäßig gut voran. Dann aber begann eine echte Schinderei. Über den Deich lagen alle paar Schritte quer Erlenbäume, die im Zuge von Meliorationsmaßnahmen der Conventer Niederung gefällt aber noch nicht aufgearbeitet waren. Jedesmal mußten wir das Wild darüberheben. Im dichten Schilfrohr neben dem Deich voranzukommen, erwies sich als unmöglich, so daß wir uns auf dem Deich abmühten.
„Erbarmung", seufzte unser kräftigster Jäger, der Fleischermeister Walter Salokat, spuckte in die Hände, und mit vereinten Kräften zerrten sie die schwere Bache ein paar Meter weiter. Der Schweiß rann in Strömen, die Körper dampften. Verschnaufpausen wurden immer öfter und länger eingelegt. Endlich erreichten wir den Mühlenbach. Von dort ging es ohne Hindernisse bis zu unseren Fahrzeugen weiter. Insgesamt mußten wir etwa 1.200 Meter bewältigen. Dabei wurde uns alles abverlangt. Am Ende unserer Kräfte, hieften wir die Bache mit großer Mühe in den Kofferraum von Pets neuem PKW.

So ging ein sehr erfolgreicher Jagdtag, der für immer in unserem Gedächtnis bleibt, zu Ende.

Drückjagden im Forstrevier Züsow

Seit alters her ist das Forstrevier Züsow ein sehr interessantes Revier, sowohl in forstlicher wie auch in jagdlicher Hinsicht. Die Größe des Stammreviers beträgt rund 850 ha, davon sind etwa 550 ha Laubholz. In den letzten 100 Jahren gab es jedoch einige strukturelle Veränderungen. Vor dem I. Weltkrieg verwaltete die Forst Züsow (später Forstamt) Revierförster Rehfeld. Ihm unterstanden fünf Reviergehilfen, drei Holzvögte und ein Forstschreiber. Nach dem I. Weltkrieg bildete das Staatsministerium Mecklenburg das Forstamt Züsow. Forstmeister Paul Freyenhagen stand vier Revierförstern und einem Holzvogt vor, die insgesamt 2.500 Hektar Holzbodenfläche bewirtschafteten.

Grundlegender Strukturwandel erfolgte nach dem II. Weltkrieg. Über die Kreisforstämter kam es 1952 zur Bildung der staatlichen Forstwirtschaftsbetriebe. Forst- und jagdliche Aufgaben lagen nicht mehr in einer Hand. Dem staatlichen Forstwirtschaftsbetrieb Neukloster, später Wismar, oblag nur noch die Wildbewirtschaftung. Die Jagdausübung der Beschäftigten der Forst galt nicht mehr als Dienst. Züsow wurde Revierförsterei und das ehemalige Forstamtsgebäude Dienstsitz des Revierförsters. Bis 1966 verwaltete umsichtig Revierförster Willy Melms das Revier, dann ging er in Rente und tauschte seine Wohnung mit Forstmeister Karl-Heinz Bandt aus Bad Doberan. Somit halbierte Karl-Heinz Bandt, der als Produktionsleiter im staatlichen Forstwirtschaftsbetrieb Wismar gearbeitet hatte, seine tägliche Anfahrstrecke auf nunmehr etwa 20 Kilometer. Jagdlich schloß sich Forstmeister Bandt der Jagdgesellschaft Neukloster an. Er wurde Jagdleiter für das Jagdgebiet Züsow. Einige Jahre später übernahm Karl-Heinz Bandt das Forstrevier Züsow, weil er der täglichen Fahrerei und der Verwaltungstätigkeit im Betrieb überdrüssig wurde. Seitdem sprach Revierförster Fritz Semper nur noch vom "Revierforstmeister" Bandt.

Im Laufe der Zeit fanden im Revier Züsow viele erfolgreiche Jagden auf Rot-, Schwarz- und Rehwild statt. Über drei solcher Jagden möchte ich berichten:

Ende der 60er Jahre erhielt ich plötzlich vom Vorsitzenden der Jagdgesellschaft Neukloster, Georg Ottenbreit, eine Einladung zur Drückjagd auf Schalenwild im Jagdgebiet Züsow. Rechtzeitig versammelten sich am Jagdtag vor der Försterei Züsow die geladenen Jäger und Jagdhelfer. In der Nacht war etwas Neuschnee gefallen und das Thermometer zeigte Minus drei Grad an. Ein ideales Jagdwetter. Im abgewandelten Sinne ein "Kaiserwetter". Von den Verantwortlichen der Jagdgesellschaft gewünscht und erhofft, denn es sagte sich zuvor ein "hoher Jagdbesuch" aus Berlin an. Der Stellvertreter des Ministers für Land-, Forst- und Nahrungsgüterwirtschaft, Dr. Helmut Koch, zuständig für Erfassung und Aufkauf, war der Jagdgast. Pünktlich rollte sein großer schwarzer Dienstwagen vor die Försterei. Die Verantwortlichen der Jagdgesellschaft und der Jagdbehörde des Kreises Wismar begrüßten respektvoll den hohen Jagdgast. Dr. Koch zeigte sich leutselig, begrüßte alle mit Handschlag und wechselte mit einigen Anwesenden ein paar freundliche Worte.
Nach zunftgerechter "Begrüßung", der obligatorischen Sicherheitsbelehrung, erläuterte Jagdleiter Bandt kurz die geplante Jagd und teilte die Schützenstände ein. Im ersten Treiben, dem "Franzosenmoor", ergab es sich, daß zu meiner Rechten, in etwa 70 Metern Entfernung, der stellvertretende Minister mein Nachbarschütze war. Wir standen am Rande des Bruchgebietes. Vor uns armstarke Erlen, durch die man in einiger Entfernung Schilf und Weidengestrüpp sah. Hinter uns ein Buchenaltholz mit einigen Naturverjüngungshorsten. Jagdleiter Bandt blies das Treiben an und drückte gemeinsam mit den Jagdhelfern das Bruch durch. Seine Jagdterrier arbeiteten hierbei hervorragend. Kaum geschnallt, ertönten ununterbrochen ihre Hetzlaute. Die Sauen, auch von den Treibern in Bewegung gebracht, trieben sie in dem Schilfgebiet hin und her. „Sauen nach hinten", „Schweine nach vorne", so hörte man es laut rufen.

Die Spannung bei den Schützen steigerte sich. Von der gegenüberliegenden Seite hallten die ersten Schüsse herüber. Plötzlich Bewegung im Rohr. Durch die lückigen Erlen erschienen mehrere hochflüchtige Schwarzkittel. Der Schnee stiebte nur so, als sie genau auf dem Wechsel zwischen dem Minister und mir ausbrechen wollten. Ich ließ dem hohen Gast den Vortritt. Zweimal knallte es kurz hintereinander. Auf den letzten Überläufer schoß ich. Im Schuß rutschte er zusammen und blieb regungslos liegen. Weitere Schüsse fielen. Treiber und Jagdhunde gaben ihr Bestes, um die Sauen aus dem "Franzosenmoor" herauszutreiben. Ein paar Minuten später trollten auf unserem Wechsel wieder Sauen heran. Dr. Koch versuchte, mit seiner Bockbüchsflinte ein Stück zu treffen, aber auch diesmal klappte es nicht. Ich schoß aus der Rotte wiederum einen Überläufer heraus, der im Feuer verendete. Das Signal "Hahn in Ruh" beendete das Treiben. Mein Nachbarschütze und ich gingen zu den Sauen. Gründlich untersuchte Dr. Koch die Überläufer in der Hoffnung, vielleicht doch noch getroffen zu haben. Das Ergebnis blieb jedoch eindeutig, jeweils nur ein Flintenlaufgeschoß hatte getroffen, und zwar das von meiner Seite aus. Als ich die Stücke aufbrechen wollte, stellte ich erschreckend fest, daß ich mein Jagdmesser im Auto vergessen hatte. Was blieb mir übrig, als Dr. Koch um sein Weidmesser zu bitten. Selbstverständlich reichte er es mir. Das Messer schien noch nie gebraucht zu sein!

Im nächsten Treiben, am "Reicherberg", ergab es sich wieder, daß der Minister mein rechter Nachbar wurde. Diesmal standen wir weiter auseinander. Sein Stand befand sich im geraumen Buchenaltholz mit einigen aufkommenden Naturverjüngungen. Ich stand etwas höher am Anberg auf der Schneise. Von meinem Standpunkt aus konnte ich das Geschehen gut überblicken.
Wieder giftige Hetzlaute, Treibergeschrei und Schüsse an allen Fronten. Diesmal trollte rechts vom Minister eine Rotte Sauen durch den Schnee. Zweimal knallte es, aber wieder ohne sichtbaren Erfolg. Auf demselben Wechsel erschienen wenig später wieder mehrere Schwarzkittel und versuchten, dort auszubrechen. Mit dem zweiten Schuß traf Dr. Koch einen Überläufer. Klagend schleppte sich die Sau weiter. Der nächste Schuß ließ das Stück verenden.
Plötzlich überfiel bei mir ein Überläufer die Schneise, er mußte schwer getroffen nachgesucht werden. Nach dem Signal "Hahn in Ruh" und "Sammeln", strebten alle Jagdteilnehmer zum Streckenplatz am "Russendamm". Auf Fichtengrün lagen drei Stücken Kahlwild und 16 Sauen. Die sehr erfolgreiche und gut durchgeführte Jagd wurde mit der Überreichung der Schützenbrüche und den entsprechenden Jagdsignalen beendet.
Anschließend marschierten dann alle Jagdteilnehmer zum "Schüsseltreiben" in den Dorfkrug von Züsow. Der Minister spendierte aus seinem Kofferraum einige hochprozenthaltige Flaschen. An dieser fröhlichen und zwanglosen Unterhaltung beteiligten sich Georg Ottenbreit, Karl-Heinz Wegner, Peter Wrede, Hans Duitsmann, Karl-Heinz Bandt, Otto Kutschera und weitere Jäger. Hierbei entstand erstmals der Gedanke zur Errichtung einer zentralen Abbalgstation für Raubwild in der DDR.
Umgehend beauftragte Dr. Helmut Koch den Kollegen Keil aus seiner Hauptabteilung mit dieser Aufgabe. Die erste Abbalgstation entstand in Neukloster. Das Abbalgen von Füchsen, Mardern, Iltissen und Katzen führte Jäger Otto Dau sehr gewissenhaft durch. Die veterinärärztliche Überwachung übte dabei der Kreistierarzt aus.

Im Winter 1967/68 fand wiederum eine Drückjagd bei herrlichem Winterwetter in Züsow statt. Als Gäste waren die "Ginsterjäger" aus Kühlungsborn, der bekannte und gern gesehene Jäger Dr. Walther Glass, genannt der "Wundarzt", und Oberförster Hermann Haffner eingeladen. Sie durften noch einen Jäger mitbringen. So bekam Jungjäger Dr. Peter Steinhöfel die Chance, an einer großen Drückjagd teilzunehmen. Dr. Steinhöfel, ein Zahnarzt aus Kröpelin, erschien in einer Armeetarnjacke, und auf dem Kopf trug er eine neue Pelzkappe. Bei den alten, vielfach bewährten Jägern hinterließ er einen freundlichen Eindruck, schien etwas vorwitzig, aber bemüht, seine theoretischen Kenntnisse in die jagdliche Praxis umzusetzen. Bei der Einweisung zur Jagd und Sicherheitsbelehrung muß er jedoch etwas unaufmerksam gewesen sein.

Die Drückjagd begann wie üblich am "Franzosenmoor". Jagdleiter Karl-Heinz Bandt wies dem Jungjäger Dr. Steinhöfel in der Nähe des Hauptwechsels an der "Priestereiche" seinen Stand zu. Hier rückte Forstkutscher Leo Brozinski mit seinem Gespann Holz an den Weg und stapelte es. Als Leo Brozinski wieder mit Holz aus dem Bestand erschien, meinte Dr. Steinhöfel, daß es hier wohl wenig Sinn hätte, sich anzustellen.
Der biedere, aus Pommern stammende Gespannführer antwortete dem ihm unbekannten Jäger: „Dat will ick Se seggen, hüt früh heb ick erscht anfungen to rücken, und dat weiten die Schwien noch nicht!"
Dieses Argument überzeugte den Jungjäger jedoch nicht. Er suchte sich etwa 80 Meter weiter einen neuen Stand. Auf das Signal "Antreiben" brachten Treiber und Hunde die im

Bruch steckenden Sauen in Bewegung. Schüsse fielen in allen Richtungen. Da erschien genau auf dem Wechsel, dicht am frisch gestapelten Holz vorbei, eine Rotte Sauen und überfiel die Schneise, für ein Flintenlaufgeschoß jedoch viel zu weit. Der Jungjäger traute seinen Augen nicht, als wenig später ein starker Keiler über denselben Wechsel trollte. Vor dem Holzstapel verhoffte er, umrundete ihn und zog seelenruhig zu Holze. Zu allem Übel, fast zum Schluß des Treibens, nochmals eine Rotte. „Himmel, Arsch und Zwirn", es war zum Verzweifeln!
Nach Beendigung des Treibens hörte man Leo Brozinski aufgeregt dem Jagdleiter Bandt zurufen: „Wo is de Bengel mit de Tarnjack? Ob sienen Stand is de grot Kieler kommen!" Jagdleiter Bandt rügte das eigenmächtige Handeln des Jungjägers: „Bei mir wird der Stand nicht verlassen! Heute abend werden wir noch darüber zu reden haben!"

Im nächsten Treiben, der "Bauernkoppel", bekam Jungjäger Dr. Steinhöfel seinen Stand an der "Hakenschneise". Das "Spiel" begann von neuem. Hundegebell, Schreien der Treiber und ab und zu ein Schuß. Jäger Hans Duitsmann begleitete die Treiberwehr. Im Jungwuchs, auf gute Schußentfernung, verhoffte ein Rudel Rotwild. Sicherte und schob sich langsam zusammen. Peter Steinhöfel, verblüfft über diesen unverhofften Anblick, rief zum im Hintergrund erscheinenden Jäger: „Weidgenosse Duitsmann, ist Rotwild frei?" „Ja natürlich", antwortete dieser. „Haben die Hirsche noch was auf?" „Ja, schieß doch!" schrie Jäger Hans Duitsmann zurück. Resignierend dann der Jungjäger: „Jetzt sind sie alle weg!"

Den “Reiherberg” trieb man zuletzt. Beim “Anstellen” fragte Peter Steinhöfel zögerlich den Jagdleiter: „Karl-Heinz, kannst du mich noch mal auf einen guten Stand anstellen?” „Nööö, du wirst jetzt dort stehen, wo du keinen Schaden mehr anrichten kannst!” Fernab vom Treiben wies er Jäger Steinhöfel in der Nähe der “Lauseeiche” ein. Hier stand er an der Landstraße hinter einem Straßenbaum und langweilte sich. Aus der Ferne vernahm er ab und zu einen Schuß. Für ihn schien die Jagd vorbei. Plötzlich wechselte aus dem gegenüberliegenden Dickicht ein starker Keiler auf ihn zu. Auf kurze Entfernung verhoffte er am Grabenrand und überfiel dann den Weg. Zweimal schoß Peter Steinhöfel. Ein “Zeichnen” des Stückes konnte er nicht wahrnehmen. Auf demselben Wechsel zog wenig später eine starke Sau zurück. Wieder zwei Schuß, aber ohne sichtbaren Erfolg verschwand der Keiler.
Kurz vor Ende des Treibens kam Revierförster i. R. Hans Spillert auf einem Moped angefahren. Er hielt an und erkundigte sich über die Jagd. Peter Steinhöfel erzählte: „Vor einer halben Stunde ist ein ‘riesengroßer’ Keiler vom Reiherberg ganz nahe über den Weg gewechselt. Zweimal habe ich darauf geschossen, und dann ist das Stück in den Roteichen verschwunden. Jetzt, vor ein paar Minuten, ist der große Keiler auf dem selben Wechsel wieder zurückgekommen. Nochmals habe ich darauf geschossen und wieder nichts. Es ist kaum zu glauben!”
Hans Spillert untersuchte den Anschuß, fand ein paar “Federn”, überreichte sie dem Jungjäger mit den Worten: „Ja, mein Junge, den hast du wohl nur ein bißchen gestreift!” Er schüttelte mitleidig seinen Kopf und fuhr weiter.

Nach Beendigung des Treibens berichtete Peter Steinhöfel dem Jagdleiter sein Erlebnis mit dem “riesengroßen” Keiler. Forstmeister Karl-Heinz Bandt überprüfte den Anschuß und ließ seinen hervorragenden Jagdterrier “Negus” nachsuchen. Gut 120 Meter weiter fand der Terrier einen vierjährigen Keiler. Auf der anderen Seite des Weges, nur etwas weiter, verbellte “Negus” anschließend noch einen dreijährigen

Keiler. Das Brenneckegeschoß hatte ihn ebenfalls gut getroffen, es gab nur keinen Ausschuß. Somit hatte Dr. Peter Steinhöfel auf dieser Drückjagd seine ersten zwei Sauen erlegt. Er war außer sich vor Freude und begann überglücklich mit dem Aufbrechen. Völlig ohne praktische Erfahrung, schaffte er dieses nur durch die fachgerechte Assistenz vom Chirurgen "Wundarzt" Dr. Walther Glass.

Während dieses letzten Treibens schoß Jäger Hans Duitsmann noch einen schwachen Sechsender Rothirsch. Bei Karl-Heinz Bandt zogen fast gleichzeitig ein laufkranker Rotspießer und, wie ihm schien, ein mittelalter Keiler vorbei. Er erlegte den Spießer, sein Nachbarschütze Otto Kutschera, den Keiler. Die Überraschung war perfekt, als sich herausstellte, daß es sich um einen zehnjährigen Keiler mit guten Waffen handelte. Einen Medaillenkeiler!

Die Gesamtstrecke dieses Jagdtages: zwei Stück Rotwild und vierzehn Sauen. Bei der Überreichung des Schützenbruches schnitt Jagdleiter Karl-Heinz Bandt ein Loch in die Fellkappe von Dr. Peter Steinhöfel, steckte einen großen Fichtenast hindurch und wünschte unter dem Gelächter der übrigen Jagdteilnehmer dem Jungjäger allzeit eine sichere Hand und gut Schuß. Zur nächsten Jagd sollte er aber mit einem Jagdhut erscheinen!
Das "Schüsseltreiben" im Züsower Krug gestaltete sich wie üblich recht fröhlich mit vielen humorvollen Bemerkungen von Karl-Heinz Bandt. Das Jagdgericht hatte einen "Haupttäter". Der erfolgreiche "Jungjäger" durfte tief ins Portemonnaie greifen.

Mitte Januar 1990 fand im Tüzer Moor die erste gemeinsame Jagd mit Jägern aus Schleswig-Holstein statt. Karl-Heinz Bandt betitelte diese Jagd als "Wendejagd", eine "Schwarz-Rote Jagd" mit "Genossen" und ihren westlichen "Glaubensbrüdern"!

Das Tüzer Moor ist knapp 50 Hektar groß. In der Mitte ein typisches Moor, umgeben von dichtem Rohr mit einzelnen Saalweiden und Erlen. Ein paar Gräben durchziehen diese Fläche. Es gibt dort auch einige freie Stellen, die genügend Schußfeld bieten. Die Wechsel und erfolgversprechenden Stände sind den einheimischen Jägern allgemein bekannt. Jagdleiter Manfred Pawlowski teilte nach der üblichen Einweisung und Sicherheitsbelehrung den Jägern ihre Stände zu. Jäger Karl-Heinz Bandt durfte sich aus Anlaß seines Geburtstages seinen Stand wählen. Die "Bundesjäger" erhielten gute, erfolgversprechende Schützenstände. Es herrschte an diesem Tage wiederum ideales Jagdwetter mit Schnee und leichtem Frost.

Kaum begann das Treiben, da ging auch schon die Hatz los. Die Hunde tobten mit wütendem Lautgeben durch das Rohr. Jagten gemeinsam mit den laut schreienden Treibern die Sauen hin und her. Rings um das Tüzer Moor knallten einige Schüsse, dazwischen klagten kranke Sauen, auch Hunde jaulten manchmal auf. Wie in einem "Hexenkessel" tobten in dem Dickicht Hunde und Treiber mit den Wildschweinen umher. Jäger Bandt kam mehrfach zu Schuß. Zwei Sauen lagen in seiner Sichtweite verendet.
Revierförster Peter Spalkhaver vollbrachte ein einmaliges Kunststück. Er traf einen Überläufer beim Überfallen eines etwa vier Meter breiten Grabens direkt im Fluge! Tödlich getroffen platschte des Stück in den Graben und zerschlug das dünne Eis. In diesem Treiben erlegte man 22 Sauen.
Der Nachbarschütze von Karl-Heinz Bandt, ein Jäger aus Lübeck, führte einen Repetierer mit Zielfernrohr. Mehrfach schoß er auf Schwarzwild. Plötzlich jagte die gut arbeitende DD-Hündin von Jochen Regenstein einen Frischling an die-

sem Jäger vorbei. Der Lübecker schoß, repetierte, schoß wieder. Da der Hund dicht hinter dem Frischling hetzte, brüllte Jäger Bandt: „Nicht schießen!" Es knallte nochmals, und tödlich getroffen sackte die DD-Hündin zusammen. Somit nahm diese Jagd ein sehr trauriges Ende.

Bei der Schadensersatzklage verurteilte man den Lübecker Schützen zur Zahlung von insgesamt 8.000 DM.

Auf uralten Wolfspässen

Die Verbreitung des Wolfes war einst sehr groß. Er kam in Europa, Asien, Nordafrika, Nordamerika, kurz gesagt auf der gesamten nördlichen Halbkugel vor. Extremen klimatischen Bedingungen, wie zum Beispiel in der ewigen Eiswüste nicht weit vom Nordpol oder wie in Steppen, Halbwüsten, Waldgebieten, Gebirgen bis 2.500 Meter, paßte sich der Wolf hervorragend an. In 40 Unterarten (24 im nordamerikanischen und 16 im europäischen Bereich) konnte er sich entsprechend den jeweiligen geographischen und klimatischen Gegebenheiten entwickeln und behaupten. Für uns in Europa ist der europäische Wolf (Canis lupus lupus) der wichtigste und von Bedeutung.

In prähistorischer Zeit lebten der Mensch, als Jäger und Sammler, und die Wölfe gleichermaßen nebeneinander. Es gab reichlich Beutetiere, so daß ein Konkurrenzkampf nicht erfolgte. Die ersten Auseinandersetzungen zwischen Viehhaltern und Wölfen begannen vor etwa 12.000 bis 10.000 Jahren, als der Mensch damals Grasfresser für sich nutzbar machte. Die arglosen, zum Teil eingefriedeten Nutztiere waren für den Grauen Jäger eine leichte Beute. In dieser Zeit begann man, zum Schutz Wölfe als Hauswölfe zu halten. Das Territorium der Siedlung und das Zusammenleben mit dem Menschen bestimmte die Lebensgrundlage der Hauswölfe. Sie betrachteten nun ihre wildlebenden Artgenossen als Eindringlinge in ihr Territorium, verteidigten und beschützten die Viehbestände. Die Feindschaft zwischen wildlebenden Wölfen und Hauswölfen nahm somit ihren Anfang und setzte sich in deren Weiterentwicklung später zwischen Hund und Wolf fort. Die Domestikation, der Übergang vom Wolf zum Hund, ist fließend und in einen Tausende von Jahren währenden Übergang eingebettet. So wurde der Wolf zum Ahnen aller Hunderassen.

In der weiteren gesellschaftlichen Entwicklung nahm die Bevölkerung rasch zu. Die Ackerbauern und Siedler begannen, große Waldgebiete zu roden. Die Lebensräume des Wolfes verkleinerten sich erheblich. Hinzu kam noch, daß der Mensch die Jagd intensivierte. Seine Eingriffe in die Natur störten das bis dahin vorhandene Gleichgewicht. Weniger Lebensraum, weniger Wildtiere brachten zwangsläufig den Wolf dazu, Haustiere zu reißen. Die Konfrontation Wolf - Mensch verschärfte sich. Im Mittelalter eskalierte schließlich der Konkurrenzkampf, und der Wolf entwickelte sich zur Landplage. Man begann, ihn organisiert zu bekämpfen. Hauptberufliche Wolfsjäger stellten dem Raubtier nach, hohe Fangprämien spornten sie an. Verschiedene Methoden wandte der Mensch an, um den Wolf regelrecht auszurotten. Fallgruben, Schlingen, vergiftete Krähenaugen (Kronsaugen), Fleischbrocken und Schafskadaver. Hierzu verwendete man den Samen der Brechnuß (Strychnos nux vomica), der ein sehr giftiges Alkaloid enthält. Und natürlich die verstärkte Durchführung von Treibjagden.

Seit dem 16. Jahrhundert erließen viele deutsche Landesfürsten immer schärfere Edikte, um der Wolfsplage Herr zu werden:

- Im frühen Mittelalter, wie aus Urkunden ersichtlich, legte schon Kaiser Karl der Große (742-814 n. Chr.) fest, daß in jeder Gemeinde zwei Jäger zu beschäftigen seien, die die Wölfe wirksam bekämpften.
- Das Dekret Heinrich III. vom Jahre 1583 verpflichtete alle Forstbeamten und Grundherren, alljährlich drei bis vier Wolfsjagden abzuhalten.
- Die Forstordnung des Grafen Ludwig von Nassau/ Saarbrück aus dem Jahre 1603 bestimmte, daß alle männliche Untertanen an den Treibjagden auf den Wolf teilzunehmen hätten, außer dem Pfarrer, dem Lehrer und den Schloßbediensteten.
- Laut Patent vom 18. 04. 1629 ernannte Kurfürst Georg Wilhelm den Christoph Kersten aus dem Amt

Insterburg zu seinem Wolfsmeister im Herzogtum Preußen.

- 1652 erließ Fürst Marqard/Eichstätt einen Aufruf zur verstärkten Wolfsjagd.
- Herzog Ernst von Gotha verkündete am 21. 11. 1656 einen Erlaß zur Bekämpfung und Kontrolle der Wölfe.
- Herzog Gustav Adolf v. Mecklenburg legte im Edikt vom 16. 12. 1662 für jeden abgelieferten Wolfskopf zwei Reichstaler Fangprämie fest.
- Der Kurfürst Johann Philipp von Trier (1756-1768) zahlte für einen Altwolf eine Erlegungsprämie von einem Reichstaler. Bei einer Treibjagd in Wittlich (Vordereifel) wurden 2.000 Treiber eingesetzt. Strecke: 11 Wölfe.
- 1784 erhöhte König Friedrich d. Große die Fangprämie auf drei bis vier Reichstaler für jeden Wolf. Wolfsjagden zur Ausrottung der Raubtiere sollten vordringlich durchgeführt werden.
- Im Rheinland richtete man ab 1805, während der Besatzungszeit von Napoleon I., ein Großwolfsjägeramt ein. Es bestand bis 1830 und ging dann in die Staatsforstverwaltung auf. Den Ursprung dieser Verordnung hatte das seit 1700 in Frankreich geschaffene "Große Wolfsjägeramt".

Besonders nach Epidemien (Pest, Cholera, Typhus) und Kriegen, zum Beispiel dem 30jährigen Krieg (1618-1648), vermehrten sich die Wolfsrudel sehr stark. Es hieß damals im Volksmund: "Der Wolf folgt dem Trommelschlag." Er war immer "Kriegsgewinner"! In den Notzeiten konnte Isegrim nicht intensiv bekämpft werden, so daß er sich stark vermehrte.

Erhebliche Haustierverluste registrierte man zu damaliger Zeit. Nachstehend einige Angaben über Wolfsschäden:

1679 In Brandenburg, vor dem Jägertor, wird von Wölfen das Perd des Bürgermeisters von Potsdam aufgefressen.

1695 Amt Brandenburg: 326 Pferde, 33 Ochsen, 36 Kühe und drei Kälber, 150 Schafe und Ziegen und 67 Schweine.

1696 Amt Insterburg: 306 Pferde und Fohlen, 27 Ochsen, 42 Kühe, 38 Kälber, 260 Schafe, 150 Schweine, 91 Ziegen und 732 Gänse.

1713 Amt Angerburg: 370 Pferde und Fohlen, 21 Ochsen, 67 Kühe, 74 Kälber, 342 Schafe, 150 Ziegen, 350 Schweine und 51 Gänse.

1792 Am 19. Januar berichtet die Königsberger Kammer an den König von Preußen über die Tierverluste des letzten Jahres (1791). In den zehn Ermländischen Domainen - Ämtern riß der Wolf: 246 Kühe und 65 Kälber, 693 Pferde, 223 Fohlen, 246 Schafe und 232 Schweine.

1817 Der preußische Ministerialerlaß vom 14. Januar legte nachstehende Fangprämien fest:
1 Wölfin = 12 Taler, 1 Altwolf = 10 Taler,
1 Jungwolf = 8 Taler, 1 Welpen = 4 Taler.

1823 tötete der Wolf in Livland: 1.841 Pferde, 1.807 Rinder, 15.182 Schafe, 3.270 Ziegen, 4.190 Schweine, 1.873 Gänse und 713 Hunde.

Mitte des 19. Jahrhunderts betrugen die Verluste im europäischen Teil Rußlands jährlich 179.000 Rinder und 563.000 Stück Kleinvieh (vorwiegend Schafe und Ziegen).

Nach amtlichen Mitteilungen betrugen in jüngster Zeit die Wolfsschäden:

1974-1976 in Kasachstan:	27.579 Schafe, 3.058 Pferde, 2.004 Kühe, 24 Kamele
1974 in Abruzzen/Italien:	150 Schafe
1976 in Abruzzen/Italien:	67 Schafe (in einer Nacht)
1977 in der RSFSR:	1.000 Pferde, 3.000 Kühe, 14.000 Schafe, 17.000 Haus-Rene

1977 in der Beloruss. SSR:	700 Pferde und Kühe, 300 Schafe, 225 Schweine
1998 in den Alpen bei Grenoble/Frankreich:	1.200 Schafe

Nachweisbar sind nachstehende Wolfserlegungen:

- In der Regierungszeit der Kurfürsten Johann Georg I. und II. (1611-1665) von Sachsen erlegte man 5.093 Wölfe.
- Kurfürst Johann Sigismund streckte laut seinem Schußbuch (geführt von Wildwäger Georg Korn) von 1612 bis 1618 im Herzogtum Preußen 215 Wölfe.
- In der Provinz Ostpreußen fing man im 17. Jahrhundert, wie aus alten Rechungsunterlagen ersichtlich, alljährlich rund 1.000 Wölfe.
  Die Wolfsstrecken im 18. Jahrhundert betrugen im Durchschnitt noch 700 Graue Räuber.
- In der Zeit von 1653-1697 tötete man in der Prignitz 2.307 Wölfe.
- In den Jahren von 1723-1737 zahlte die preußische Regierung Fangprämien für 4.300 Wölfe.
- Anfang des 19. Jahrhunderts kamen in Pommern jährlich noch etwa 100 Wölfe (1800 = 118, 1801 = 109, 1802 = 102, 1803 = 86, 1804 = 112 Wölfe) zur Strecke.
- Im Gefolge von Napoleons Kriegszügen in der Zeit von 1805 bis 1815 in Europa war für einige Zeit ein erneutes starkes Ansteigen der Wolfsbestände festzustellen. Im Bezirk Trier tötete man von 1815 bis 1900 insgesamt 2.136 Wölfe. (Bis 1819 724 Wölfe und von 1820 bis 1829 noch 650. Die restlichen 762 Wölfe erlegte man in den nachfolgenden Jahren).
- 1816/17 während des kalten Winters wurden im östlichen Teil des Landes Brandenburg 1.080 Wölfe zur Strecke gebracht.
- 1817 kamen in den Forstrevieren bei Köln 25 Graue Räuber zur Stecke. In Aachen verzeichnete die amt-

liche Statistik desselben Jahres die Erlegung von 44 Wölfen.

- Oberförster Steppuhn erlegte in seinem Revier Barannen, Kreis Lyck, auf einer Wolfsjagd acht Wölfe. Während seiner dort achtjährigen Dienstzeit insgesamt 52 Wölfe. Dieses gab die Regierung in Gumbinnen am 9. Januar 1818 öffentlich bekannt.
- Von 1816 bis 1823 zahlte die Provinzverwaltung in Westpreußen Prämie für 1.168 erlegte Wölfe.
- 1968 erlegte man in der RSFSR 5.000 Wölfe. 10 Jahre später im selben Gebiet 11.300 Graue Räuber.
- 1977 kamen 8.500 Wölfe in Kasachstan zu Strecke.
- 1978 betrug die Wolfsstrecke in der Ukraine 788 Stück und in der Belorussischen SSR 1.850 Wölfe. Erfolgreichster Einzeljäger wurde P. S. Iwonin aus Kirow mit 33 erlegten Wölfen.
- 1984 schossen in der Belorussische SSR die Jäger 2.200 Wölfe. Eine Reduzierung der Wolfsbestände ist in den Hauptgebieten bisher nicht festzustellen.
- 1993-1997 erlegte man bei einer Lappjagd im Rayon (Kreis) Haselberg/Forst Memelwalde (ehemals Krs. Schloßberg) 40 Wölfe. Die Tiere wechselten aus Litauen ein.

Interessant ist auch die Tatsache, daß im 17. Jahrhundert häufig Raubtierfleisch von der Bevölkerung verzehrt wurde. So hat das “Churfürstliche Provianth-Rauchhaus”, das sich im Jägerhof in Alt-Dresden befand, in der Zeit vom 1. Januar bis 31. Dezember 1669 “frischgesalzenes und geräuchertes Wildbret” geführt und zum Verkauf an die Bevölkerung angeboten:

div. Schalen- u. Niederwild	170 Füchse
15 Bären	55 Dachse
74 Wölfe	17 Biber
15 Luchse	27 Fischotter

In der gleichen Zeit gab man an die "Churfürstliche Hoffeküche zum Verspeisen aus: 7 sieben Achtel Bären, a 11 Zentner und 88 Pfund, eingebeitzest nebst Bärenköpfe und 24 Clauen, 52 Wölfe, 10 Luchse, 12 Füchse ganz zum braten und 52 Füchse zum kochen (1 Zentner = 51,420 kg)."
Aus den Akten der Sächsischen Landesbibliothek sind für das Jahr 1637 ähnliche Zahlen zu entnehmen. Im Rauchhaus gab es außerdem folgenden Bestand: "6 Zentner geräuchertes Wolfswildbret, 10 Schrötte alten Bähren Wildbret, 10 Schrötte Tigerthieren, 3 geräucherte Luchse, 30 geräucherte Füchse, 2 geräucherte Wilde Katzen sowie 5 Zentner ungefähr geräuchertes Wolfswildbret."
Die Vorliebe für Raubwildfleisch an den Hofküchen geht wohl auf die weitverbreiteten abergläubischen Vorstellungen zurück, daß die Kraft und Schlauheit der Raubtiere nach dem Verzehr auf den Menschen übergehe.

Wölfe bekämpfte man überall rücksichtslos und mit allen Mitteln. Verteufelt wurde der Graue Räuber zum einen wegen der gewaltigen Haustierverluste, und zum anderen fielen damals diesen blutrünstigen Grauhunden nicht selten Menschen zum Opfer. In alten Chroniken findet man Aufzeichnungen über Menschenverluste.

- 1642 fiel in Kienbaum, östlich von Berlin, ein Wolf eine Frau an. Der Dorfschulze eilte zur Hilfe, und sie konnten den Wolf töten. An den Bissen sind beide in "Unsinnigkeit geraten" (Tollwut) und verstarben.
- 1647 berichtet das Kirchenbuch der Gemeinde Winterstein/Thüringen, daß die Tochter eines Köhlers von einem Wolf angefallen und getötet wurde.
- 1652 wurde bei Enkering, Fürstbischtum Eichstätt, ein Mann von Wölfen getötet.
- 1674 am 27. März wurde eine Schäferin aus Biegen, westlich von Frankfurt/Oder, von einem Wolf angefallen. Die Frau ist an Tollwut gestorben.

- 1799, am 9. Januar, teilte Oberforstmeister v. Schenck mit, daß ein Mann bei Moditten/Samland den Wölfen zum Opfer fiel.
- Von 1764 bis 1767 haben zwei Wölfe in den Gebieten von Gévaudan und Vivarais (südlich Lyon, Frankreich) über 100 Menschen angegriffen und 64 von ihnen getötet, bzw. starben sie an den Folgen der Verletzungen. Im September 1765 gelang es, einen Wolf und im Juni 1767 das zweite Raubtier zu erlegen. Der erste erlegte Grauhund wog 50 Kilogramm und der zweite sogar 59 Kilogramm. Danach hörten die Wolfsangriffe auf.
- Nach der Flucht der napoleonischen Armee aus Rußland folgten ihnen unzählige Rudel von Wölfen. Sie töteten im Winter 1814/15 in der Mark Brandenburg 28 Personen.
- 1819 sollen im Großherzogtum Posen 19 Menschen von Wölfen zerrissen worden sein. In vielen Fällen ist nicht eindeutig erwiesen, ob zuvor die Personen durch Erfrierungen, Herz-Kreislaufversagen bzw. Unfälle ums Leben kamen und dann erst vom grauen Räuber angeschnitten wurden.
- Nach Angaben von B. SWIETORZECKI (1926) haben Wölfe in Rußland in der Zeit von 1870 bis 1887 1.445 Menschen angefallen und meistens getötet!
- 1880 und 1881 sind in Finnland 22 Kinder im Alter von zwei bis neun Jahren den Wölfen zum Opfer gefallen.

Im vorigen Jahrhundert gab es noch etliche Menschenverluste. Oft erfolgte die Zuordnung der Opfer aber ungenau. Man unterschied nicht, ob Hybriden (Kreuzung aus Wolf und Hund), verwilderte Hunde oder ein echter Wolf ursächlich den Tod herbeiführten. Auch war in einigen Fällen die Tollwut Ursache an den Menschenverlusten. Johann Harder (geb. 1702) starb am 17. Juni 1762 in Grünwalde/Heiligenbeil an dem Biß eines tollwütigen Wolfes. Am 5. Februar

1780 verletzte ein tollwütiger Wolf im Amt Angerburg drei Menschen, die vier bis sechs Wochen später qualvoll starben. Ein weiterer Fall ereignete sich 1823 bei Rössel. Ein kranker Isegrim biß am 27. Januar elf Menschen. Der Amtshauptmann berichtet am 20. Februar, also nach 24 Tagen, daß davon eine Person an Tollwut verstorben sei, die anderen wohl glücklich davongekommen sind! Die Inkubationszeit bei Tollwut beträgt bis zu 60 Tagen. Was aus den anderen zehn gebissenen Bürgern wurde, ist leider nicht bekannt. Ermittlungen und Analysen haben ergeben, daß im 19. Jahrhundert die Wölfe nur zu 4 % von Tollwut infiziert waren. Die Tollwutinfektionen übertrugen zu 90 % Hunde, 4 % Katzen, 4 % Wölfe und 2 % Füchse. Untersuchungen von 1947 bis 1962 (nach PRISCHKE, 1963) ergaben tollwutpositive Tiere, und zwar 63,0 % beim Fuchs, 11,5 % Rehe, 3,5 % übrige Wildtiere, 7,7 % Katzen, 7,0 % Hunde, 5,4 % Rinder und 1,9 % übrige Haustiere.

Im 20. Jahrhundert gab es nur wenige belegbare Angriffe auf den Menschen. Am 26. Januar 1914 töteten Wölfe in Frankreich ein kleines Mädchen. 1927 griff eine Wölfin in Kanada einen Biologen an, der sich in Begleitung von zwei Männern befand, und verletzte den Wissenschaftler am Arm. Danach flüchtete sie. 1942 griff ein Wolf in Ontario einen Eisenbahner an. Dieser verteidigte sich längere Zeit mit einer Axt. Ihm zu Hilfe kam eine Zugbesatzung und tötete den Grauhund. Leider versäumte man hier eine Tollwutuntersuchung. In den Jahren 1944 bis 1953, so berichtete PAVLOW (1990) in seinem Buch "Wilk", gab es im Umkreis von Kirow, UdSSR, Dutzende von Angriffen auf Kinder. 20 Kinder erlagen ihren Verletzungen. Erst die Ausrottung dieses Wolfsrudels führte zum Ende der Überfälle auf den Menschen. Im Juni 2000 überlebte ein kanadischer Camper schwerverletzt den Angriff eines Wolfes. Der Mann saß vor seinem Lagerfeuer auf der Insel Vancouver Island.
In der heutigen Zeit ist zu bemerken, daß der Mensch immer tiefer in abgelegene Gegenden eindringt, somit in den Lebensraum der immer weiter zurückgedrängten Tiere. Viel-

leicht eine spekulative Ursache. Angriffe tollwütiger Wölfe versetzten kürzlich Einwohner des südrussischen Gebiets Strawropol in Angst. Im Juli/August 2000 seien 13 Menschen von Wölfen gebissen worden, meldete Interfax.

Im Nachbarland Polen trat nach dem zweiten Weltkrieg eine territoriale Expansion der Wölfe ein. Von Osten kommend, breitete sich der Wolf schnell bis über die Weichsellinie aus. Große Verluste unter den Nutztieren veranlaßte die polnische Regierung Anfang 1955, die Ausrottung der Wölfe zu beschließen. Es wurden hohe Belohnungen für das Töten eines Wolfes festgelegt. 1.000 Zloty für individuelle Erlegung, bei gemeinschaftlichen Jagden 500 Zloty und für einen Welpen 200 Zloty. (Der durchschnittliche Monatslohn betrug damals ca. 1.100 Zloty) In Polen gibt es zwei Zentren des Auftretens von Wölfen, und zwar Ost-Karpaten mit den Wojewodschaften Krosno, Nowy Sacz und Przemysl und den nordöstlichen Teil mit den Urwäldern in den Wojewodschaften Bialystock, Suwalki und Olsztyn (Allenstein). In den Hauptgebieten wurden "Wojewodschaftskommissare für Wolfsbekämpfung" eingesetzt. Insgesamt ernannte man in Polen acht Wolfskommissare. Die Aufgabe dieser Spezialisten bestand u. a. in Vorträgen und Veröffentlichungen über die Wolfsbekämpfung, Planung und Einsatz von Fanggeräten und Fangmethoden bis zur Anwendung von Giften (Luminal), Organisierung von Treib- und Lappjagden, Ansitzjagden an Luderplätzen usw., ferner in der Bestätigung der Wolfserlegung (Schußzeichen: Rute und Gehöre) für die Zahlung der Fangprämien.

Der Wolfskommissar der Provinz Allenstein (ca. 330 km lang und 200 km breit) war ein Deutscher, der unter dem falschen Namen Martin Dombrowski dieses Amt ausübte. Sein richtiger Name lautete Joachim Küttner. In dem Buch "Deutsche in Polen nach 1945 - Das zweite Ich" beschreibt er sehr ausführlich seinen oft dramatischen Lebensweg. Als Sohn eines Gutsbesitzers im Kreis Jarotschin, Provinz Posen, aufgewachsen, beherrschte er die polnische Sprache.

1938 diente er sogar in der polnischen Armee. Während der Flucht im Januar 1945 wurde er unglücklicherweise von seiner Familie getrennt und der Flüchtlingstreck von der Roten Armee eingeholt. Alle zurückgebliebenen Deutschen hatten unter Repressalien, Rache und Vergeltung zu leiden. Deshalb versuchte er sich unter falschem Namen als Pole durchzuschlagen. Gleich im Mai 1945 begann er, als Kanzleigehilfe in den Forstämtern Wolfsbruch und Kurwin (Kreis Johannisburg, Ostpr.) zu arbeiten. Durch fleißiges Selbststudium und Konsultationen bei dem in Ostpreußen verbliebenen deutschen Revierförster Max Klinge konnte er 1948 das Revierförster-Examen ablegen. Seine weitere gute Arbeit auch auf jagdlichem Gebiet führte zur Ernennung zum Wolfskommissar und gleichzeitiger Beförderung zum Forstmeister. 1956 erhielt er den Dienstgrad Oberforstmeister. In der gut zweijährigen Amtszeit als "Wolfskommissar" wurden unter seiner Regie in der Provinz Allenstein 102 Wölfe erlegt. 1958, nach über 13 Jahren unter falschem Namen, gelang Joachim Küttner die Flucht in die BRD.

Die Verordnung des Ministers für Forstwesen und Holzindustrie von 1973 übertrug die Aufgaben der Wolfskommissare der Wojewodschaften auf die örtlichen Oberförster. In der Zeit von 1980 bis 1990 erlegte man in Polen noch 1.351 Wölfe.

Nachweislich verursachten die Wölfe 1989/90 im Bialowieza-Urwald (etwa 600 km^2) und im Gebiet Krosno (etwa 1.100 km^2) unter dem Schalenwild folgende Wildverluste:

	Rotwild	Rehwild	Schwarzwild
Bialowieza-Urwald	19	3	1
Gebiet Krosno	283	128	83
(in Stück)			

Im allgemeinen ist der Wolf jedoch ein menschenscheues Tier. Sehr vorsichtig, meidet er jede Gefahr und geht nach Möglichkeit dem Menschen aus dem Wege. Überwiegend dämmerungs- und nachtaktiv, jagt er meistens im Rudel mit strenger Rangordnung. Junge Rüden, die die Rudel verlassen haben, folgen instinktiv der Fährte ihrer Vorfahren auf uralten, seit über 400 Jahren bekannten Pässen. Oft über 1.000 Kilometer weit. Als hochintelligente Tiere ordnen die Wölfe ihre Rudelstärke sowie ihr Sozial- und Jagdverhalten nach dem zur Verfügung stehenden Beuteangebot. Neben allen Lebewesen, vom Elch bis zur Feldmaus, fressen Wölfe auch Aas. Während der Pestzeiten und der Kriege im Mittelalter bemächtigten sie sich vieler Toten. Auch gruben sie oberflächlich verscharrte Leichen wieder aus. Ein ausgewachsener Wolf vermag, bis 15 Kilogramm Fleisch pro Tag zu verschlingen. Danach kommt er acht Tage ohne Nahrung aus.
Die häufige Menschennahrung erhöhte seinerzeit die Gefahr von Angriffen auf den Menschen. Die Aggressivität einiger Wölfe ist darüber hinaus auch auf hohe Besatzdichte und wenige Beutetiere zurückzuführen. Ferner sind Mischlinge

(Hybriden) viel gefährlicher, weil sie weniger menschenscheu sind. Auffallend ist auch, daß in der Hauptsache in Eurasien (Nordeuropa und Asien) Attacken gegenüber dem Menschen erfolgten.

Jahrhunderte galt der Wolf als Symbol des Bösen. Er wurde gehaßt, verfolgt und, wo man seiner habhaft werden konnte, getötet. Das erklärte Ziel bestand in seiner Liquidierung. Mitte des 19. Jahrhunderts hatte man in West- und Mitteleuropa den Wolf praktisch ausgerottet. Nachstehend einige Gebiete mit den letzten Erlegungen:
1743 Großbritannien, 1770 Irland, 1798 Harz, 1804 Thüringen, 1815 Sachsen, 1823 Straußberg, 1841 Großherzogtum Hessen/Darmstadt, 1847 Bayerischer Wald und 1877 die Pfalz.

Erik Zimen, ein schwedischer Verhaltensforscher, widmete sich dem Wolf in seinen vielen Veröffentlichungen von 1975 bis in die Gegenwart. Ähnlich wie seinerzeit Heinz Meynhardt, der seit 1973 das Sozialverhalten des Schwarzwildes erforschte und jahrelang von einer Rotte als "Familienmitglied" anerkannt wurde, fand Erik Zimen in einem großen Gehege im Bayerischen Wald "Aufnahme" in einem Wolfsrudel. Seine Erkenntnisse und Forschungen tragen dazu bei, die Horrorgeschichten, Legenden vom Wehrwolf und Verteufelungen des Wolfes abzubauen und seine Daseinsberechtigung als Standwild in einigen Ländern zu belegen.
Es gibt gegenwärtig in Europa Gebiete, in denen der Wolf als Standwild vorkommt:

GUS (europäischer Teil)	ca.15.000 Stück
(Rußland insgesamt ca. 100.000 Stück)	
Rumänien	ca. 2.500 Stück
Spanien	ca. 2.000 Stück
Polen	ca. 1.000 Stück
Estland	ca. 500 Stück
Slowakei	ca. 450 Stück
Italien (Abruzzen)	ca. 400 Stück
Griechenland	ca. 300 Stück
Litauen	ca. 300 Stück.

In dem Forstdepartement Wilna, ehemals Polen, jetzt Litauen, gab es 1937 einen Bestand von 700-800 Wölfen. Im Januar 1937 nahm C. Kramer, Haasenberg, an einer Wolfsjagd teil. Nach Neuschnee wurde das festgestellte Wolfsrudel sofort eingelappt. Beim anschließenden Durchdrücken konnte er sogar zwei und sein Nachbarjäger einen Wolf erlegen. Am Abend erfolgte das "Tottrinken". In den östlichen Gebieten (Polen, Litauen, Rußland) ist es üblich, eine "Wolfstaufe" durchzuführen. Jäger, die ihren ersten Wolf erlegten, bekamen mit dessen Schweiß ein Kreuz auf die Stirn gemalt. Sie wurden so in den Kreis der "gestandenen Wolfsjäger" aufgenommen. Dieses Kreuz durften die Getauften erst am nächsten Tag abwaschen.
In Deutschland kommt der Graue Räuber nur manchmal als Wechselwild (Wanderwölfe) vor. Diese Wölfe, meist junge Rüden, wandern aus den östlichen Ländern nach Brandenburg und Mecklenburg-Vorpommern ein. Auch im niederschlesischen Oberlausitzkreis konnten 1996 und 1997 Wölfe beobachtet und Risse festgestellt werden. Große Flüsse, wie die Weichsel bzw. Oder, sind keine Hindernisse. Innerhalb von 24 Stunden sind die schnellen Ausdauerläufer in der Lage, bis 150 Kilometer zurückzulegen. Ihre Fährten folgen uralten Migrationswegen.

Eine Zunahme der Wölfe im 20. Jahrhundert ist jeweils nach dem I. Weltkrieg und nach dem II. Weltkrieg zu verzeichnen. Es wird eingeschätzt, daß nach 1945 in Deutschland etwa 50 Wölfe erlegt wurden. Von 1948 bis 1999 sind 33 getötete Wölfe (davon drei auf Usedom fraglich) in Deutschland belegt (s. Anlage 8). Aus Unkenntnis klassifizierten Erleger manchmal einen Wolf als großen Schäferhund.

Bis 1949 übte die Rote Armee in ihrer Zone das Jagdrecht aus und später, bis hin zur politischen Wende, weiter in ihren zahlreichen Jagdgebieten. Über diese Jagdstrecken gibt es leider keine Angaben. In der DDR galt der Wolf als ganzjährig jagdbar. Dementsprechend verfolgte man Wolfserlegungen mit großem Interesse.

Das Vorhandensein des Grauen Räubers im Revier wird meistens sehr spät bemerkt. Unruhe in den Wildbeständen, ab und zu ein gerissenes Stück Schalenwild sowie starke Spuren im Neuschnee oder auf Sandwegen lassen erst dann den Verdacht auf Wölfe aufkommen.

Abgesehen von der Tötung eines Wolfes 1963 in der Nähe der niederländischen Grenze sowie 1995 in der Eifel und 1972 und 1994 in Bayern, konzentrierte sich das Vorhandensein von Wölfen sowie deren Erlegung in der Lüneburger Heide, im Raum Hagenow, Ludwigslust und Perleberg. Als nächstes Gebiet, gleich anschließend, zeichnete sich Mecklenburg mit Bützow, Bad Sülze bis nach Vorpommern im Kreis Uecker-Randow ab. Danach schließt sich das Land Brandenburg, mit Schwerpunkt um Berlin bis zur polnischen Grenze, an. Allein im Mai 1991 erlegte man bei Berlin vier Wölfe. Eine von den belegbaren Wolfstötungen ist am 23. August 1993 verzeichnet. Der Wolf verendete auf der Autobahn bei Bernau. Ein weiterer wurde am 7. Dezember 1994 bei Zwiesel/Bayerischer Wald vom Zug überfahren. Bei allen in Deutschland getöteten Wölfen handelte es sich bis auf eine Ausnahme um Rüden. Am 22. Oktober 1982 erlegte ein Jäger in Südwinsen, Kreis Celle, eine zweijährige Wölfin!

Nachfolgend ein paar recherchierte Wolfserlegungen:

Am Sonnabend, dem 29. September 1979, zog es den passionierten Jäger Bernd Finkeldeh aus Alt Stahnsdorf, Kreis Beeskow, in sein Jagdgebiet Spreehagen. So gegen 6.00 Uhr baumte er auf die Kanzel am Rande des “Schliebenbusch” auf. Die Morgendämmerung hüllte noch alles milchiggrau ein. Erst allmählich wurde es heller. Nachdem es sich Jäger Finkeldeh auf dem Hochsitz bequem gemacht hatte, leuchtete er mit seinem Glas die Umgebung ab. Plötzlich erblickte er ein über die abgeweidete Koppel laufendes großes Tier. Er hielt es für einen wildernden Schäferhund. Kurz entschlossen brachte Bernd Finkeldeh seinen Drilling in An-

schlag und wartete auf den richtigen Augenblick, in dem der "wildernde Hund" seine Breitseite zeigte. Auf 100 Schritte stand er plötzlich breit im Fadenkreuz seines Zielfernrohres. Ein kurzer Druck auf den Stecher, und die Kugel 8x57 IRS traf mit sauberem Blattschuß. Mit kurzem Aufjaulen verendete das Tier auf der Stelle. Schnell eilte der Jäger zu seiner Beute. Die Körpergröße und die außergewöhnlich langen Fangzähne ließen einen Verdacht aufkommen.
Mit Hilfe seines Jagdleiters brachten sie das Tier zum Berliner Zoo. Die gründliche Untersuchung ergab, daß es sich um einen etwa dreijährigen Wolfsrüden handelte, mit einem Gewicht von 43 Kilogramm, 165 cm Länge und 80 cm Schulterhöhe. Den präparierten Wolf konnte man später im Biologischen Heimatmuseum Beeskow bewundern. Das Raubtier war vermutlich aus Polen zugewandert.

Anfang 1986 ereignete sich im Kreis Grevesmühlen (Mecklenburg) ein besonderer und sehr tragischer Fall der Begegnung zwischen Mensch und Wolf.

Am Dienstag, dem 21. Januar 1986, in der Morgendämmerung, so gegen 7.00 Uhr ratterte Siegfried Dargel mit seinem Traktor auf dem Weg Damshagen - Stellshagen entlang. Plötzlich sah er im Scheinwerferlicht, etwa 15 Meter auf dem Acker, ein Knäuel sich bewegen. Sofort hielt er an und richtete den Lichtkegel darauf. Erschrocken erkannte er einen großen Hund, der etwas sich Bewegendes wegzerrte. Kurzentschlossen ergriff er eine Forke und eilte hinzu. Es gelang ihm, den knurrenden und fletschenden "Hund" zu vertreiben. Bedingt durch einen glücklichen Zufall und sein beherztes Eingreifen, rettete er das Leben eines jungen Menschenkindes. Vor ihm lag ein hilfloses, weinendes, stark am Kopf blutendes, dreckverschmiertes kleines Mädchen. Es war die achtjährige Steffi J., die sich auf dem Schulweg von Stellshagen nach Damshagen befand. Als Siegfried Dargel das

schwerverletzte Mädchen zum Traktor trug, kam gerade eine Lehrerin angeradelt. Schnell eilte sie nach Damshagen und verständigte den Arzt. Dr. Gerhard Dück und die Gemeindeschwester Christa Wigger leisteten der kleinen Steffi in relativ kurzer Zeit die dringend notwendige erste ärztliche Hilfe. Die Verletzungen sahen sehr schlimm aus. Es fehlte die Kopfhaut, ihr Haupt war praktisch skalpiert. Schnellstens veranlaßte man die Überführung in die nächste Klinik.

Große Aufregung herrschte beim Rat des Kreises Grevesmühlen, als die Meldung eintraf, daß ein kleines Mädchen auf dem Schulweg nach Damshagen von einem großen Hund schwerverletzt worden sei. Der Sekretär der Kreisjagdbehörde, Oberförster Hans Zobawa, erhielt den Auftrag, sofort alles zu unternehmen, um des gefährlichen Hundes habhaft zu werden. Polizei, die Jagdleiter des Kreises, die Kreisschulbehörde, alle versuchten, auf ihrer Strecke Maßnahmen zur Sicherung, vor allem der Kinder, einzuleiten. Mit der Koordinierung und Einsatzleitung betraute man Hans Zobawa. Sofort organisierte er ein Einsatzkommando mit den Jägern Hartwig Wigger, Karl und Dieter Jahnke, die gemeinsam mit ihm den Tatort untersuchten.
Auf dem feuchten Ackerboden konnten sie den Kampfplatz sowie große Hundespuren deutlich ausmachen. Die drei Jäger, zusätzlich mit Sprechfunk ausgerüstet, erhielten den Auftrag, den gefährlichen Hund aufzuspüren und zu töten. Eilig folgten sie der oft schwer auszumachenden Spur in Richtung Hof Reppenhagen. Dort angelangt, erfuhren sie, daß der große Hund versucht hatte, eine Großmutter mit ihrer kleinen Enkelin anzufallen. Beherzt und laut schreiend war die Oma direkt auf den Angreifer zugelaufen, so daß der erschreckt die Flucht ergriff. Die alte Ostpreußin sagte: „Dis wär keen Derffköter, des is een Wolf! Eck kenn dat ut Masuren!" Diese Äußerung ließ erstmals den Verdacht auf einen Wolf aufkommen.

Inzwischen erreichte die schreckliche Nachricht auch die Nachbarkreise. Wenig später teilte das Volkspolizeikreisamt Wismar mit, daß vor drei Tagen aus dem Tiergarten Wismar

zwei Wölfe ausgebrochen seien. Einen hätten sie noch am gleichen Tage in der Nähe des Kraftverkehrs eingefangen, der andere aber befände sich noch in Freiheit. Die Verantwortlichen von Wismar hatten versäumt, dieses besondere Vorkommnis weiterzumelden. Ein schwerer, verhängnisvoller Fehler! Über Sprechfunk teilte man dem Jagdkommando mit, daß es sich bei dem verfolgten Tier um einen Wolf handelte und sie unbedingt das Tempo der Verfolgung steigern sollten, um ihn schnellstens zu erlegen.
Auch der Minister für Land-, Forst- und Nahrungsgüterwirtschaft, Bruno Lietz, aus Berlin erteilte die Weisung, dem verletzten Mädchen jegliche Hilfe zukommen zu lassen und unbedingt den Wolf zur Strecke zu bringen.

Auf Grund der neuen Situation wurde das Operationsgebiet, der Klützer Winkel, hermetisch abgeriegelt. Alle verfügbaren Jäger durchsuchten das Gebiet. Streifenwagen patrouillierten auf Straßen und Wegen. Vom VP-Hauptmann Franz Reppmann erhielt Hans Zobawa sehr gute Unterstützung. Während der Suche bemerkte Weidgenosse Helmut Klabunde den Wolf am Leonorenwald. Überhastet, auch etwas zu weit entfernt, schoß er auf den Grauen Räuber. Leider ohne Erfolg. Das Jagdkommando befand sich in unmittelbarer Nähe und hörte die Schüsse. Gegen 16.00 Uhr sichteten die Männer den Wolf nahe der Straße Kalkhorst - Dassow. Er nahm gerade aus einem Tümpel Wasser auf. Von den Strapazen erschöpft, hastig, aber auch aus etwas zu weiter Entfernung schossen sie.

Hochflüchtig, ohne daß er zeichnete, ging Isegrim in Richtung Ostsee ab.

Diese Kanonade hörte der LPG-Vorsitzende Erich Kling, der mit seinem PKW nach Brook fuhr. Schon wenig später erblickte er plötzlich dicht neben der Straße den flüchtigen Wolf. Kurz entschlossen trat er auf die Bremse, griff zur Waffe und zielte. Sein Flintenlaufgeschoß streckte das gefährliche Raubtier.

Schnell verbreitete sich die Nachricht von der Erlegung des Wolfsrüden. Eine große Erleichterung machte sich bei allen Verantwortlichen bemerkbar. Für den unermüdlichen und selbstlosen Einsatz wurden die unmittelbar Beteiligten prämiert und der Einsatzleiter Hans Zobawa zum Hauptförster befördert.
Der kleinen Steffi ließ man jegliche erdenkliche Hilfe zukommen, um die schweren Verletzungen zu heilen. Ärztliche Kunst vermag heute vieles. Jetzt, 14 Jahre später, ist sie eine junge Frau, die selbstbewußt ihren Weg geht. Zur Zeit studiert sie Jura.

Im selben Jahr, am Sonnabend, dem 8. November, fand traditionsgemäß die Hubertusjagd der Jagdgesellschaft Blumberg, Kreis Eberswalde, statt. Etwa 30 Jäger und zahlreiche Jagdhelfer nahmen an der gut organisierten Ansitz-Drückjagd teil. Enttäuscht mußten die Jagdteilnehmer feststellen, daß verhältnismäßig wenig Wild im Revier vorkam.
Auf Weidgenossen Friedhelm Gärtner schnürte sehr vorsichtig ein starker "Hund". Verharrte oft und sicherte lange, bis er sich endlich auf Flintenschußentfernung näherte. Zielsicher brachte der Jäger seinen Schuß an, und der vermeintliche Hund sackte tödlich getroffen zusammen. Obwohl bisher niemand einen Wolf in freier Wildbahn gesehen hatte, war es beim Streckelegen allen Jägern klar, dieses konnte nur ein Wolf sein.

Das Institut für Forstwirtschaft Eberswalde, Abteilung Jagdwirtschaft, nahm die genaue Untersuchung vor mit dem Ergebnis, daß es sich um einen zweijährigen Wolfsrüden von 33 Kilogramm Gewicht handelte. Sein rechter Vorderlauf wies eine ausgeheilte Schußverletzung auf. Bis zur Erlegung dieses Wolfes hatte niemand, auch nicht in den Nachbarjagdgebieten, starke Fährten, Trittsiegel oder Risse festgestellt. Der Graue Räuber muß aus Polen zugewandert sein.

Auf der zentralen Landwirtschaftsausstellung der DDR in Leipzig-Markkleeberg wurden alljährlich die stärksten Trophäen aller Wildarten ausgestellt. Die Bewertung des Wolfsschädels von Erleger F. Gärtner ergab 39,3 internationale Punkte und somit eine Silbermedaille. Zuvor erreichte der am 20. 9. 1982 im Kreis Herzberg von H. Wendt gestreckte Wolfsrüde 41,9 internationale Punkte und der von J. Bandau am 13. 11. 1985 im Kreis Eberswalde 41,1 internationale Punkte, beides Goldmedaillen.

Drei Jahre später, im Mai 1989, stellte Jäger Peter Szewczyk aus Bad Sülze in seinem Jagdgebiet eine gewisse Unruhe im Wildbestand fest. Bei den Abendansitzen am 19., 20. und 21. Mai war das sonst recht vertraute Rehwild unstet, warf häufig beim Äsen auf, schreckte länger als üblich und sicherte ständig zum Waldrand, Gestrüpp und unübersichtlichen Stellen hin. Auch die sonst vorsichtigen Bachen mit ihren Frischlingen waren zeitig auf den Läufen und zogen offensichtlich beunruhigt auf der freien übersichtlichen Fläche vor dem unzugänglichen Moorgebiet umher. Für dieses unnatürliche Verhalten hatte Jäger Szewczyk keine Erklärung. Spaziergänger kamen sehr selten in dieses Gebiet, so daß es eine andere Ursache haben mußte, daß sich das Wild wie vergrämt benahm.

Am Montag, dem 22. Mai, zog es Peter Szewczyk wieder zeitig in sein Jagdgebiet. Diesmal wählte er die gegenüberliegende Kanzel von seinem bisherigen Standort, sie bot einen besseren Überblick in den anderen Teil des Geländes. Der Wind begünstigte sein Vorhaben. Kaum auf der Kanzel, so gegen 19.00 Uhr, wechselte hochflüchtig, ohne wie üblich erst an der Waldkante zu sichern, eine Bache mit fünf Frischlingen auf die Wiese. Wenig später überfielen in ho-

hen Fluchten einige Stücken Rehwild diese Fläche. Bis gegen 21.00 Uhr erschien dann kein weiteres Wild, es herrschte absolute Ruhe.
Plötzlich hörte er im Bestand das leise Knacken eines trockenen Astes. Aufmerksam und vorsichtig drehte sich Peter Szewczyk um und suchte mit seinem Glas 8x56 den dichten Unterwuchs ab. Nach nochmaligem genauen Ableuchten gewahrte er einen grauen Fleck, der sich ganz langsam fortbewegte. Zunächst vermutete er ein Stück Rehwild, das noch nicht verfärbt hatte. Aber dann kam er zu der Erkenntnis, daß es sich um einen wildernden Hund handeln müßte. Somit gab es jetzt auch eine Erklärung für das ungewöhnliche Verhalten des Wildes. Unendlich lange benötigte das vorsichtige Tier, um die etwa 25 Meter aus dem Unterwuchs bis zur Waldkante zurückzulegen. Die Doppelflinte Kaliber 16 mit Zielfernrohr 4 im Anschlag und sich zur Ruhe zwingend, betätigte Jäger Szewczyk in einem günstigen Augenblick auf etwa 25 Schritte den Abzug. Mit einem gewaltigen Satz stürzte der vermeintliche "Hund" schwergetroffen auf die Wiese. Erst das zweite Flintenlaufgeschoß, etwas hinter dem Blatt angetragen, bewirkte das sofortige Verenden. Allmählich zur Ruhe kommend, beobachtete Jäger Szewczyk immer wieder den soeben erlegten "Hund". Solch ein großes Tier hatte er noch nie gesehen. Eine leichte Vorahnung überkam ihn. „Vielleicht handelt es sich um einen Wolf!" Schnell baumte er ab. Seine Zweifel wurden zur Gewißheit. Tatsächlich, vor ihm lag ein Wolfsrüde!
Eilig benachrichtigte er seine nächsten Weidgenossen, die zu später Stunde den Wolf auf einem Hänger nach Bad Sülze transportierten.

Am nächsten Morgen wurden der Sekretär der Kreisjagdbehörde, Hans Frank, und der Kreistierarzt, OVR Dr. Erich Schubert, in Ribnitz-Damgarten verständigt. Die Begutachtung und Vermessung bestätigte, daß es sich um einen drei- bis vierjährigen Wolfsrüden mit einem Gewicht von 42 Kilogramm handelte. Die Schulterhöhe betrug 74 und die gesamte Körperlänge 165 Zentimeter. Der Erleger ließ sich

seine einmalige Trophäe präparieren. Vor einiger Zeit hatte Tierpräparator Robby Krasselt den Wolf nochmals nachgearbeitet.
Niemals zuvor hatte jemand in dieser Gegend einen Wolf gesichtet oder gefährtet. Jedenfalls glaubte man das damals. Erst viel später wurde bekannt, daß der Wolf bereits im April, etwa 12 km vom Erlegungsort, im Recknitztal auf der Höhe von Stormsdorf/Gnewitz gesehen worden war. Dieses Territorium gehörte zum Jagdgebiet der sowjetischen Streitkräfte. Dort jagten unter deutscher Aufsicht, auf der Grundlage der geltenden Jagdgesetze der DDR, Angehörige der Militärjagdgesellschaften. Die Gegend galt als wildreich. Vor allem Reh- und Schwarzwild fanden in umliegenden Brüchen, Schilfkomplexen beste Deckung und den angrenzenden Feldern ausgezeichnete Äsungsbedingungen.

Im Frühjahr zur Bockjagd entsandte der Stadtkommandant von Rostock jeweils fünf bis sieben Jäger in das ca. 4.000 ha große Jagdgebiet. Diese meldeten sich beim Jagdleiter Ferdinand Unger bzw. beim Oberförster Waleri Ripperger zur Jagd an und wurden von diesen im Revier eingewiesen und betreut. So geschah es auch am 9. Mai 1989.
Dieses Mal befand sich unter den Jägern ein gewisser Anatoli Kornilow. Er stammte aus einem Dorf im fernen Ural und schien ein erfahrener Jäger zu sein. Nachdem die Dunkelheit den abendlichen Ansitz beendet hatte, sammelte Ferdinand Unger die meist ortsunkundigen Jäger wieder ein. In gebrochenem Deutsch sprach Jäger Kornilow den Jagdleiter an: „Ferdinand, ich habe heute Wolf gesehen." „Das kann nicht sein! In dieser Gegend gibt es keine Wölfe, du hast einen großen Hund gesehen", antwortete Jagdleiter Unger. Darauf sprach der Russe erregt: „Ich kenne Wolf gut, habe viel Wolf gejagt. Es war Wolf!" Den anwesenden Jägern erschien dieses unglaubwürdig.

Eine Woche später schoß ein russischer Offizier auf der sogenannten Buchenkoppel einen Rehbock krank. Bei der anschließenden Nachsuche stellte Jagdleiter Unger fest, daß der Bock im Wundbett verendet sein mußte und von dort in eine naheliegende Lärchendickung getragen wurde. Umgeknickte Gräser und gewaltige Spuren eines vermeintlich wildernden Hundes wiesen ihm den Weg. Zwischen Stubben war der angeschnittene Wildkörper festgeklemmt. Entweder war der Frevler gestört worden oder er hatte die Beute nur gesichert, um sie zum späteren Zeitpunkt zu verzehren. Ferdinand Unger beschloß, am Abend mit seinem Sohn am Kadaver anzusitzen. Als die Weidgenossen eintrafen, fanden sie nur noch etwas Schweiß und Schnitthaar auf den Stubben, doch keinen Bock. Nach kurzer Suche entdeckten sie etwa 100 Meter weiter die kläglichen Überreste des fast vollständig aufgefressenen Stückes.

Entsprechend dem Einigungsvertrag zwischen der BRD und der DDR gab es für die Jagd bis zum 31. März 1992 einen Übergangszeitraum. Ab 1. April 1992 gilt jetzt im vollen Umfang das Bundesjagdgesetz in Verbindung mit den jeweiligen Landesjagdgesetzen und weiterer einschlägiger Gesetze und Verordnungen. Seit diesem Zeitpunkt steht der Wolf auch in den neuen Bundesländern unter Schutz und darf weder verletzt, getötet noch gefangen werden.

Am 22. Juli 1994 hat ein Jäger im Templiner Kommunalwald einen Wolf geschossen. Der Schütze mußte vor Gericht und wurde zur Verantwortung gezogen.

Im Forstrevier Gegensee, Kreis Uecker-Randow, erlegte ein Jäger am 9. Januar 1999 während einer Drückjagd einen Wolf. Der 39 Kilogramm schwere zweijährige Rüde war angeblich am Hinterlauf verletzt. Das Amtsgericht von Ueckermünde stellte im Februar 2000 das Verfahren wegen Widersprüchen zwischen Bundes- und Landesjagdgesetz ein. Es verurteilte den aus Osnabrück stammenden Jäger zu einer Geldstrafe von 1.500 DM.

Am 26. Januar 2000 hat man in Ossendorf, Landkreis Ober-Spree, Land Brandenburg einen mittelalten Wolfsrüden mit einem Narkosegewehr betäubt, um ihn anschließend in den Tierpark Eberswalde zu bringen. Dem Wolf fehlte der rechte Hinterlauf (über dem Sprunggelenk glatt abgetrennt und gut verheilt). Wegen dieser erheblichen Behinderung konnte er sich in der freien Wildbahn nicht genug Nahrung beschaffen. Notgedrungen lebte der Wolf von Fallwild, Kleinstlebewesen und stellte eine Gefahr für alle Haustiere dar. Wie kam es nun zu dem ungewöhnlichen Fang eines Wolfes?

Das Ehepaar Stahl aus Ossendorf machte am 22. Januar 2000 wie üblich mit seiner Schäferhündin "Xena" den allabendlichen Ausgang. Nicht "Gassi gehen", sondern mit einem Jeep in angemessener Weise auf abseitsliegenden Wegen fahrend. Unvermittelt tauchte im Scheinwerferlicht ein dunkler Schatten auf. Zunächst glaubte man, daß ein Rüde aus dem Dorf der läufigen Hündin gefolgt sei. Aber dann erkannte Frau Stahl, die aus dem russischen Dorf Terjajowo stammt und in ihrer Heimat schon einige Wölfe gesehen hat, dieses Tier als einen Wolf. Überraschend stellte sie ferner fest, daß dem Wolfsrüden der rechte Hinterlauf fehlte.
In der kleinen Ortschaft blieb das nächtliche Rendezvous zwischen der Schäferhündin und einem Wolf kein Geheimnis. Deshalb informierte das Ehepaar Stahl die zuständigen Behörden. Die Mitteilung nahmen diese zunächst mit Skepsis entgegen, aber die glaubwürdige Versicherung von Frau Stahl verursachte den erforderlichen Handlungsbedarf. Die Verantwortlichen der Unteren Jagdbehörde, Unteren Naturschutzbehörde und der Naturschutzstation Zippelförde des Landesumweltamtes Brandenburg mußten nun schnellstens eine Entscheidung treffen. Nachdem der Direktor des Tierparkes Eberswalde, Dr. Bernd Hensch, ebenfalls zu Rate gezogen, sich bereiterklärte, den dreiläufigen Wolf aufzunehmen, galt es, sofort zu handeln.
Unter günstigen Voraussetzungen, über Nacht war etwas Neuschnee gefallen, begann die Aktion am späten Nachmittag des 26. Januar. Im Jeep saßen das Ehepaar Stahl, Tierarzt Dr. Matthias Matzke und der Biologe Jens Teubner, Leiter der Station Zippelförde. Die läufige Schäferhündin "Xena" sollte als "Lockvogel" dienen. Anfänglich zeigte sich kein Wolf. Die Zeit verging während der üblichen Tour,

als plötzlich wie aus dem Nichts der Wolfsrüde auf der Bildfläche erschien. In respektvoller Entfernung sicherte Isegrim zum Jeep. Nach langem Zögern näherte er sich sehr vorsichtig der Schäferhündin neben dem Fahrzeug. Den Reizen der rassigen, läufigen Hündin konnte er nicht widerstehen. Auf etwa 25 Meter traf ihn das Projektil des Narkosegewehres, abgefeuert vom Tierarzt. Hochflüchtig ging der Wolf ab, und nach 250 Metern wirkte die Narkose. Im Schnee ließ sich die Spur schnell und gut verfolgen. In einem Kiefernbestand fand man dann den trotz seiner Behinderung 42 Kilogramm schweren, betäubten Wolfsrüden. Beeindruckt standen die "Wolfsjäger" vor dem starken Tier. Mit vereinten Kräften brachten sie den Wolf dann in den Tierpark Eberswalde. Gegen 21.00 Uhr erwachte er in dessen Raubtiergehege wohlbehalten wieder aus der Narkose.

Diese Sensation verbreitete sich wie ein Lauffeuer durch die Medien. Reporter, Kamerateams, Journalisten aus dem In- und Ausland belagerten förmlich das Raubtiergehege und brachten Direktor Dr. Hensch mit seinen Angestellten fast zur Verzweiflung. Unter falschen Angaben und verschiedenen miesen Tricks versuchten einige "Unseriöse" Bilder, Filme über den dreiläufigen Wolf zu machen, bzw. Details zu erfahren. Die Sensationspresse schreckte vor nichts zurück!

Der gefangene Wolf nimmt zwar Nahrung an, ist aber sehr scheu und sondert sich von den anderen ab. Sein ständiges Bestreben und Bemühen gilt der Wiedererlangung seiner Freiheit.

Der Wolfsexperte Erik Zimen hat sich den Wolfsrüden im Tierpark Eberswalde angesehen. Er ordnete ihn in eine nordeuropäische Unterart ein und hält es für möglich, durch den wildaufgewachsenen Wolf eine Blutauffrischung mit den schon lange Zeit in Gefangenschaft lebenden Artgenossen vorzunehmen. In absehbarer Zeit ist vorgesehen, den dreiläufigen Wolf mit 2-3 Wölfinnen in ein über 1 ha großes, separates Gehege, fernab jeglichen Besucherstromes, umzusiedeln. Hier soll der Rüde mehr Freiheit haben und zum Stammvater eines neuen Rudels werden.

Die Wolfspopulation in Polen, Estland, der Slowakei und im europäischen Teil der GUS hat sich in der letzten Zeit stabilisiert. Es konnte sogar ein Zuwachs festgestellt werden. Letzten Meldungen zufolge gibt es in Polen rund 1.200 Graue Räuber! Im Gebiet Ebenrode im nördlichen Ostpreußen nahe der litauischen Grenze erlegten Jäger allein im November und Dezember 1998 40 Wölfe. Der erhöhte Populationsdruck aus diesen Ländern zwingt unzählige Jungrüden zur Abwanderung in unsere weniger besiedelten und waldreichen Gebiete, wie Brandenburg und Mecklenburg-Vorpommern. Die Existenz des Wolfes in Europa, vor allem in Osteuropa, ist in keiner Weise bedroht. Deshalb ist die Forderung einiger Naturschützer nach Einbürgerung des Wolfes in Deutschland (z. B. Bayern, Brandenburg) nach rund 200 Jahren der Verdrängung und Ausrottung völlig unrealistisch. Diese Auffassung teilt, vertritt und begründet auch der Wissenschaftler Dr. Goretzki.

Die uralten Wolfspässe aus Osteuropa entlang der Urstromtäler (Warschau-Berliner und Thorn-Eberswalder Ursprungtal) über Bialystok, Masuren, Tuchler Heide, Mecklenburgische Seenplatte bis in die Lüneburger Heide finden und nutzen die Grauen Räuber beeindruckenderweise auch heute noch.

Mit dem Auftauchen einzelner Wölfe ist bei uns jederzeit zu rechnen.

1.
Der "Wilde Jäger" (re.) und der "Wanderjäger" (Salomon) bei der "Totenwacht" an einem Zwölfender kurz nach dem I. Weltkrieg.

2.
"Wilder Jäger" *(Walther L. Fournier)* auf einem Pirschwagen in Rummelsburg, Pommern, in den 20er Jahren.

3.
Fuchsjagd im Forst Sanditten/Ostpreußen, 1944. Mit Muff Dr. Reinhard Grigat, links dahinter Revierförster Franz Schmidt.

4.
Wildkeller Revierförsterei Grabenwald/Ostpreußen (Forstamt Pfeil) bis 1945, heute wird er als Vorratskeller genutzt.

5.
Leopold Thimm mit seinem "Pensionshirsch", 1928, Försterei Dingwalde

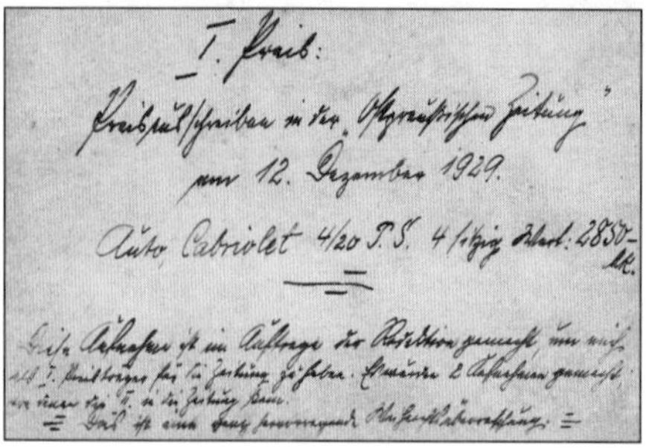

I. Preis:
Preisausschreiben in der „Ostpreußischen Zeitung"
am 12. Dezember 1929.
Auto Cabriolet 4/20 P.S. 4 sitzig Wert: 2850.- Mk.

Diese Aufnahme ist im Auftrage der Redaktion gemacht, um mich als I. Preisträger für die Zeitung zu haben. Es wurden 2 Aufnahmen gemacht, von denen die II. in die Zeitung kam.
Das ist eine ganz hervorragende Überraschung.

6a,b
Otto Karahl (Onkel Otto) gewann den 1. Preis bei einem Preisausschreiben der "Ostpreußischen Zeitung" am 12.12.1929 ein Auto Cabriolet 4/20 P.S., Wert 2.850 RM. Von da an bereiste der gesellige Lehrer in den Sommerferien die gesamte Verwandschaft.

7./8.
Roggenernte in Masuren in den 30er Jahren.

9.
Holzablage (Flößerei) am Niedersee in Masuren bis in den 60er Jahren.

10. oben
Die "Alle" in Ostpreußen, 289 km lang.

11. rechts
Winterlindenbestand im Plauer Wald, Ostpreußen. Verfasser und Linden beide 70jährig.

12. unten
6jähriger Lindenwildling aus Forst Plauen soll in Heiligendamm der "Hausbaum" werden. Ilse Mattke mit Rauhhaarteckel "Seppel".

13.
Gedenkstein in Heiligendamm - Gründung des 1. deutschen Seebades 1793 durch Friedrich Franz I.

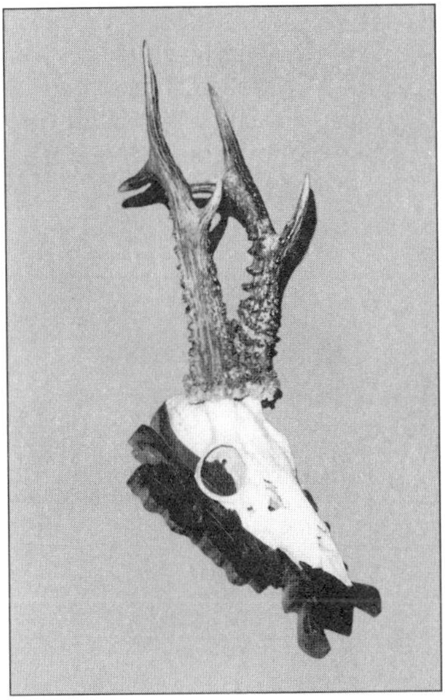

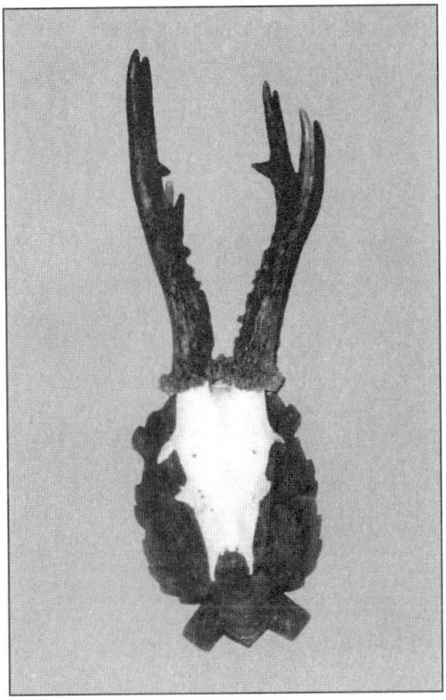

14a.
Goldmedaillenbock - im Sommer 1937 in Tribsow, Krs. Cammin/Hinterpommern von Alexander Kusenack erlegt.

14b.
Goldmedaillenbock - 1957 konnte Alexander Kusenack bei Bad Doberan seinen 2. Medaillenbock strecken.

15.
Rehkronen aus Marienthal/Vorderpommern.

Links die Trophäe des ersten Bockes von Siegfried Türk, rechts die eines "Abnormen" von seinem Vater Otto. Beide rettete er als 14jähriger über die Wirren der Endphase des II. Weltkrieges und der Folgejahre.

16. links
Zentrales Jagdkommando des Landes Mecklenburg (Schwerin) vor dem “Kupfernen Hirsch” in Groß Görnow bei Warin, 1951/52.

17. Mitte
1953 in Ventschow erlegter Keiler. v. l.: August Zabel, Erich Schmoll, und Erich Werner

18. unten
Jagdkommando des Kreises Wismar, 1951/52
v. l.: Fritz Reddmann, Ewald Bunch (mit Schäferhund), Erich Werner, Eduard Kny, Karl-Heinz Lorenz, Fritz Sturm, Willi Krenz (alle anderen Personen sind Treiber)

19.
Schälen (entrinden) von Buchenfaserholz, Ende der 50er Jahre.

20.
LKW H3A der Oberförsterei Bad Doberan beladen mit Buchenfaserholz.

21.
"Käptn" Rehder während des Wettkampfes "Großer Preis der Ostseewoche" in Heiligendamm

22. unten
Erfolgreiche DDR-Mannschaft (Vizeweltmeister) bei den Weltmeisterschaften 1962 in Kairo.
v. l.: Heinz Rehder
Gerhard Aßmus
Joachim Marschneider
Karl-Heinz Kramer

Für die Gesamtdeutsche Mannschaft der XVII. Olympischen Spiele in Rom 1960 qualifizierten sich Gerhard Aßmus und Karl-Heinz Kramer. Für die XVIII. Olympischen Spiele in Tokio 1964 erkämpften sich Heinz Rehder und Joachim Marschneider die Teilnahme (siehe Anlage 2).

Emblem der GdM

23.
Wolfgang Zeiske (1920-1975) als Kampfrichter bei einem Wurfturnier Anfang Mai 1955.

Beim Angeln fand der vielseitige Schriftsteller Ruhe und Ideen für seine schöpferische Tätigkeit.

24.
Wohnhaus der Familie Zeiske - Vor über 200 Jahren diente es den mecklenburgischen Herzögen als Jagd- und Lusthaus.

25. links
Erfolgreiche Nachsuche des Drahthaarrüden "Brax von der Sandkuhle", Zwinger Hans Hildebrandt

26. Mitte
Forstmeister Karl-Heinz Bandt mit erlegtem Bock und Jagdterrier "Saujägers Michel", 1962.

27. unten
Revierförster Willi Biemann erteilt in seinem Jagdzimmer (Revierförsterei Hütten, Oberförsterei Bad Doberan) "Biologieunterricht", 1962.

Sämtliche Trophäen hat er selbst präpariert.

28. links
Förster A. Brux (Revier Mittenheide) mit am 04.01.1932 erlegten Wolf, Forstreferendar Seevers und Revierförster Selling

29. Mitte
Erfolgreiche Wolfsjäger, Spalienen/Ostpreußen, 1930
v. l.: Die Förster Opitz, Behrend, Zülke (Erleger) Klinge, Zöllner und Treiber, von Schaulustigen umringt.

30.
Peter Szewczyk mit seinem 1989 bei Bad Sülze (M/V) erlegten Wolf.

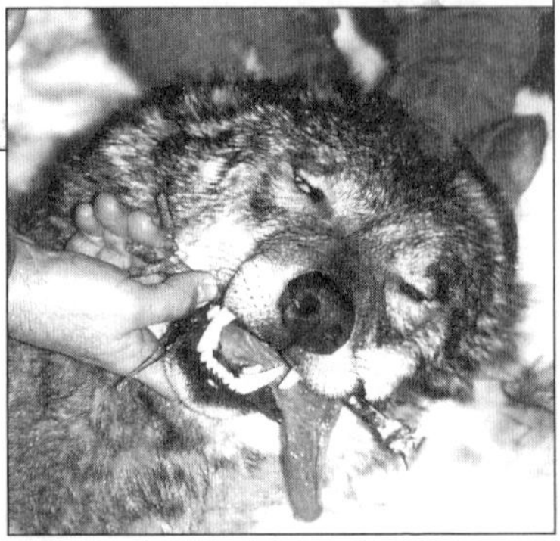

31./32.
Der in Ossendorf betäubte dreiläufige Wolfsrüde. Ein Schuß aus dem Narkosegewehr brachte ihn am 26.01.2000 “zur Strecke”. Er fand Aufnahme im Eberswalder Zoo.

33.
Verfasser im Eberswalder Zoo mit 8wöchigem Wolfswelpen “Wotan”.

(bei Recherchen für “Auf uralten Wolfspässen” kam es zu dieser einmaligen hautnahen Begegnung)

34.
Die 1. Zapfenpflückerin der DDR, Heidelis Pfotenhauer, geb. (Ingrid) Schünemann, 1961.

35.
Regina Endrulat auf dem Schießstand Heiligendamm, 1969.

36.
Die bronzene Elchskulptur - 1912 von Ludwig Vordermeyer geschaffen - steht wieder in Gumbinnen/Ostpreußen. Foto: Juni 1999

37.
Forstoberrätin Regina Endrulat mit ihrem am 19.19.1989 erlegten Bronzemedaillenhirsch.

38./39.
Der "Gentleman" während der Brunft im "Allerheiligsten", er sollte der Lebenshirsch von Oberförster Koschitzki werden.

40. links
Der kapitale Platzhirsch vom "Allerheiligsten" - 1976 erlegt von Oberförster Georg Koschitzki.

41. Mitte links
Ein Jahr später wurde sein Kontrahent, der "Tyrann", von Revierförster Buchholz gestreckt - Silbermedaille.

42. Mitte rechts
Geschlossene Jagdkanzel

43. links
Der Kapitale vom "Allerheiligsten".
Die Bewertung des ungeraden Vierzehnenders ergab 212,35 i. P. - Goldmedaille.

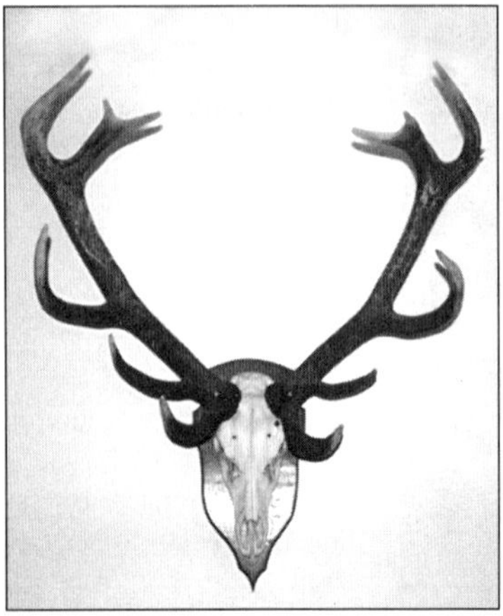

44.
Fundhirsch aus dem Revier Karnin, 217,10 i. P. - Goldmedaille

45.
"Schlemminer Fundhirsch", Forstamt Schuenhagen bei Stralsund, 228,09 i. P. - Goldmedaille (Bewertung s. Anl. 6).

46.
Zwei verkämpfte Hirsche im Heimatmuseum Johannisburg (Pisz)/Ostpreußen. Die Stangen sind völlig mit Stacheldraht umwickelt.

47. oben
Haus des Verfassers. Von der Terrasse aus läßt sich das Geschehen auf dem Teich sehr gut beobachten.

48. Mitte
Die Stockenten wählten den First des Reetdaches während der Reihezeit als Beobachtungspunkt, um ihre Artgenossen auf dem Teich im Auge zu behalten.

49. unten links
Stockentenerpel

50. unten rechts
Brütendes Teichhuhn

51. oben
Hirsch aus Allenstein/Ostpreußen am 29.09.91 von Kurt W. Pentzek erlegt.

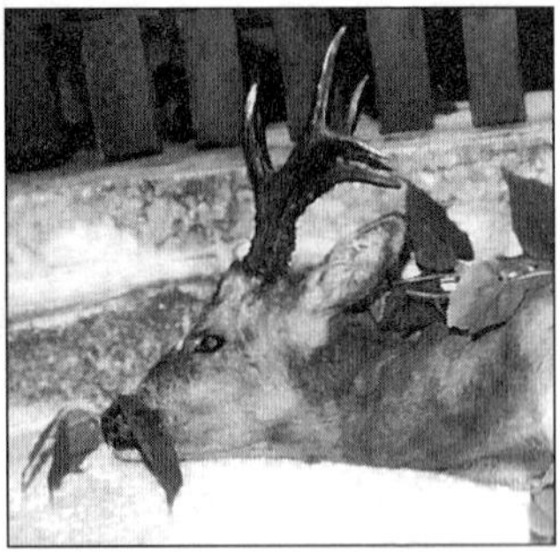

52. Mitte
Bock aus dem Bartner Land/Ostpreußen gestreckt durch Hartmut M. F. Syskowski.

53. unten
Trophäen aus der Johannisburger Heide/Ostpreußen.

54. links
Helmut Sakowski (li.), nach einer Lesung im "Ehm-Welk-Haus" Bad Doberan beim Signieren eines seiner Bücher, und Verfasser, 1998.

55. unten
Öffentlichkeitsarbeit - W. Ripperger (li.) stellt den WAGE-Verlag anläßlich der Jagdausstellung 1999 des Landkreises Bad Doberan vor.

Wildgans Emma

Gänse sind sehr intelligente Tiere. Schon im frühen Mittelalter nutzte man eine ihrer hervorragenden Eigenschaften - ihre Wachsamkeit. Ausgestattet durch ein ausgezeichnetes Seh- und Hörvermögen, setzte man sie oft als "Wächter" ein. Auf einsam gelegenen Gehöften, ja sogar auf Burgen und Befestigungsanlagen, meldeten Gänsefamilien jeden fremden Eindringling rechtzeitig mit lautem, aufgeregtem Geschnatter.

Gänse besitzen einen ausgeprägten Familiensinn. Die Ganter sind gute Väter. Sie bewachen sehr mißtrauisch ihre Jungen und verteidigen sie mit Zischen und schneidigen Angriffen gegen jeden Feind. Sobald die Gefahr abgewendet ist, erfolgt ein Triumphgeschrei und lautes Geschnatter zwischen den Elterntieren. Gewöhnlich im dritten Lebensjahr wählen die Wildgänse ihren Partner, schreiten erstmalig zur Brut und bleiben lebenslänglich zusammen. Nur im Falle des Todes eines Partners erfolgt eine Neuverpaarung. Gänse können ein hohes Alter erreichen. Dreißig, ja sogar vierzig Jahre wurden schon festgestellt. Ebenso wie es zum Beispiel viele Hunderassen gibt, so unterscheiden sich auch die zahlreichen Wildgänse. In Mecklenburg kommen Grau-, Bläß-, Saat- und Zwerggans vor. Gelegentlich auch Kanada-, Weißwangen- und Kurzschnabelgänse. Bis auf die Graugans, die hier immer häufiger als Brutvogel auftritt, sind alle anderen Arten Zugvögel.
Der Herbstzug der Wildgänse setzt in Mecklenburg, je nach Witterung, erst Ende Oktober ein. Sie halten sich oft bis zu den ersten Frösten auf. Wenn die Schlafgewässer zugefroren sind und keinen Schutz mehr vor Bodenfeinden bieten, ziehen sie weiter westwärts.

Mecklenburg verfügt über viele Seen, die die Wildgänse als Schlafplatz nutzen. In unserer Region sind es der Conventer See und das Salzhaff. In der Hauptflugzeit (Ende November

bis Anfang Dezember) fallen abends bis zu 20.000 Wildgänse auf dem Conventer See ein. Es ist ein faszinierendes Erlebnis, wenn bei anbrechender Dämmerung in der Ferne der erste Ruf von Wildgänsen zu vernehmen ist, der dann, immer lauter werdend, den ersten Flug am Himmel erkennen läßt. In kurzen Abständen, in Keilform aber auch in breiter Front, folgen Flug auf Flug. Mit lautem Geschnatter wird jede neueinfallende Gänsefamilie begrüßt. Innerhalb einer knappen Stunde erreichen tausende Wildgänse ihr Nachtquartier. Lange dauert es, bis sie zur Ruhe kommen.
In der beginnenden Morgendämmerung regt sich allmählich das Leben auf dem See. Der Weckruf der einzelnen "Wächter" bringt langsam Leben in die Gänseschar. Das folgende Anschwellen des Gänselärmes, das laute Rufen, Schnattern, Gackern, verbunden mit Flügelschlägen und Planschen, zeigt das bevorstehende Abstreichen an. Dann ein unheimlicher, sich gewaltig steigernder Lärm, Brausen, Rauschen, Schlagen der Schwingen, ein Flug steht auf, steigt hoch und höher und nimmt Kurs auf die Äsungsflächen. Scharenweise streichen sie dann ab, bis die Wasserfläche von Gänsen leer ist. Nur noch Enten, Bleßhühner, Schwäne und einige Haubentaucher halten sich tagsüber auf dem See auf.
Diese zahlreichen Wildgänse benötigen auch viel Nahrung. Auf den Saaten von Winterweizen und Winterroggen fallen sie gerne ein. Neuerdings mögen sie auch den Raps. Abgeerntete Rüben-, Kartoffel- und Maisfelder sind geeignete Ablenkflächen. Leider können sie von den Tieren nicht allzulange aufgesucht werden, da der Landwirt seine Flächen für die weitere Fruchtfolge vorbereiten muß.

Im Herbst 1988 lagen auf dem Vorder Bollhäger Wintergetreide und Raps über 1.000 Wildgänse und richteten erhebliche Schäden an. Sobald eine Stelle abgegrast war, flogen sie ein Stückchen weiter, um wiederum die junge grüne Saat abzuäsen. Mit ständigem Hin und Her, begleitet von viel Geschnatter, hielten sich die Wildgänse den ganzen Tag auf der Saat auf. Um weitere, größere Schäden zu vermeiden, versuchte mein Sohn Bernd, mit Pulver und Blei die Gänse zu vertreiben. Er schoß mit der Kugel aus der Bockbüchsflinte auf ziemlich weite Entfernung. Erschrocken und mit lautem Geschrei standen die vielen Gänse auf und ließen sich ein paar hundert Meter weiter wieder auf die Saat nieder. Eine Wildgans aber flatterte an der Anschußstelle. Sie schien leicht verletzt. Mein Sohn versuchte, sie zu fangen, was ihm aber nicht gelang. Sie flüchtete immer vor ihm her, manchmal ein bis zwei Meter hochfliegend, um dann seitlich zu Boden zu kippen. Eine Schrotpatrone hatte Bernd leider nicht bei sich. Also schnell nach Hause, unseren Deutsch-Drahthaarrüden Delf und ein paar Schrotpatronen geholt. Nach etwa 20 Minuten suchte Delf eifrig die Saat ab, kam bis zur Bollhäger Straße, fand aber nichts. Trotz mehrfachem Hin- und Hersuchen, die Gans blieb verschwunden.

Abends, so gegen 19.00 Uhr, fuhr ich mit meinem Auto nach Bad Doberan, um den erkrankten alten Jäger Walter Salokat zu besuchen. In der scharfen Rechtskurve kurz vor der Stadt sah ich plötzlich im Scheinwerferlicht eine Wildgans. Es schien, als wolle sie die Straße überqueren. Kurzentschlossen bremste ich, hastete aus dem Wagen und fing die Gans im Chausseegraben ein. Ich wollte sie schon abfedern, da überlegte ich es mir anders und steckte sie in den Kofferraum.

Nach meinem Besuch wieder zu Hause, untersuchten meine Frau und ich die Graugans. Etwa zwei Zentimeter der äußersten Spitze der rechten Schwungfedern hingen herab, von dem Schuß herrührend. Mit der Schere schnitt ich es glatt und behandelte die Verletzung mit Ballistolspray. Anschließend sperrten wir sie in unser leerstehenden Gewächshaus ein. Durch glücklichen Zufall hatte ich die am Vormittag von meinem Sohn geflügelte Graugans eingefangen. Sie war bis dahin etwa fünf Kilometer über den Acker “gewandert”, dann über die Rennbahn und wollte wohl zum Conventer See, ihrem Schlafgewässer.

Mit Getreide, Mais, Kartoffeln, Rüben und natürlich frischem Wasser in einer großen Wanne versorgten wir die Gans. Wir tauften sie auf den Namen "Emma". Zu unserer Freude nahm sie bald Nahrung an und plätscherte und tobte in der für sie viel zu kleinen Wanne herum. Schnell verheilte ihre Verletzung, nur flugfähig wurde sie nicht mehr, da die erste Handschwinge fehlte.

Im Frühjahr ließen wir sie auf unseren recht großen Gartenteich. Hier und im großen Garten hatte sie viel Auslauf. Sie fühlte sich bald sehr wohl, bekam auch von anderen Entenvögeln Gesellschaft. Ein Stockentenpaar wählte seit einiger Zeit die kleine Insel in unserem Teich als Brutplatz aus. Manchmal fanden sich auch Bleß- und Teichhühner ein. Im allgemeinen ernährte sie sich von Pflanzen und Gräsern aus unserem Garten und dem Teich. Täglich fütterten wir aber etwas Körnerfutter zu. Am liebsten mochte sie Mais. Rief man Emma zum Füttern, kam sie sofort. So verging die Zeit, und Emma wurde zu einem richtigen, zahmen Haustier.

Einmal, als unser Jagdhund Delf außerhalb seines Zwingers die Graugans auf dem Teich erblickte, hielt ihn nichts mehr. Er sprang mit einem gewaltigen Satz in das Wasser, um die Gans zu apportieren. Emma aber wich dem Hund immer schnell und geschickt aus. Wenn Delf unmittelbar hinter der Gans war und Gefahr drohte, tauchte sie sofort weg, um an anderer Stelle des Teiches wieder aufzutauchen. Im Schilfrand versteckte sie sich auch und ließ den Hund lange suchen. Aus dieser Begebenheit kann man erkennen, daß ein Jagdhund eine geflügelte Gans im Wasser nicht bekommt.

Im Spätherbst, als der Gänsezug einsetzte und viele Flüge über unser Haus hinwegzogen, antwortete Emma oft auf die Rufe ihrer Artgenossen. Auch im Frühjahr, als die Wildgänse in ihre angestammten Brutgebiete zogen, ging ihr Ruf hoch zu ihresgleichen, die mit "gagagaga" und "gigagag" antworteten. Es kam auch einmal vor, daß eine Graugans sich aus der Flugschar löste und mehrfach rufend unser Grundstück umkreiste. Aufgeregt antwortete Emma dem vermutlichen Ganter.

Eines Tages aber, unser Hoftor war nicht geschlossen, entschlüpfte unsere "Hausgans". Leider merkten wir dies erst spät. Sofort suchte ich mit unserem Jagdhund bis zum Conventer See alles ab und rief fortwährend: „Emma, Emma", aber leider keine Antwort, kein "gigagag" konnte ich hören. Wohin sie verschwand, blieb ein Geheimnis.

Ein kapitaler Sechser

Der heimliche Wunsch eines jeden Jägers bzw. Anglers ist es, eine “kapitale” Beute zu machen. Es sind nicht nur Stolz, Repräsentation, Renommee, die ihn hierzu treiben, sondern auch die Bestätigung seiner Fähigkeiten, seiner Ausdauer, seines Willens, seiner Kraft und seines Könnens. Es ist eine Herausforderung. Alle “Kapitalen” haben ein entsprechendes Alter und demzufolge Erfahrungen gesammelt. Sie sind sehr heimlich, vorsichtig und mißtrauisch, so daß es schwer ist, sie zu erbeuten.

Jäger Waleri Ripperger konnte das langersehnte Wochenende kaum erwarten. Er wollte sich der Bockjagd widmen, denn er kannte in seinem Revier einen alten kapitalen Sechser. Die Nacht vor dem kaum zu erwartenden Pirschgang schlief er sehr unruhig. Endlich klingelte der Wecker und rief zum Aufbruch. Wenige Minuten später befand er sich bereits auf dem Wege.
Im Jagdgebiet Ivendorf angelangt, prüfte der Jäger erst den Wind. Er wehte leicht aus günstiger Richtung. Die Morgendämmerung begann, und von weitem schimmerte der Weizenschlag. Vorsichtig pirschte er durch das Getreide, es reichte mittlerweile bereits bis an den Bauch, anschließend durchquerte er einen Buchenaltbestand und erreichte dann die Kanzel an einer alten knorrigen Eiche. Während er langsam Stufe um Stufe die Leiter hinaufkletterte, schaute er zugleich in die Ferne. Die Luft roch noch feucht vom vorherigen Abendregen. Eine Amsel zelebrierte ihr morgendliches Lied, eine zweite erwiderte den Gruß. Allmählich begann ein vielstimmiges, immer lauter werdendes Morgenkonzert. Eine Lerche zwitscherte hoch in den Lüften, nur als kleiner Punkt erkennbar. Die Vogelwelt erwachte. Langsam stiegen aus der kleinen Wiese Nebelschwaden empor, die aber bald vom Winde verwehten und sich auflösten. Im Wald begann ein Bock zu schrecken und wollte sich nicht beruhigen. Irgend etwas erregte ihn, sicherlich zogen die Sauen im

Bestand. Plötzlich ertönte direkt unter der Kanzel ein lautes "Bö, bö, bö". Ein Blick nach rechts unten klärte die Situation. Mitten in der angrenzenden Kamille schreckte ein Bock. Der zierliche Körper, der schmale Hals, das gesamte jugendliche Aussehen ließen auf einen Jährling schließen. Der Bock äugte zum Weizen und holte Wind. Gut im Wildbret, zeichnete den Jährling außerdem ein lauscherhohes, schwach verecktes Sechsergehörn aus. Von den hellen Spitzen führte eine feine Perlung bis zu den schon knuffigen Rosen.

„Solchen Nachwuchs lob ich mir", dachte Jäger Ripperger, als der Bock vorsichtig, wieder schreckend, weiterzog. In der Ferne tauchten drei Geweihte aus dem Getreidemeer auf. Durch das Glas deutlich als Kolbenhirsche auszumachen, die eilig zu Holze zogen. In der Nähe der Kanzel verhoffte das Rotwild und äugte zu einem Bauernhof, auf dem ein Hund kläffte. Am Ende des kleinen Rudels schritt ein Hirsch mit langen, endenfreudigen Stangen und weiter Auslage. Das Bastgeweih mit 16 Enden wirkte gewaltig. Offensichtlich schien das Wachstum schon beendet zu sein. Anders als bei seinen beiden Artgenossen, während der eine die Krone schob, zeigte der zweite gerade die Ausbildung der Mittelsprosse. Das Rudel trollte weiter.

Jäger Ripperger baumte ab und pirschte in Richtung des Erlenbruches. Dort stand auf einer vorgelegenen Wiese gerne Rehwild und am Rande des Bruches manchmal der "kapitale" Sechser. Eine Schlehenhecke, an der sich ein schmaler Pirschpfad schlängelte, bot gute Deckung. Fast geräuschlos bewegte er sich vorwärts. Vertraut äste eine Ricke im kniehohen, taunassen Gras. Sie schreckte plötzlich und sprang ab, als der leichte Sommerwind einen Hauch der Witterung des Jägers hinüberwehte. Im Weizen grunzte und schmatzte es. Sauen taten sich hier gütlich, doch blieben sie wie hinter einem Vorhang versteckt, so daß er den Pirschgang fortsetzte. Langsam schob sich die Sonne über den Wald, Erste Strahlen durchbrachen das Kronendach, zauberten viele Lichtbündel und Schatten. Allmählich erwärmten sie die Luft und auch den Jäger.

Am Ende des Pfades angelangt, beschloß Jäger Ripperger, den Weizen zu durchqueren, um das Erlenbruch zu erreichen. Einen Wildwechsel ausnutzend, begann er, mutig voranzuschreiten. Bald drang unangenehme Nässe durch die Kleidung, doch nur noch wenige Meter, und er erreichte den Feldrand. Immer langsamer und vorsichtiger ging es Schritt für Schritt voran.
Plötzlich, kaum 20 Schritte entfernt, ein Bock. Irgend etwas schien er wohl mitbekommen zu haben, warf ruckartig auf und äugte zum Bruch. In Zeitlupe untertauchend und dabei die Waffe entsichernd, hoffte Jäger Ripperger auf genügend Zeit zum Ansprechen. Der Bock begann, aus vollem Halse zu schrecken, laut und eindringlich, zog dabei aber etwas näher. Rot schimmerte sein Körper durch die Halme. Fast fünf Minuten änderte sich nichts an der Situation, der Bock schreckte und äugte zu den Erlen. Endlich drehte er ab und zog vorsichtig, doch mit wiederholtem, ruckartigem Aufwerfen beim Äsen weiter. Nun stand er spitz von hinten an einem Erlenstockausschlag und sicherte zum Bruch.
Langsam aus der Hocke hochkommend, konnte Jäger Ripperger den Bock in Augenschein nehmen und ansprechen. Vor ihm stand der Gesuchte, der Bock seines Lebens. Fasziniert betrachtete er dessen Gehörn. Ein leichtes Zittern ging durch die Glieder des Weidmannes, das Jagdfieber machte sich bemerkbar. Sich zur Ruhe zwingend, brachte er langsam die Waffe in Anschlag und wartete auf eine schußgünstige Position des Sechsers. Endlich drehte der sich und stand breit. Sicher erfaßte der Stachel des Zielfernrohres das Blatt, und im gleichen Augenblick betätigte der Zeigefinger den Abzug. Der Bock zeichnete, riß den Körper hoch und brach los. Im Erlenbusch ein Prasseln, Läufe schlegelten, dann plötzliche Stille.

Nach einem kurzen Moment ging Jäger Waleri Ripperger in Richtung Anschuß. Reichlich hellroter Schweiß wies nach wenigen Fluchten auf den im Gras liegenden roten Bock. Schnell einen Blick zum Gehörn und in den Äser. Ja, der alte kapitale Sechser. Ein erhebendes Gefühl, eine Erleichterung stellte sich ein. Schnell brach er das Stück auf, gab ihm den letzten Bissen und setzte sich auf seinen Rucksack. Während der Totenwacht durchlebte der Weidmann das soeben Geschehene nochmals, und sein Blick ruhte auf seinem gestreckten Sechser. Welch starke Perlung und verschmolzene breite Dachrosen. So einen kapitalen Bock sah er bisher noch nie.

Morgenpirsch

Brrr... laut anhaltend und unerbittlich ratterte der Wecker. Schlaftrunken und müde öffnete ich die Augen, reckte mich und blickte nach links auf den Nachttisch. Die Uhr zeigte genau die dritte Stunde des neuen Tages an. Im Sommerhalbjahr höchste Zeit, um für die Jagd aufzustehen und sich fertig zu machen. Die Morgentoilette erfolgte nur oberflächlich, die Rasur unterblieb. Nach der Rückkehr sollte dann alles gründlich nachgeholt werden.
Inzwischen kochte schon das Wasser für eine Tasse Kaffee. Schnell aufgebrüht und zum Verbeißen noch eine Schnitte mit Leberwurst. Hastig, dabei Waffe, Munition und Fernglas aus dem Waffenschrank holend, verzehrte ich mein kleines Frühstück. Hut, leichte Jagdjacke, Rucksack, Sitzstock und Gummistiefel vervollständigten meine Ausrüstung.
Im Zwinger auf dem Hof meldete sich mein Drahthaarrüde Delf. Sofort hatte er mitbekommen, daß es heute zur Jagd ging. Vor Freude oft hochspringend und dabei einige Runden auf dem Hof drehend, um dabei an Ecken und markanten Punkten sein Bein zu heben, das war sein immer gleichbleibendes Ritual. Im Kofferraum meines Pkw vom Typ Lada 2107 befand sich der Platz für Delf. Mit einem Satz, wie seit langem gewohnt, sprang mein Hund hinein und wartete auf die Abfahrt. Wir hatten es nicht weit, nur zur nahen Golfwiese. Hier wußte ich einen alten, reifen Bock, dem schon zum dritten Male meine Morgenpirsch galt.

Neben dem Klärwerk und dem Golfteich stellte ich meinen Pkw ab, lud meine Bocksbüchsflinte und begann vorsichtig, den Hund "bei Fuß", mit der Pirsch. In den alten Buchen führte ein Trampelpfad bis zur Golfwiese, etwa 200 Meter weit. Ohne Geräusche zu verursachen, bewegten wir uns langsam der hell schimmernden Wiese zu. Unter den starken breitkronigen Buchen herrschte noch dunkle Nacht. Den Trampelpfad mußte man behutsam Schritt für Schritt ertasten, um dabei nicht einen trocknen Ast zu zertreten oder ein

Rascheln im alten Buchenlaub zu verursachen. Endlich erreichten wir die Golfwiese. Durch mein Fernglas versuchte ich, auf der Wiese etwas zu erkennen. Alles noch dunkel, grau und milchig.
Im Osten verfärbte sich etwas der Himmel. Die Sterne verblaßten, nur der Morgenstern funkelte noch. Langsam, ganz allmählich begann sich der Himmel zu erhellen und einen rötlichen Schimmer hervorzubringen, der sich auf den wenigen Wolken widerspiegelte. Noch befand sich die Sonne weit unter dem Horizont. Leicht verspürte ich den Hauch des kühlen Ostwindes im Gesicht, für mein Vorhaben also sehr günstig.
Vom Golfteich her vernahm ich das Quaken und Plärren der Laubfrösche und Unken. Der zaghafte Versuch eines Rohrsängers schallte herüber, dann ertönte vom Waldesrand der erste Drosselschlag. Das klang so hell und munter und wirkte wie ein Signal für Finken, Goldammern, Meisen, Zaunkönige. Die ganze einheimische Vogelwelt erwachte, trillerte, flötete, pfiff und läutete mit ihrem Konzert, immer lauter werdend, den neuen Tag ein.

Von der nahen Ostsee her und über dem Golfteich schrillte der kreischende, heisere Schrei der Möwen herüber. Tief im noch dunklen Wald zeterte, reichlich aufgeregt, ein Eichelhäher. Immer näher kam sein Rätschen. Ob ihn eine Rotte Sauen störte und er sie jetzt schimpfend begleitete, überlegte ich.
Zum wiederholten Male suchte ich mit meinem Fernglas die Golfwiese ab. Allmählich wurde es heller, die Dämmerung nahm ab, und hellrot färbte sich der Horizont. Den etwa 200 Meter gegenüberliegenden, mit Holunder, Sanddorn und Schlehen bewachsenen Deich konnte ich deutlich ausmachen. Der hintere Teil der Wiese, doppelt so weit entfernt, verschwamm noch milchig hinter Nebelbänken, die sich zögerlich auflösten.

Dann plötzlich am Waldrand ein aufgeregtes, langanhaltenes Schrecken. Ein Stück Rehwild war offensichtlich gestört worden. Wenig später eilten in einer Reihe mehrere schwarze Schatten über die Wiese. Eine Rotte Sauen. Vorneweg ein starkes Stück, die Bache, dahinter sechs, sieben große Frischlinge. Im Nu überquerten sie die taunasse Wiese. Wie cin Spuk verschwanden sie über den Deich und im Röhricht des Polders. Lange schaute ich ihnen nach, danach schwenkte ich ganz langsam mein Glas, als unerwartet ein fuchsroter Fleck in meinem Blickfeld erschien. Vorsichtig, den Mitteltrieb etwas schärfer einstellend, erkannte ich ein Schmalreh, das äsend auf die Wiese zog. Etwas weiter im Hintergrund noch zwei unterschiedlich rote Punkte. Rickc und Kitz stellte ich fest.
Aber wo blieb er, der alte Bock, auf den ich sehnsüchtig wartete. Noch war die Blattzeit nicht im Gange, aber bald, wenn es so weit ist, beginnt die rastlose Zeit der Rehböcke. Mitten auf der Golfwiese stand überraschend ein junger, gut veranlagter Sechser auf. Eine leichte Senke und das hohe Gras hatten den im "Bett" sitzenden Bock meiner Sicht bisher entzogen. Eingehend begutachtete ich ihn. Meiner Einschätzung nach ein kapitaler Zukunftsbock. Äsend und ab und zu aufwerfend, dann lange zum Waldrand hin sichernd, zog er langsam über die Wiesenfläche.
Inzwischen zeigte meine Uhr kurz nach fünf an. Der Himmel im Osten erleuchtete in Abstufungen bis hellrot. Die Sonne schickte sich an, über den Horizont zu steigen. Zunächst eine schmale Sonnensichel, die sich zunehmend vergrößerte. Die ersten Sonnenstrahlen konnte man deutlich in dem noch diesigen Morgennebel als Strahlen ausmachen. Dann erschien verhältnismäßig groß der vollständige blutrote Sonnenball. Innerhalb von wenigen Minuten erlebte man ein Naturschauspiel von überwältigender Schönheit. Die Sonnenstrahlen ließen einen Augenblick lang die unzähligen Tautropfen im Wiesengras funkeln, aber nur beim richtigen Einfallswinkel. An klaren Tagen sind für den Naturfreund Sonnenauf- und -untergang jedesmal ein besonderes Erlebnis.

Ein tiefes “Bö, böö, bööö” ertönte plötzlich vom Waldrand her. Mit dieser Ankündigung erschien der “Alte Herr”, mein sehnsüchtig erwarteter Bock, auf der “Bühne”. Leicht trollte er etwa 150 Gänge weiter. Verhoffte, sicherte mit erhobenem Kopf über die Wiese. Sein jüngerer Artgenosse jedoch wechselte eilig über den Deich zum Röhricht. Sicherlich hatte er schon einmal Bekanntschaft mit dem “Hausherrn” gemacht und ging ihm lieber aus dem Weg. Das übrige Rehwild nahm hiervon keine Notiz und äste ruhig weiter. Lange beobachtete ich den Bock. Prägte mir sein Sechsergehörn mit den kräftigen Stangen, den Dachrosen und sein graues Gesicht ein.
Für einen sauberen Schuß etwas zu weit. Natürlich war es machbar, und ich traute es mir auch zu. Lieber jedoch ist mir eine Entfernung von 70 bis 80 Schritte als doppelt so weit. Ein Anpirschen auf günstige Schußentfernung war nicht möglich, aber etwa 20 Schritte rechts neben mir stand am Grabenrand ein Koppelpfahl. Diesen wollte ich erreichen. Neben meinem Sitzstock und Fernglas beorderte ich durch “Platz”, meinen Hund zu verbleiben, und arbeitete mich kriechend zu dem Pfahl vor. Den Bock dabei fest im Blick, und wenn er äste nur ein paar vorsichtige Vorwärtsbewegungen. Es gelang. Kniend hinter dem Koppelpfahl, angestrichen, erfaßte ich den Bock durch das Zielfernrohr.
Noch spitz von vorne zog er äsend näher. Geduldig mußte ich warten. Sekunden werden da zu Minuten, und Minuten dauern eine Ewigkeit. Diese angespannte, reglose Zeit nutzten die Mücken weidlich aus. Summend umkreisten sie mich und stachen erbarmungslos zu, wo sich die Möglichkeit bot. Endlich, der Bock stand bereit. Laut hallte der Schuß vom Waldessaum wider. Schlagartig, im selben Augenblick, fiel der Rehbock ins hohe Wiesengras und verschwand von der Bildfläche. Schnell schob ich eine neue Kugel in den Lauf, erhob mich und starrte auf die Stelle, an der der Bock eben noch gestanden hatte. Kein Schlegeln konnte ich feststellen. Die Golfwiese war wie leergefegt.

Nach einer Weile rief ich Delf heran und schickte ihn mit dem Kommando "Such, verwundt mein Hund" zum Anschuß. Zielstrebig, mit flotter Suche, genau die Witterung in der Nase, stieß er auf den schon verendenden Bock. Mit "gutem Hals" gab er "totverbellend" den Fundort seines Stückes an. Erleichtert eilte ich hin, lobte Delf und legte ihn ab. Dann betrachtete und untersuchte ich eingehend meinen Bock. Ja, vor mir lag der sechsjährige, lang gesuchte, schon zurückgesetzte "Alte Herr" mit kräftigen Stangen. In aller Ruhe versorgte ich ihn weidgerecht und ließ bei der "Totenwacht" das soeben Erlebte nochmals Revue passieren. Anschließend schleppte ich das etwa 20 kg schwere Stück zum Auto, legte es in den Kofferraum, und mein Hund nahm auf einer alten Decke auf dem Beifahrersitz Platz.

Langsam fuhr ich zur Jemnitzer Schleuse, dann durch die Conventer Niederung, um dabei beschaulich über die Wiesen- und Weideflächen zu spähen. Zufrieden und entspannt steuerte ich meinen Pkw über die Brücke am Schöpfwerk, um im Großen Wohld auf der Mittelschneise den Heimweg nach Heiligendamm anzutreten. Dieser Rundkurs beträgt fast 11 Kilometer. Ein Blick zur Uhr: „Schon Sieben!"
Ganz unvermittelt wechselte auf etwa 200 Meter, von der Abteilung 16 zur Abteilung 17, ein starkes Stück Schwarzwild über meinen Weg mit Richtung Conventer See und Schilfgebiet. Schnell fuhr ich noch ungefähr 100 Meter weiter. Anhalten, Waffe ergreifen, aus dem Wagen und eine Kugel in den Lauf, das war alles eins. Im geraumen gut 100jährigen Buchenbestand erblickte ich auf etwa 100 Meter die Sau im Abtrollen, etwas spitz von

hinten. Im Zielfernrohr mitschwingend, verdeckte oft eine starke Buche den deutlich erkennbaren Keiler. Etwas unterhalb des Lichtes befand sich der Zielstachel, als ich im günstigen Augenblick die Kugel fliegen ließ.
Im Schuß verschwand der Keiler wie vom Erdboden verschluckt. Während ich schnell wieder eine Kugel und außerdem ein Flintenlaufgeschoß lud, starrte ich in Richtung Anschuß. Die Stelle war ziemlich übersichtlich. Aber nichts konnte ich sehen, keine Bewegung. Ich begann zu zweifeln: „Bin ich wirklich gut abgekommen? Doch, sicher! Aber wo befand sich der Keiler?" Schritt für Schritt pirschte ich vorsichtig weiter. Nach etwa der Hälfte der Strecke sah ich in dem Buchenbestand einen Graben. Mit langen Schritten ging ich darauf zu. Im gut einen Meter tiefen, glücklicherweise kein Wasser führenden Graben lag der schon verendete Keiler. Recht schwierig gestaltete sich nun das Aufbrechen des etwa fünfjährigen Bassen mit recht gutem "Gewaff".

Ohne Hilfe die Sau aus dem Graben mit der steilen Grabenböschung zu heben, erwies sich als nicht machbar. In der Hoffnung, meinen Sohn noch anzutreffen, fuhr ich schnell nach Hause. Leider war er schon fort, so daß meine Frau mitkommen mußte. Mit Hilfe eines Strickes, eines Fleischerhakens und unter Aufbietung all unserer Kräfte gelang es, den 90 Kilogramm schweren Keiler aus dem Graben zu zerren. Immer nur ein paar Meter schleppten wir ihn, dann eine kurze Verschnaufpause, und auf ein neues. Völlig erschöpft erreichten wir endlich unseren Pkw. Viel Kraft und mehrere Versuche kostete es noch, um die Sau in den Kofferraum zu heben. Als auch dieses geschafft war, konnten wir aufatmen. Überglücklich ging es nach Hause.

Eine sehr erfolgreiche Morgenpirsch mit der Erlegung eines "braven Bockes" und eines "hauenden Schweines" habe ich erleben dürfen. Solch ein Jagderlebnis vergißt man nicht, es haftet für immer im Gedächtnis.

Die „chinesische Methode"

Im Ergebnis des II. Weltkrieges wurde das zerstückelte Deutschland von den Siegermächten in vier Besatzungszonen aufgeteilt. Die Sowjetunion richtete in Mitteldeutschland mit den Ländern Sachsen, Sachsen-Anhalt, Thüringen, Brandenburg und Mecklenburg ihre Militärdiktatur ein. Die Westmächte dagegen herrschten in ihren drei Besatzungszonen (britische, amerikanische und französische Zone). Mit der Gründung der BRD und der DDR im Jahre 1949 entstand ein Größenverhältnis zwischen den beiden deutschen Staaten von 248.000 km^2 zu 108.000 km^2 (BRD 2,3 mal größer) und 51 Millionen BRD-Bürger zu knapp 18 Millionen der DDR (BRD 2,8 mal mehr Einwohner). Bei diesem Größenverhältnis gab es für die DDR noch weitere erhebliche Nachteile, und zwar bei den vorhandenen Rohstoffen. Sie mußte ferner die Hauptlast der Reparationsleistungen einschließlich personeller (Deportationsmaßnahmen) und sachlicher Wiedergutmachungsleistungen an die UdSSR tragen sowie die vom Kommunismus geprägte politische Entwicklung.

In der Zeit von 1945-1958 wurden etwa 3.000 Wissenschaftler, Techniker und Fachkräfte zumeist gegen ihren Willen in die Sowjetunion gebracht. Ihr Einsatz erfolgte in der Rüstungsforschung und Industrie.

Die wirtschaftliche Spaltung Deutschlands entstand aus den Differenzen der Siegermächte zum Potsdamer Abkommen und führte zum "Kalten Krieg" zwischen der UdSSR und den Westmächten. Die spezifischen Ausgangsbedingungen der DDR in der Stunde Null waren mehr als ungünstig. Die Verstaatlichung der Industrie, des Handels und die Durchführung der Bodenreform brachten erhebliche Probleme mit sich.

In dieser Situation versuchte die Partei- und Staatsführung der DDR alles, um die katastrophalen Zustände in der Wirtschaft zu beheben. Die Lähmung der Wirtschaft wurde zuerst im Braunkohlenbergbau überwunden. Der wirtschaftliche Wiederaufbau begann mit dem verstärkten Einsatz von Frauen (Trümmerfrauen), Jugendlichen, Alten und Schwerbeschädigten. Die meisten Männer befanden sich damals noch in Kriegsgefangenschaft. Nur über die Steigerung der Arbeitsproduktivität konnten normale Lebensbedingungen erreicht werden. Parolen, wie "Von der Sowjetunion lernen, heißt Siegen lernen!", "Was des Volkes Hände schaffen, soll des Volkes Eigen sein!", "Junkerland in Bauernhand" usw., gaben die Marschrichtungen an. Die Stachanow-Bewegung der Sowjetunion wurde als Vorbild genommen (Bergmann Stachanow hatte am 31.08.1935 seine Norm mit über 1.000 % übererfüllt!), um eine eigene Aktivistenbewegung zu schaffen. Gründlich vorbereitet, erfüllte der Bergmann Adolf Hennecke am 13. Oktober 1948 seine Norm mit 387 %. Diese Pioniertat im Oelsnitzer Steinkohlengebiet wertete man entsprechend im Rundfunk und in der Presse aus. Es entstand eine Kampagne gegen überholte Arbeitsnormen. Bestarbeiter, Aktivisten, Neuererbewegung, Rationalisierung, sozialistischer Wettbewerb, alles hatte als wichtigstes Ziel die Erhöhung der Arbeitsproduktivität, die Senkung der Selbstkosten und die Einsparung von Material. Letztendlich sollten all diese Maßnahmen, auf die Forstwirtschaft bezogen, der Intensivierung der Wälder dienen.

Auf der II. Zentralen Konferenz der Forstwirtschaft der DDR im Februar 1956 drehte sich alles um diese wichtigen Aufgaben. Es galt, eine leistungsgerechte Forstwirtschaft zu entwickeln, die die ökonomischen Gesetze in Verbindung von Wissenschaft und moderner Technik zur Anwendung bringt. Die planmäßige Erhöhung der Holzvorräte, gekoppelt mit dem Nachhaltigkeitsprinzip, war die Grundlage der Produktivität der Wälder. Gute Beispiele aus der Sowjetunion und dem sozialistischen Lager galt es, aufzugreifen und in die Tat umzusetzen. Die Fünfjahrespläne der Sowjetunion bildeten für die DDR Beispiel und Richtschnur. Sogar der Zwölfjahresplan von China mit der restlosen Aufforstung von Brach-, Ödland und kahlen Berghängen stand für uns Pate.

Noch eine Besonderheit praktizierte man seinerzeit in China. Alle leitenden Angestellten mußten jährlich für vier Wochen in der Produktion tätig sein! Damit wollte man die Verbindung zur Arbeiterklasse verbessern. Die Partei- und Staatsführung hoffte, daß hierdurch die Probleme und Schwierigkeiten in der Produktion schneller erkannt und dann unbürokratisch abgestellt würden. Außerdem sollten sich die Angestellten nicht von den Arbeitern isolieren, sondern immer den Wert der produktiven Arbeit schätzen und ihre Verbundenheit durch gute vorbildliche Leistungen zum Ausdruck bringen.

Auf einer Dienstberatung des Leitungskollektivs des Staatlichen Forstwirtschaftsbetriebes Wismar im Sommer 1956 stellte unter anderem der Direktor, Oberforstmeister Bruno Kluczyck, diese "chinesische Methode" vor. Er unterstrich, daß es ideologisch von großer Bedeutung wäre, wenn auch unsere leitenden Angestellten für vier Wochen in die Produktion gingen und gemeinsam mit den Arbeitern versuchten, ein besseres Betriebsergebnis zu erzielen. Nach kurzer Diskussion wurde festgelegt, daß wir uns das Arbeitsgebiet, die Brigade, aussuchen könnten. Als erster sollte der Oberförster von Bad Doberan, also ich, beginnen.

Bei meinen Überlegungen auf dem Heimweg standen für mich die Holzeinschlagsbrigade Franz Althapp, der Holzverladeplatz Reddelich mit Platzmeister Anton Hogh oder der Fuhrpark Bad Doberan mit Brigadeleiter Herbert Auls zur Auswahl. Ich entschied mich für den Fuhrpark. Ausschlaggebend hierfür war, daß ich meine Fahrerlaubnis Klasse I (Motorrad) inzwischen auf die Klasse V erweitert hatte und somit alle Fahrzeugtypen, auch mit Hänger, fahren durfte.
Von der betrieblichen Festlegung informierte ich umgehend Herbert Auls. Wir kamen überein, daß ich am nächsten Montag mit ihm gemeinsam die Frühschicht beginnen sollte. Diese Schicht begann um 4.00 und ging bis 12.00 Uhr. Zwischen 12.00 und 13.00 Uhr erfolgte der Schichtwechsel mit

der Übergabe der Zugmaschine, des Langholzhängers und dem Austausch notwendiger Informationen. Die Fahrzeuge der 2. Schicht (Spätschicht) fuhren um 13.00 Uhr zu den festgelegten Einschlagsorten und mußten bis 21.00 Uhr Holz rücken und abfahren. Danach tankten sie ihre Fahrzeuge auf, stellten sie in der Garage ab, und wenn Mängel auftraten, mußten sie diese auf einem Zettel der Frühschicht mitteilen.

Pünktlich zur Frühschicht, einen Beutel mit ein paar Stullen und einer Flasche Tee in der Hand, erschien ich auf dem Fuhrparkstützpunkt. Herbert Auls übergab mir mit entsprechenden Erläuterungen einen Traktor vom Typ "Pionier" und den dazugehörigen Langholzhänger. Als Beifahrer teilte man mir Jochen Rieckhoff zu. Nach kurzem Warmlaufen der Motoren tuckerten wir, vorne Herbert Auls und ich dahinter, durch das morgendliche, noch verschlafene Bad Doberan über Reddelich zur Jennewitzer Kühlung. Hier sollten zwei Fuhren, etwa 25 fm, Buchensägeholz gerückt und anschließend auf die Langholzhänger geladen werden, um es zum Sägewerk nach Grevesmühlen zu transportieren.

In der Jennewitzer Kühlung angekommen, begannen wir sofort, die Buchenstämme zu rücken und am Wegrand zu stapeln. Die etwas hügelige und stellenweise stark vergraste Einschlagsfläche bereitete mir einige Probleme. Alles war

völlig ungewohnt. Manchmal gab ich zu viel Gas, manchmal zu wenig oder legte den falschen Gang ein. Mal hob sich die Maschine durch die Zuglast vorne hoch, dann drohte sie, am Hang umzukippen. Ich kam richtig ins Schwitzen. Bei den starken Stämmen mußten wir immer beide Traktoren vorspannen.
Plötzlich fuhr ich auf einen vom hohen Gras verdeckten Buchenstubben. Weder vorwärts noch rückwärts ließ sich die Maschine bewegen. Ich saß mit meinem "Pionier" fest. Herbert Auls überprüfte ruhig und besonnen den Crash, spannte seine Maschine vor, und mit gemeinsamer Kraft konnte mein Traktor vom Stubben heruntergezogen werden. Beim Rücken mußte man ständig die Kupplung bedienen, und die ging beim "Pionier" recht schwer. Allmählich begann mein linkes Bein zu schmerzen, verkrampfte sich immer mehr. Aber was half's, ich konnte nicht schlappmachen. Endlich hatten wir genügend Holz zusammen und unsere Hänger beladen. Jetzt gönnten wir uns die wohlverdiente Frühstückspause.
Die Fahrt zum Sägewerk Grevesmühlen verlief ohne Probleme. In etwa 2,5 Stunden legten wir die zirka 60 Kilometer zurück. Unterwegs begegneten wir nur wenigen Fahrzeugen. Auf dem Rückweg ging es etwas schneller, denn ohne Last klapperten, rasselten und schaukelten die Langholzhänger leicht hinter uns her. In der Fahrerkabine wurden mein Beifahrer und ich heftig hin- und hergeschüttelt. Die Federung des Traktors war völlig ungenügend. Gegen 12.30 Uhr erreichten wir den Fuhrparkstützpunkt. Die zweite Schicht wartete schon auf uns. Übergabe der Maschinen, kurze Einweisung über die in der Kühlung noch vorhandenen Holzmengen, und mein erster produktiver Arbeitstag war beendet. Mein überstrapaziertes linkes Bein machte mir sehr zu schaffen. Humpelnd erreichte ich mein Motorrad und fuhr müde nach Hause.

Der nächste Arbeitstag fiel mir besonders schwer. Oh, was für ein Muskelkater! Es half aber nichts, ich mußte die Zähne zusammenbeißen und durchhalten. Mit der Rücke-, Belade- und Entladetechnik sowie mit der Beherrschung meines "Pioniers" kam ich immer besser zurecht. Hierbei halfen auch die guten Ratschläge meiner Fuhrparkkollegen. Oft fuhren wir auch Holz zu unserem Holzverladeplatz nach Reddelich. Dort mußte es entsprechend dem Lieferplan in Waggons verladen und per Bahn an die vorgesehenen Werke verschickt werden. Platzmeister Anton Hogh regelte mit viel Umsicht die Belieferung der holzverarbeitenden Industrie. Unseren Transportmaschinen übergab er die Fahraufträge bzw. Lieferscheine. Neben dem Sägewerk Grevesmühlen belieferten wir noch die Werke Rövershagen, Bützow, Sternberg und einige kleinere örtliche Holzbetriebe. Bei kurzen Touren schafften wir in einer Schicht zwei, und wenn das Holz gerückt und gestapelt war, sogar drei Holzfuhren. Nach einer Woche gab es Schichtwechsel. Jetzt fuhren Herbert Auls und ich in der Spätschicht. Dieses Wechselsystem führte man bis zum Juli durch. Wenn die Tage kürzer wurden, gab es wieder die Normalschicht.

Es war eine meiner letzten Fahrten. Mit dem hochbeladenen Langholzhänger tuckerte ich, von Kröpelin kommend, auf der F 105 nach Reddelich. Etwa 100 Meter vor dem Holzplatz urplötzlich ein ohrenbetäubender Knall. Meinen "Pionier" hüllte sogleich eine Staubwolke ein. In der ersten Schrecksekunde glaubte ich zunächst, eine Granate wäre neben uns explodiert. Aber es war nur der rechte Hinterreifen meines Traktors geplatzt. Gegenlenkend und mit ziemlicher Schräglage brachte ich mein Fahrzeug zum Halten. Reifen und Schlauch waren restlos hin.
Somit gab es ein Problem. Neue Bereifung, aber auch andere Ersatzteile, mußte man sich oft über gute Beziehungen, durch Tausch, Urlaubsplätze an der Ostsee usw. besorgen. Dieses taten wir, um die Produktion im Gange zu halten und letztendlich unseren Betriebsplan zu erfüllen.
Aus alten Maschinen, Schrott, und vielen Einzelteilen wurde oft scheinbar Unmögliches möglich gemacht. Not macht eben erfinderisch.

Die vier Wochen in der Produktion, im Fuhrpark der Oberförsterei Bad Doberan, überstand ich recht gut. Auch andere "leitende Angestellte" leisteten ihren produktiven Anteil in dieser Zeit, z. B. Hauptbuchhalter Georg Ottenbreit, der sich als Beifahrer von Walter Heß im Fuhrpark Neukloster betätigte, oder Oberförster Heinrich Scheel, der in der Walderneuerung und im Pflanzgarten mitarbeitete.

Insgesamt gesehen, brachte die "chinesische Methode" nicht den gewünschten Erfolg. Die jüngeren leitenden Angestellten erzielten recht gute Ergebnisse und brachten einen gewissen Schwung in die Brigaden. Die älteren Kollegen dagegen bekamen meist ziemliche Probleme. Ungeübt in der schweren ganztägigen körperlichen Arbeit, fielen sie oft für längere Zeit durch Verletzungen oder Krankheit aus, so daß unterm Strich kein positives Ergebnis erreicht wurde. Allmählich verflachte diese "Aktion" und verlief im Sande.

Als weitere Methode übernahm die DDR von der Sowjetunion den "Subbotnik". "Subbotniks" sind freiwillige, unentgeltliche Arbeitseinsätze. Die Brigaden führten im Rahmen ihres Kampfprogramms solche "Subbotniks" durch, um ihre Arbeits- und Lebensbedingungen im Betrieb, am Arbeitsort, im Wohngebiet usw. zu verbessern. Sie wurden meist zu bestimmten Anlässen, wie z. B. des 1. Mai, eines Jahrestages, Parteitages usw. geleistet und das Ergebnis als Einsparung ausgewiesen. Selbst Kinder und Jugendliche beteiligten sich ihren Möglichkeiten entsprechend an solchen Einsätzen, um beispielsweise ihr Schulgelände zu verschönern oder Müllsammlungen zugunsten der Natur und Umwelt durchzuführen. Ganze Dorfgemeinschaften wirkten an der Gestaltung ihrer Orte mit und schufen dabei die erstaunlichsten Dinge.

Bei alledem ist zu bemerken, daß diese Zusammenarbeit, ohne materiellen Hintergrund für den Einzelnen, auf ideeller Basis beruhend, einen Zusammenhalt und ein gesteigertes Verantwortungsbewußtsein gegenüber dem gemeinsam Geschaffenen bewirkte.

Förster, eine Männerdomäne?

Es gab und gibt Berufe, in denen eine Frau trotz Gleichberechtigung schwer Fuß fassen kann. Erst in jüngster Zeit eröffnen sich in Staat und Politik Möglichkeiten für Frauen, Führungspositionen einzunehmen. Frauen z. B. als Flug- und Schiffskapitäne sind Ausnahmen. Meisterinnen im Zimmerer-, Dachdecker- oder Schmiedehandwerk oder auch als Schornsteinfeger sind eine Rarität. Als evangelische Pfarrerin zu predigen, ist äußerst selten, als katholische Priesterin unmöglich. Man könnte noch einige Berufsgruppen aufführen, in denen Männer den Ton angeben. Zu diesen gehörte auch die Forstwirtschaft. Eine Frau als Revierförster, Oberförster oder sogar als Forstamtsleiter war vor dem II. Weltkrieg nicht denkbar.
Im Land Preußen, dem größten aller deutschen Länder (8,3 Mill. Hektar Forsten, Deutsches Reich insgesamt 14,0 Mill.), gab es eine Ausnahme. Im Forstamt Rositten auf der Kurischen Nehrung verwaltete bis zur Vertreibung Martha Schmidt (genannt Elch-Martha) den relativ großen Forstbezirk Preil/ Perwelk. Die preußische Forstverwaltung hatte die sehr engagierte Frau in das Beamtenverhältnis aufgenommen!

Nach 1945 und der beginnenden demokratischen Neuordnung in Deutschland bekamen auch Frauen die Chance, leitende Positionen in der Forstwirtschaft einzunehmen. Die Ingenieurschule für Forstwirtschaft in Raben Steinfeld absolvierten von 1946-1995 rund 2.700 Forststudenten, darunter befanden sich 9,3 % Frauen. Stellvertretend für diese Frauen soll im Nachstehenden der Lebensweg und die Entwicklung von Forstoberrätin (Oberforstmeister) Regina Endrulat geschildert werden.

Regina Endrulat erblickte im September 1943 als viertes Kind der Eheleute Ernst-Georg und Berta Endrulat in Burgkampen (591 Einwohner), Kreis Ebenrode, Ostpreußen das

Licht der Welt. Ihr Geburtsort lag sechs Kilometer von Schloßberg und etwa zwanzig Kilometer von der ehemaligen litauischen Grenze entfernt. Am 16. Oktober 1944 erfolgte der russische Großangriff in Richtung Gumbinnen-Insterburg. Der Landrat von Ebenrode gab rechtzeitig, entgegen den Weisungen von Gauleiter Erich Koch, den Räumungsbefehl. Somit erhielten noch viele Bewohner die Möglichkeit, sich in Sicherheit zu bringen.
Frau Berta Endrulat raffte schnell das Nötigste zusammen. Sie war auf sich allein gestellt, denn ihr Mann kämpfte als Soldat an der Front. Mit sieben Gepäckstücken, drei Mädchen an der Hand und der einjährigen Regina im Kinderwagen, begann ihre lange, abenteuerliche Flucht. Ihre Älteste, die 11jährige Gisela, unterstützte, half und betreute die kleinen Geschwister, so gut sie konnte.
Im Treck, organisiert durch den Bürgermeister von Burgkampen, ging es zunächst auf Umwegen bis Gumbinnen. Von Tieffliegern häufig beschossen, gerieten sie südlich von Gumbinnen in den Vorstoß der sowjetischen Truppen. Mit viel Glück entkamen sie dem Blutbad, das die Russen unter den Flüchtlingen in Nemmersdorf und Schützenwalde angerichtet hatten. Hinter Insterburg, in Norkitten, erfolgte die Verladung der Flüchtlinge auf die Eisenbahn. Über Königsberg ging nach einigen Tagen die Fahrt weiter. Die nächsten Stationen waren Schneidemühl, Küstrin, Frankfurt/O., Dresden. Auf dem Hauptbahnhof in Dresden gingen um ein Haar die beiden jüngsten Kinder im abfahrenden Zug verloren. Nur durch energischen Einsatz von Mutter Endrulat gelang es, die Familie wieder zusammenzubekommen. Die tagelange, hoffnungslose Fahrt endete in Klingenthal/Vogtland. Alle Häuser und Quartiere waren mit Flüchtlingen und Verwundeten überbelegt. In Notunterkünften fanden sie Aufnahme. Große Sorgen bereitete der Familie plötzlich die kleine Regina. Sie bekam Diphtherie. Lange mußte Regina im Krankenhaus bleiben, bis sie endlich entlassen werden konnte.

Im Mai 1945 ging endlich der grausame Krieg zu Ende. Die Rote Armee nahm ihre Besatzungszone in Besitz und begann mit der Entnazifizierung, der Bestrafung der Kriegsverbrecher und deren Enteignung sowie der Bodenreform. Die Versorgungslage im Vogtland war wohl am schlechtesten, weil es dort wenig Landwirtschaft gab. Auch bestanden kaum Arbeitsmöglichkeiten. Deshalb faßte Mutter Berta Endrulat den Entschluß, nach Mecklenburg umzusiedeln. Ganze sechs Tage dauerte die Bahnfahrt, bis sie völlig ohne Nahrung und am Ende ihrer Kräfte die Gemeinde Westenbrügge bei Kröpelin erreichten. Man schrieb den 20. September 1945, Reginas zweiten Geburtstag.
Zunächst nur wieder eine Notunterkunft. Der Flüchtlingsfamilie fehlte einfach alles. Möbel, Kleidung, Geschirr und vieles mehr. Große Sorgen bereitete Mutter Berta das tägliche Sattbekommen ihrer Kinderschar. Unermüdlich, tage- und nächtelang versuchte sie, alle Möglichkeiten wahrzunehmen. Sie scheute keine Arbeit, half bei Bauern und Neusiedlern, um zusätzlich Lebensmittel zu bekommen. Ein paar Kartoffeln, Zucker- oder Kohlrüben, mal ein paar Eier halfen wieder einen Tag weiter. Auch galt es, für den Winter vorzusorgen. Jeder Tag stellte neue Anforderungen, war ein Kampf um das tägliche Brot, ums Überleben. Die Leistungen der Frauen, Kriegswitwen, Trümmerfrauen zu damaliger Zeit können nicht hoch genug gewürdigt werden. Sie waren einmalig. Der Dichter Bertolt Brecht (1898-1956) setzte in "Mutter Courage und ihre Kinder" solchen Frauen ein würdigendes Denkmal. Mut und Beherztheit, der selbstlose Einsatz für ihre Kinder zeichnete Berta Endrulat aus. Neben ihr gab es noch viele "Mütter Courage".
Aus dem wahnsinnigen Krieg kehrte Vater Ernst-Georg Endrulat nicht mehr zurück. Vermißt, verschollen wie tausende andere deutsche Soldaten "... wo sind sie geblieben?" Regina hat ihren Vater nie gesehen und ist mit ihren Geschwistern als Halbwaise aufgewachsen.
Ihre Mutter mußte hart arbeiten, sich ständig um ihre Familie kümmern, bis sie allmählich aus dem Gröbsten herauskamen. 1955 übernahm sie die Funktion einer Gemeindese-

kretärin, und 1961 wurde sie zur Bürgermeisterin der Gemeinde Westenbrügge gewählt. 17 Jahre übte sie, hochgeachtet bis zum wohlverdienten Ruhestand, dieses Amt aus. Die Schulzeit absolvierte Regina Endrulat in Westenbrügge und Kröpelin. Schon von frühster Jugend an galt ihr Hauptinteresse der Natur, dem Wald mit seinen Lebewesen. Sie wollte unbedingt in der Forstwirtschaft tätig werden. Zu damaliger Zeit gab es erst wenige Beispiele, wo Frauen leitende Positionen in der Forstwirtschaft einnahmen.

In die Männerdomäne der Förster brach als erste Frau der DDR Liselotte Große ein. Im Herbst 1950 legte sie die Försterprüfung ab. Die fachlichen Kenntnisse erwarb sie auf dem IV. Lehrgang (Jan. 1949 - Okt. 1950) der Landesforstschule in Ballenstedt/Harz. Vom Juli 1952 bis Dezember 1953 leitete Liselotte Große die Revierförsterei Billenhagen des Forstbetriebes Rövershagen. Wegen der Versetzung ihres Mannes als Betriebsleiter zum Staatlichen Forstwirtschaftsbetrieb (StFB) Stralsund mußte sie ihre Tätigkeit als Revierförster aufgeben und arbeitete dann in der Forstverwaltung. Die ersten weiblichen Forststudenten der Forstfachschule Raben Steinfeld, Eva Hoppe und Sophie Müller, legten im April 1952 ihre Försterprüfung ab. Bis Ende 1962 verfügten in der DDR 18 Frauen über einen forstlichen Hochschulabschluß (1990 insg. 305 Frauen), und 114 konnten stolz ein Forstingenieurdiplom vorweisen. Hierzu gehörten 1956 Ingrid Hinz, geb. Kelm, und Heide Jörs, geb. Strutz, die erfolgreich ihr 3jähriges Forststudium abschlossen. Ingrid Hinz leitete zunächst eine Revierförsterei, bis sie 1981 als Forstmeister ihre Tätigkeit in der Abteilung Forstwirtschaft beim Rat des Bezirkes Neubrandenburg aufnahm. Nach der "Wende" war sie bis zur Berentung im Personalreferat der Landesforstverwaltung in Schwerin tätig. Heidi Jörs übernahm sofort nach dem Studium eine Revierförsterei, die sie mustergültig leitete. Recht erfolgreich vertrat sie bei Wettkämpfen im jagdlichen Schießen ihren Bezirk Neubrandenburg.

Sehr fleißig, umsichtig und mit viel Engagement leitet seit 1975, mit kurzfristiger Unterbrechung, Forstamtfrau Inge Haffner, geb. Kleinert, die Revierförsterei Diedrichshagen im Forstamt Bad Doberan. Ihr forstlicher Ausbildungsweg: Nach Abitur Lehrzeit in der Buchhaltung des StFB Wismar. Anschließend drei Jahre Forstschule Ballenstedt mit Abschluß als Forstökonom. Kurzfristig in der Buchhaltung des Meliorationsbetriebes und der Zwischengenossenschaftlichen Einrichtung Waldwirtschaft Bad Doberan tätig. Aufnahme eines Fernstudiums als Forstingenieur und erfolgreicher Abschluß des Studiums. Somit zwei Fachschulabschlüsse.
Erwähnenswert ist auch noch Forsträtin Heidrun Koch, geb. Wenzel. Ihre Forstausbildung begann in Bad Doberan, die sie in Tharandt/Sachsen als Diplomforstingenieur abschloß. Jetzt leitet sie umsichtig die Oberförsterei Wilmersdorf des Forstbetriebes Templin. Zu den ersten Vorkämpferinnen gehörte auch die Revierförsterin Bärbel Leukefeld, die im StFB Schwarzenberg über 25 Jahre mit Engagement und Hingabe ihre Revieraufgaben löste. Diese Frauen waren die Wegbereiter in der Männerdomäne der Forstwirtschaft der DDR.

In der Betriebsberufsschule Forst Bad Doberan (BBS) begann Regina Endrulat 1960 ihre Lehrzeit als Forstfacharbeiter. Lehrobermeister Max Jeske mit seinen Lehrausbildern brachten den Forstlehrlingen die notwendigen praktischen, Fachlehrer Helmar Hartzsch und Direktor Heinz Spielke die theoretische Kenntnisse bei. Gründlich erlernten sie alle forstlichen Arbeiten. Mit Axt, Säge, Sense, Plagghacke und weiteren forstlichen Geräten verstanden sie, nach einiger Zeit gut umzugehen. Neben den männlichen Lehrlingen legte Regina Endrulat die Motorsägenführerprüfung sowie die Fahrprüfung für Motorrad und LKW ab.

Heidelis (Ingrid) Pfotenhauer, geb. Schünemann, ein weiterer weiblicher Lehrling aus Bad Doberan, legte die Zapfenpflückerprüfung am stehenden Stamm ab. Als erste Frau der DDR pflückte sie in 20, 30 und mehr Metern Höhe Nadelholzzapfen.

Auf Grund der sehr guten Facharbeiterprüfung delegierte der Staatliche Forstwirtschaftsbetrieb Wismar Regina Endrulat 1963 zur Ingenieurschule für Forstwirtschaft nach Raben Steinfeld. Zuvor bereitete sie sich gründlich auf die Jagdeignungsprüfung vor und bestand diese auch. Durch den ständigen Umgang mit den männlichen Lehrlingen und vielen Jägern nahm Regina einige typische männliche Umgangsformen an. Ihr kurzer Haarschnitt, das ungezwungene burschikose Auftreten, das ständige Tragen der Forstuniform bzw. Jagdbekleidung ließen häufig einen männlichen Kollegen vermuten.

Zur Forstfachschule Raben Steinfeld fuhr sie rasant mit ihrem Motorrad vor. Dort reihte sie sich in die wartenden Studenten ein, um ihr Studium im 13. dreijährigen Lehrgang (02.09.63-30.07.66) aufzunehmen. Der Verwaltungsleiter teilte die Studenten in ihre Quartiere ein. „Ihr drei auf Zimmer 4, ihr vier auf Zimmer 5 und ihr vier", und dabei zeigte er auf die Gruppe, in der sich Regina befand, „auf Zimmer 6!" „Aber, das geht nicht", rief Regina, „ich bin doch ein Mädchen!" „Ja, ja", antwortete der Verwaltungsleiter, „das möchtest du wohl. Kommt nicht in Frage!" Jedoch ein Blick in die Liste der 42 Studenten bewies, daß sich neben Regina Endrulat mit Marianne Stumpf noch eine weitere Studentin befand.

Während der einjährigen Assistentenzeit (1966/67) in der Revierförsterei Jägerhof des StFB Wolgast fand eine größere Jagd statt. Die Jagdgäste wurden durch Jäger des Forstbetriebes angestellt. Regina Endrulat führte Dr. Bab aus Berlin. Nach der recht erfolgreichen Jagd bedankte sich Dr. Bab bei dem Jagdherrn für die gute Führung und fachliche Beratung durch den jungen "Forstkollegen"! Hierzu muß man wissen, der Arzt ist Gynäkologe!

Die fachliche Weiterbildung der Jägerschaft der DDR erfolgte einheitlich nach einem jährlichen Ausbildungsprogramm. Das Pflichtschießen besaß einen hohen Stellenwert. Darüber hinaus gab es alljährlich Meisterschaften im jagdlichen Schießen der Jagdgesellschaften, der Kreise und Bezirke. DDR-Meisterschaften fanden in der Regel alle zwei Jahre statt. Bei den Kreis- und Bezirksmeisterschaften plazierte sich Regina Endrulat immer auf den Medaillenrängen. 1966 nominierte die Bezirksjagdbehörde Rostock sie mit ihrer Schwester Gisela Prüter und Jägerin Neitzel aus Wolgast für die Bezirksauswahl. Die DDR-Meisterschaften fanden in Aschersleben statt. Die Rostocker Frauenmannschaft konnte den 2. Platz erringen. Gisela Prüter mußte sich im Stechen um Platz 1 mit dem DDR-Vizemeistertitel zufrieden geben. Für die Jägerinnen des Bezirkes Rostock insgesamt ein großer Erfolg.
Hierauf aufbauend, fand Regina Endrulat Gefallen am Wurftaubenschießen. Sie schloß sich dem Trainingszentrum Heiligendamm an. Durch fleißiges, intensives Training erzielte sie schon nach kurzer Zeit gute Ergebnisse. Bei ihrem ersten internationalen Schießwettkampf anläßlich der Ostseewoche 1969 in Heiligendamm startete sie als einzige Frau und brach in die Phalanx der Männer ein. Sie traf am 3. Tag des Wettkampfes von den 50 Wurftauben 49 und schoß dabei ihre erste "volle Serie". Schützen der Nationalmannschaften aus Schweden, UdSSR, Polen, Finnland, Niederlande sowie der DDR-Mannschaften plazierten sich noch hinter Regina Endrulat. Weitere Wettkämpfe, auch mit der Jagdgesellschaft Bad Doberan in Warschau/VR Polen, stabilisierten und förderten ihre Trefferquote sowie die Wettkampferfahrung. Beim "Ostseepreis" 1970 traf sie von 200 Wurftauben 188 und stellte mit dem Ergebnis einen DDR-Rekord auf. Sie errang den Titel eines DDR-Meisters. Ihre

schärfste Konkurrentin Petra Rettner kam aus dem Bezirk Suhl. Für die Europameisterschaften 1971 in Suhl nominierte der Schützenverband der DDR Regina Endrulat. Als verantwortlichen Trainer berief man mich. Die Frauen schossen auf jeweils 150 Wurftauben. Nach Abschluß der Europameisterschaft lagen auf dem 3. Platz Gerassina/ UdSSR und Regina Endrulat (Molter) mit jeweils 129 Treffern. Im anschließendem Stechen gewann die sowjetische Schützin. Für Regina blieb nur der undankbare 4. Platz. Zu den Europameisterschaften 1972 in Madrid/Spanien berief der Schützenverband der DDR Joachim Marscheider als Trainer. Er betreute die Junioren Günter Zobel und Wilfried Hummel sowie die Sportschützin Regina Endrulat. Günter Zobel erkämpfte sich bei einer starken Konkurrenz den Europameistertitel, und Regina Endrulat belegte in der Frauenklasse einen guten 6. Platz.

In der Jagdgesellschaft Westenbrügge, geleitet vom Vorsitzenden Oberförster Pet Kruse, sowie in der Jagdgruppe mit dem zuständigen Jagdleiter Hermann Prüter betätigte sich Regina Endrulat recht aktiv. Im Laufe der Zeit stehen in ihrem Schußbuch 40 Sauen und die gleiche Anzahl an Böcken und weiblichem Rehwild. Auch manchen Fuchs, Hasen, Ente usw. erlegte sie und blies dann entsprechend dem jagdlichen Brauchtum die Totsignale.

Einen besonderen jagdlichen Höhepunkt erlebte die Jägerin am 19. September 1989. Die Jagd galt einem Hirsch der Klasse I, den sie zum Abschuß freibekam. So gegen 18.00 Uhr pirschte sie in Begleitung des Jagdleiters Dr. Christian Falkenberg durch die Pinnenschmiede, dem angrenzenden Hochsitz zu. Wenige Zeit später konnten sie von der Kanzel aus im Erlenbruch ein Rotwildrudel wahrnehmen. Plötzlich erschien aus dem Bruch flüchtig der gesuchte hochjagdbare Hirsch. Im Nu überquerte er die Kiefernkultur und verschwand in der danebenliegenden Dickung. „Er kommt zurück", flüsterte der Jagdleiter. Tatsächlich, einige Minuten später zog der Hirsch auf etwa 70 Meter am Hochsitz vorbei. Die Kugel quittierte er mit dem typischen Zeichen eines

Kammerschusses. Nach kurzer rasanter Todesflucht brach der Recke in der Kiefernkultur zusammen. Langsam wich die nervliche Anspannung, und ein beglückendes Gefühl machte sich bei der Jägerin Endrulat bemerkbar, als sie vor ihrem "Lebenshirsch" stand.
Entsprechend dem jagdlichen Brauchtum erfolgten Überreichung des Schützenbruches und die Versorgung des "Kapitalen".

Während Dr. Falkenberg aus dem Dorf einen Traktor mit Hänger besorgte, hielt Regina Endrulat die "Totenwacht". Schnell sprach sich in Westenbrügge die Nachricht von der Erlegung eines hochjagdbaren, ungeraden Zwölfenders (s. Bild) herum. Der 10 bis 12jährige Hirsch hatte ein Geweihgewicht von 6,2 kg und wies Stangenlängen von 111 und 112 cm auf.
Die Trophäe bewertete man später mit 174,8 internationalen Punkten und einer Bronzemedaille.
Das "Tottrinken" mit den herbeigeeilten Jägern und Freunden zog sich bis nach Mitternacht hin und ging in den Geburtstag von Regina Endrulat über.

Die Betriebsberufsschule Forst Bad Doberan benötigte für die immer größer werdende Anzahl von weiblichen Lehrlingen einen Ausbildungsingenieur. Was lag näher, als 1967 hierfür Regina Endrulat zu überzeugen. Im praktischen Bereich bildete sie Forstfacharbeiter aus. Später erteilte sie auch Fachunterricht. 1982 schloß sie ihre Ausbildung als Fachschullehrer ab und 1984 ihr Studium als Diplompädagoge an der Humboldt-Universität in Berlin. 1987 berief man Regina Endrulat zum Direktor der BBS Forst Bad Doberan und beförderte sie gleichzeitig zum Forstmeister. Sie übernahm die Leitung und die Verantwortung über 180 Forstlehrlinge, 11 Lehrer, 13 Ausbildungsingenieure und 12 weitere Angestellte. Drei Jahre wohnten die Forstlehrlinge im Internat. Während dieser Zeit erhielten sie eine gründliche praktische und theoretische Forstausbildung und legten außerdem das Abitur ab. Mehrfach bestätigte die Fakultät für Fostwirtschaft Tharandt, daß die aus Bad Doberan stammenden Studenten über eine sehr gute Ausbildung verfügten.

Die Berufung von Regina Endrulat zum Direktor ging seinerzeit nicht problemlos vonstatten. Nach dem Fortgang von Direktor Günter Triebler leitete Franz Stollin die BBS Forst Bad Doberan einige Zeit kommissarisch. Als neuen Direktor hatte die Abteilung Berufsbildung beim Rat des Bezirkes Rostock einen ehemaligen Offizier der Seestreitkräfte der NVA aus Kühlungsborn ausgewählt. Da der vorgesehene Kader über keinerlei forstliche Kenntnisse verfügte, fand ich seinen Einsatz als Direktor einer forstlichen Einrichtung einfach unmöglich. Bei passender Gelegenheit sprach ich darüber mit dem 1. Sekretär der SED-Kreisleitung Bad Doberan, Ernst Jahnel. Ruhig und aufmerksam hörte er mich an. Mein Argument, kein Verantwortlicher würde beispielsweise auf den Gedanken kommen, an die Medizinische Fachschule Rostock einen Landwirt, Förster oder ausgedienten Offizier als Direktor zu berufen, machte Ernst Jahnel nachdenklich. Abschließend meinte er, das Problem nochmals zu überdenken. Kurze Zeit später erhielt Regina Endrulat die Berufung.

Während der "politischen Wende" gab es, wie in manchen anderen Bereichen, auch in der Forstwirtschaft Fehlentscheidungen. Die Betriebsberufsschule Forst Bad Doberan, als einzige in Deutschland mit dem Ausbildungsziel "Facharbeiter mit Abitur", der besten technischen Ausrüstung, mit hochqualifizierten Ausbildungsingenieuren und Fachlehrern wurde als forstliche Ausbildungsstätte "abgewickelt". Die Lehrlingsausbildungsstätte Klueß bei Güstrow blieb dagegen erhalten.

In der Umbruchzeit arbeitete Regina Endrulat als Ausbildungsberater im Ministerium für Land- und Forstwirtschaft in Schwerin. Sie organisierte und führte forstliche Weiterbildungslehrgänge in Dümmer durch. Seit Oktober 1993 ist sie nun Schulleiter der "Überbetrieblichen Ausbildungsstätte Forst" in Klueß, der einzigen forstlichen Ausbildungsstätte im Land Mecklenburg-Vorpommern.

Im persönlichen Leben gab es für Regina Endrulat wie bei den meisten Menschen Höhen, Tiefen, Freude, Enttäuschungen und Schicksalsschläge. In der Annahme, den richtigen Partner gefunden zu haben, heiratete sie. Die Ehe hielt nur kurze Zeit. Das Zusammenleben wurde auch von einem schweren Motorradunfall Reginas in Kröpelin überschattet, in dessen Folge sie eine Totgeburt erlitt.
Die nächste feste Beziehung begann hoffnungsvoll. Gemeinsam und mit großem Einsatz bauten sie sich ein schönes Eigenheim in Biendorf. Durch den plötzlichen Tod des Partners während der "Wendezeit" stand Regina Endrulat wieder alleine und vor großen Problemen.
Einige Zeit später wurde Mutter Berta krank und gebrechlich. Aufopferungsvoll pflegten Regina und ihre Schwester Gisela die Mutter bis zum Tode. Unter großer Anteilnahme der Bevölkerung wurde Berta Endrulat 1999 in Westenbrügge beigesetzt.

Im Juni des gleichen Jahres nahm Regina Endrulat an einer forstlichen Lehrfahrt des Forstvereins Mecklenburg-Vorpommern teil. Es ging ins ehemalige Nordostpreußen, die Heimat ihrer Vorfahren. Ziel der Reise war, die dortigen Wälder und reizvollen Landschaften kennenzulernen und erste Kontakte zu den russischen Fachkollegen aufzunehmen. Die Exkursion leitete Dr. Manfred Schorcht.

Der "Elch", das Standbild der Stadt Gumbinnen/Gussew, begrüßte auf dem Marktplatz die Studiengruppe. Im früheren Hotel "Kaiserhof" nahm man für die Dauer des Aufenthaltes Quartier. Die erste Fachexkursion führte sie in den "Eichwalder Forst". Infolge von Kriegsschäden und späteren ho-

hen Holzeinschlägen mußten dort entstandenen Kahlflächen von 5.200 ha aufgeforstet werden. Neben den bekannten Wildarten treten dort auch Elchwild und zunehmend der Wolf auf. Der Biber konnte sich stark vermehren und verursacht nun erhebliche Schäden. Weitere Exkursionen erfolgten zum "Forst Ibenhorst", "Forst Haselberg" und in die "Rominter Heide". Das alte Forstamtsgebäude Warnen ist mit Lübecker Hilfe umgebaut worden und wird heute als Waisenhaus genutzt. Zu dem weiteren Programm gehörte auch die Besichtigung des ehemaligen Gestüts in Trakehnen. Alles ist dort weitgehend dem Verfall preisgegeben.
Einmalig schön gestaltete sich die Fahrt auf der Kurischen Nehrung nach Rositten/Rybachy. Die ehemals weltbekannte Vogelwarte, gegründet 1901 von Prof. Thienemann, ist seit 1956 der Akademie der Wissenschaften in Leningrad angeschlossen und führt den Namen "Biologische Station Rybachy". Während dieser Zeit wurden über 2 Millionen Zugvögel beringt.

Am 16. Juni 1999, der den Exkursteilnehmern zur freien Verfügung stand, fuhr Regina Endrulat erstmals nach Burgkampen. Hier wurde sie geboren. Hier lagen die Wurzeln ihrer Familie. Von hieraus begann die schwierige Flucht. Ein Kreis in ihrem Leben schloß sich. Nur wenige Häuser stehen noch. Bewachsene Schutthaufen weisen auf ehemalige Bauernhöfe. Ihr Elternhaus gibt es auch nicht mehr. Der Verfall der Städte und Dörfer schreitet nach der politischen und wirtschaftlichen Umwälzung und dem Ende der Sowjetunion weiter voran. Nach dem Ruin der Kolchosen und Sowchosen liegen ehemals sehr ertragreiche Äcker brach, und eine fortschreitende Versteppung setzt ein. Neben schönen Landschaften, Wäldern, Gewässern und vielen Störchen bleibt der in Not und Elend lebenden Bevölkerung nur die Hoffnung auf eine bessere Zukunft. Diesen Eindruck nahm Regina Endrulat mit Wehmut aus ihrer ehemaligen Heimat, aus Ostpreußen mit.

Der Kapitale vom „Allerheiligsten“

In der Jagdliteratur findet man häufig Schilderungen über die Erlegung eines “kapitalen” Wildes. Ob es sich dabei um einen Rot- oder Damhirsch, Rehbock oder starken Keiler handelte, ist zunächst nicht so vordergründig. Wichtig ist immer das persönliche Jagderlebnis. Jeder Jagderfolg ist für sich einmalig und bleibt im Gedächtnis des Erlegers haften bzw. stellt sich bei der Betrachtung der Trophäe wieder ein.

Schon in grauer Vorzeit schätzten die damaligen Jäger und Sammler bestimmte Trophäen. Sie galten als Zeichen einer erfolgreichen Jagd. Vom wehrhaften Wild (Bär, Löwe, Keiler, Wolf usw.) besaßen sie noch besonderen Wert. Auch als Schmuck- und Kultgegenstände fanden sie Verwendung. Trophäe im ursprünglichen Wortsinn bedeutet “Siegeszeichen” (griechisch: tropaion). Bei den olympischen Spielen im Altertum (nachweislich seit 776 v. Chr.) erhielt der jeweilige Sieger einen zum Kranz gewundenen Zweig eines Ölbaumes. Dieses Siegeszeichen verlieh ihm unsterblichen Ruhm. Beim anschließenden Festmahl feierte das Volk seinen Helden mit Gesang, Spiel und Tanz.
Dieses Brauchtum hat sich in vielfältiger Form über Jahrhunderte überliefert und weiterentwickelt. Zahlreiche jagdliche Bräuche, Sitten und Zeremonien bildeten sich heraus. Die Pflege des positiven jagdlichen Brauchtums bedeutet gleichzeitig Pflege des nationalen Kulturerbes. Weidgerechte Jäger jagen nicht um der Trophäe willen. Sie schätzen diese jedoch als Lohn für gute hegerische Arbeit. Außerdem auch als Beleg für das Heranwachsen eines gesunden, gut veranlagten Wildbestandes.

Verdienstvolle, weidgerechte Heger, wenn sie im Forstdienst standen, würdigte der Dienstherr beim Ausscheiden durch Abschußfreigabe eines “Pensionshirsches”. Zum 50., 60. Geburtstag, bzw. 25., 30. und 40. Dienstjubiläum erhielten sie einen “Jubiläumshirsch”. Eigenjagdbesitzer besaßen

selbst die Möglichkeit, entsprechend dem Wildabschußplan einen Abschuß durchzuführen. Die vielen revierlosen bzw. mit einem Begehungsschein ausgestatteten Jäger können, wenn ihr Geldbeutel den Kauf eines Abschusses nicht zuläßt, nur davon träumen.
Für den ausgezeichneten Jäger kann dieser Hirsch auch gleichzeitig der "Lebenshirsch" werden. Diese Trophäe muß in der Bewertung keine Goldmedaille erzielen. Sie schmückt aber als seine stärkste und wertvollste Trophäe sein Heim. Gleichzeitig zeugt sie von der Hege, Weidgerechtigkeit und dient als Anschauungsmaterial und für Lehrzwecke. So gesehen, kann man nicht von Trophäenkult sprechen.

Das Hauptinteresse von Oberförster Georg Koschitzki galt von klein auf der Jagd. Während seiner forstlichen Ausbildung nutzte er alle Möglichkeiten der Jagdausübung. Stationen hierbei waren die Landesforstschule Ballenstedt mit anschließender Tätigkeit in der Schorfheide. Es folgte 1957 seine Diplomarbeit über ein jagdliches Thema bei Prof. Dr. sc. Egon Wagenknecht.
Georg Koschitzkis Wunsch, als Oberförster in Mecklenburg tätig zu sein, ging in Erfüllung. Im herrlichen und idyllischen, um Waren/Müritz gelegenen Wald, mitten in Mecklenburg, durfte er seiner beruflichen und jagdlichen Passion nachgehen. Sein jagdliches Hauptaugenmerk galt dem Schwarzwild. Jede sich bietende Möglichkeit nahm Georg Koschitzki wahr.
Um auf Dauer erfolgreich zu sein, benötigt ein "Saujäger" einen guten Jagdhund. Aus diesem Grunde führte er immer scharfe Deutsche Jagdterrier. Schon auf der Landesforstschule Ballenstedt stellte man bei ihm nachstehende Wertigkeit fest: 1. Schwarzkittel, 2. Terrier Max, 3. stud. forest Wang (Georg Koschitzki), und dann erst kam seine Braut! Unermüdlich jagte er ständig auf Sauen, und davon gab es genügend in Mecklenburg. Seine Jahresstrecken betrugen 40, 50 und mehr. In seinem Jägerleben erlegte er rund 2.000 Stücken Schwarzwild. Damit ist Oberförster Koschitzki der erfolgreichste Saujäger, den ich kenne.

Für seine außergewöhnlichen jagdlichen Leistungen zeichnete man ihn mit der Abschußfreigabe eines Rothirsches der Klasse I aus. Eine schwierige Phase des Suchens, Verhörens und Beurteilens begann.

Während der Brunft 1972 tauchte ein etwa 8jähriger, gut veranlagter Rothirsch auf. Dieser Hirsch, den Oberförster Koschitzki mit Revierförster Eberhard Hagen mehrfach im Forstrevier Panschenhagen beobachten konnte, versprach ein ganz "kapitaler" zu werden. Zum Winterende fand Revierförster Hagen von diesem Hirsch eine Abwurfstange. Dr. Hans Joachim Gottschlich vom Rotwildforschungsgebiet Rothemühl begutachtete diesen Abwurf und schätzte den Hirsch auf 8-9 Jahre und als gut veranlagt ein.

Im Forstrevier Panschenhagen liegt recht abgeschieden ein Hochmoor. In den abflußlosen Senken der End- und Grundmoränengebiete ist es im Laufe der Zeit zur Bildung von Hochmooren gekommen. Vorherrschend findet man hier die Moorbirke. In der Bodenflora dominieren verschiedene Seggenarten, Pfeifengras, Wollgras, Moosbeere, Sumpfbinse und Torfmoose. Stellenweise sind die Flächen unpassierbar. Der üppig begrünte Moorboden, so harmlos er auch aussieht, ist für Mensch und Tier sehr gefährlich. Sobald bei jedem Schritt der Boden zu schwanken beginnt, bedeutet ein weiteres Vordringen tödliche Gefahr. Einige Bülten verhindern noch halbwegs ein sofortiges Versinken. Vereinzelte stubengroße, schwarzbraune Wasserpfützen unterbrechen diese Moorlandschaft. Das umgebende Röhricht mit entsprechender Strauchschicht um das Hochmoorgebiet ist ein ideales Einstandsgebiet für Schwarzwild, aber auch für das Rotwild. In dieser Wildnis ist ganzjährig absolute Ruhe. In Jägerkreisen bezeichnet man diese Gegend auch als das "Allerheiligste". Angrenzend bilden etwa 250 Hektar Fichten- und Lärchendickungen im Komplex mit dem Hochmoor ideale Brunftplätze. Drückjagden führte man hier nie durch. Nach 1945 kamen in diesem Jagdgebiet vier Medaillenhirsche zur Strecke.

In der Brunft 1973 tauchte plötzlich der nunmehr ungerade Vierzehnender wieder auf. Revierförster Hagen fand später von diesem Hirsch erneut eine Abwurfstange. Auch 1974 stand er als Platzhirsch im "Allerheiligsten". Mehrfach bekam der Revierförster ihn vor, auch Oberförster Koschitzki konnte ihn verhören.

Bodo Zelms, ein Naturfreund und leidenschaftlicher Amateurfotograf aus Waren, suchte häufig in Wald und Feld nach geeigneten Tierporträts. Mit seiner Kamera "Praktica" mit 500 mm Zeiss-Objektiv "zu Schuß" zu kommen und einmalige Tierbilder zu machen, war für ihn Erfüllung und der schönste Lohn. In seinem Buch "Eine Lanze für die Tiere (brechen)" kann man dies nachvollziehen. Zwangsläufig ergaben sich zwischen ihm und den Forst- und Jagdkollegen Berührungspunkte. Sehr gerne sahen die Jäger den "fotoschießenden" Naturfreund nicht in ihrem Jagdrevier. Jedoch mußten sie ihm zugestehen, daß er sich gewandt und jägermäßig verhielt und das Wild weder beunruhigte noch vergrämte. So gelang es Bodo Zelms, diesen ungeraden Vierzehnender öfters zu fotografieren. Bei seinen Beobachtungen stellte er im Gegensatz zu anderen Hirschen fest, daß dieser ungerade Vierzehnender sich zu seinem Kahlwild wie ein "Gentleman" verhielt. Sehr behutsam werbend, ja zärtlich ging er mit seinen "Damen" um. Dagegen war der von Revierförster Buchholz ein Jahr später erlegte Silbermedaillenhirsch ein sehr "rabiater Freier", ein Tyrann seines Rudels. Diese Feststellungen und Aufnahmen in "freier Wildbahn" sind nicht alltäglich und für interessierte Jäger, Naturfreunde und Jagdwissenschaftler bedeutsam, weil sie die Entwicklung von kapitalen Rothirschen darstellen.

Mit großen Erwartungen nahte 1975 die Hirschbrunft. Oberförster Koschitzki baute inzwischen mit seinen Helfern einen Steg in das Hochmoorgebiet. Am Ende des Steges, neben einigen abgestorbenen Birken, stand jetzt in einer Fichte eine Ansitzleiter. Täglich, noch weit vor Büchsenlicht, wenn langsam aus Schwarz Grau wurde und sich allmählich Konturen abzeichneten, saß Jäger Koschitzki auf der Ansitzleiter und verfolgte den Verlauf der Brunft. Beim Verhören meldeten sich etliche Hirsche. Alle Stimmlagen, vom Knören, Sprengruf bis zum sich steigernden Kampfschrei, variierte das Röhren im Laufe des Hellwerdens. Für kurze Augenblicke konnte der Jäger in den Lücken des Röhrichts bis zum Hochmoor treibende Hirsche mit ihrem Kahlwild erblicken. Das am Mitteltrieb scharf eingestellte Fernglas ließ nur recht gut veranlagte mittelalte Hirsche erkennen. Die markante Stimme des ungeraden Vierzehnenders war nirgends wahrzunehmen, geschweige denn sein Anblick. Seit drei Jahren fand sich dieser Hirsch regelmäßig zur Brunft im "Allerheiligsten" ein. Diesmal bisher nicht. Zweifel kamen auf. Aus den Nachbarjagdgebieten gab es jedoch keine Meldung über die Erlegung eines starken ungeraden Vierzehnenders.

In der Nachbrunft, Anfang November, zeigte er sich dann doch noch. Er konnte einwandfrei bestätigt werden. Auch dem Tierfotografen gelang noch eine Aufnahme. So schnell der Hirsch auftauchte, so verschwand er auch wieder. Wo sich dieser Hirsch während der Feistzeit aufhielt, blieb ein Rätsel. Im allgemeinen liegen diese Sommereinstände 10 bis 20 Kilometer von den Brunftplätzen entfernt. Nachweislich gibt es auch Ausnahmen, wo Hirsche 40 bis 50 Kilometer weit zu ihren Brunftgebieten gezogen sind.

Zur Brunft im Jahr 1976 hatte Georg Koschitzki seinen Berufskollegen Walter Messerschmidt aus Schattberge eingeladen. Beide kannten sich seit der Ballenstedter Forstschulzeit gut. Schon einige Male war Walter Messerschmidt zur Jagd nach Waren/Müritz gekommen. Diesmal traf er am 21. September ein. Am nächsten Morgen, in aller Herrgottsfrühe, fuhren sie ins Revier Panschenhagen. Mit gutem Wind und äußerst vorsichtig pirschten sie ins "Allerheiligste", um die Ansitzleiter zu erreichen. Die Brunft war voll im Gange, erreichte bereits ihren Höhepunkt. Aus allen Richtungen, nah und fern hörte man die Hirsche schreien. Ein einmaliges "Konzert" ließ die Jägerherzen schneller schlagen, zumal die markante Stimme des "Kapitalen" deutlich herausstach. Damit steigerte sich die Hoffnung auf den lang ersehnten jagdlichen Erfolg. Die Zeit verging wie im Fluge. Die Sonne stand inzwischen schon hoch am Himmel, da zeigten sich kurz mehrere Hirsche mit Kahlwild.
Der Uhrzeiger hatte kurz zuvor die zehnte Stunde überschritten, als der "Kapitale", begleitet von zwei Alttieren mit Kälbern, erhaben auf der Bühne erschien. Sie standen wie gebannt auf etwa 80 Meter. Ohne eine Sekunde zu verlieren, reagierte Oberförster Koschitzki. Blitzschnell schoß er. Seine Kugel 7x65 Torpedo-Ideal traf genau das Blatt des "Hochkapitalen". Der Hirsch quittierte die Kugel, indem er etwa 20 Fluchten geradeaus stürmte und kurz vor einer unpassierbaren, sprindigen Stelle tödlich zusammenbrach. Keine Bewegung, kein Schlegeln mehr, regungslos lag der "Recke" im noch taufrischen Wollgras. Dieser Augenblick war für Georg Koschitzki wie eine Erlösung. Die nervliche Anspannung löste sich. Walter Messerschmidt, der die Szene nicht genau verfolgen konnte, fragte: „Georg, liegt er?" Befreit, ja glücklich, kam die Antwort: „Ja, er liegt!" Beide Jäger eilten zum Hirsch. Tief ergriffen stand Oberförster Koschitzki vor seinem "Lebenshirsch".

Ganz klobig wirkte der 12jährige ungerade Vierzehnender. Seit fünf Jahren hatte er die Brunft im "Allerheiligsten" beherrscht. Jetzt, da er seinen Höhepunkt überschritten hatte, traf ihn die Kugel eines verdienstvollen weidgerechten Jägers. Nach dem üblichen Zeremoniell und der Versorgung des "Kapitalen" eilte Walter Messerschmidt zur Försterei, um den Abtransport zu organisieren, während der glückliche Erleger noch die "Totenwacht" hielt.

Die Erlegung eines starken Hirsches sprach sich schnell in Panschenhagen herum. Viele Einwohner eilten zur Försterei, um den Hirsch zu bewundern. Mit viel Geschick verluden die Jäger Koschitzki und Messerschmidt das Haupt des Hirsches in den offen bleibenden Kofferraum des "Trabant" und tuckerten nach Waren/Müritz.
Kaum zu Hause angekommen, rief Bodo Zelms an und teilte Georg Koschitzki erfreut mit, daß er vorgestern den ungeraden Vierzehnender (s. Bild) habe fotografieren können. Worauf Georg Koschitzki antwortete: „Wenn du den Hirsch nochmal sehen willst, komm gleich zu mir!" Wenig später erschien Naturfreund Zelms und staunte.

Das Geweih des "Altbekannten" wies folgende Werte auf: Gewicht 10 Kilogramm, Stangenlänge 98 cm, Stangenstärke 20 cm, Rosenumfang 28 cm, ungerader Vierzehnender, bewertet mit 212,35 internationalen Punkten und später mit einer Goldmedaille ausgezeichnet.

Anläßlich des 60. Geburtstages (12.07.1988) von Oberförster Georg Koschitzki überreichte ihm sein Freund Walter Messerschmidt ein Gemälde. Dieses Werk hatte er von einem Hobbymaler anfertigen lassen. Im Vordergrund sieht man den "Lebenshirsch" mit seinem Erleger. Dahinter eine Koppel mit Pferden. Die Unterschrift lautet: "Das war der letzte Hirsch! Jetzt steige ich auf Pferde um, denn das bringt mehr ein!" Man muß hierbei wissen, daß Georg Koschitzki langjähriger Züchter von Kleinpferden ist und außerdem Vizepräsident des Verbandes der Pferdezüchter Mecklenburg-Vorpommerns.

Fundhirsche

Verantwortungsbewußte Jäger sind ständig bemüht, ihre Wildbestände zu hegen. Sie sehen es als ihre vordringlichste Pflicht an, das Wild nicht nur zu jagen, sondern auch zu hegen und zu pflegen. Im Zusammenspiel mit der Land- und Forstwirtschaft, Naturschutz und Landeskultur soll ein artenreicher, kräftiger und gesunder Wildbestand entstehen und erhalten bleiben. Der Schutz der wildlebenden heimischen Tierarten in ihrer Lebensgemeinschaft und ihrem Lebensraum (Biotope) gegen Beeinträchtigungen durch den Menschen sowic unerlaubte Reduzierung sind gesetzlich geregelt. Wichtig jedoch ist die strikte Einhaltung der Gesetze und Verordnungen.

In den letzten 100 Jahren haben sich die jagdlichen Rahmenbedingungen mehrfach verändert. Langfristige, gut angelaufene Hegemaßnahmen wurden sowohl nach dem I. Weltkrieg und ganz besonders nach dem II. Weltkrieg zunichte gemacht. Unser Schalenwild, und in erster Linie das Rotwild, zeigten sich hiervon besonders betroffen. Während die Menschen nach dem I. Weltkrieg hauptsächlich aus Hunger und Not wilderten, kam nach der Katastrophe des letzten Weltkrieges noch hinzu, daß die Soldaten der Besatzungsmächte bedenkenlos jagten. Neben dem Wildererunwesen in den vielfältigsten Formen stellen Kraftfahrzeuge und Eisenbahnen große Gefahren für das Wild dar, oft verendet es angefahren an den Straßen und Schienen. In der Paarungszeit kommt es aber auch manchmal vor, daß Rothirsche und Rehböcke Konkurenten durch Forkelstiche tödlich verletzen. Auch Drahtgeflechte und achtlos liegengebliebener Weidezaundraht wurde schon etlichen Hirschen zum Verhängnis. Im Heimatmuseum Johannisburg hängt als mahnendes Beispiel ein vollständig mit Stacheldrahtzaun umwickeltes Hirschgeweih. In Osteuropa haben auch Wölfe Schäden verursacht. Im Winter 1992/1993 haben Wölfe nachweislich einen starken ungeraden 14ender in der Rominter Heide gerissen! Das meiste Wild wird jedoch durch einen schlechten Schuß verletzt. Die Nachsuchen erfolgen vielfach oberflächlich und nicht intensiv genug. Auch trösten sich Jäger mit einem angeblichen "Streifschuß". Das verletzte Tier jedoch quält sich oft tagelang und verludert irgendwo. Diese "Aasjägerei" ist aufs schärfste zu verdammen und sollte konsequent geahndet werden.

In den folgenden kurzen Ausführungen möchte ich nur einige starke Hirsche nennen, die aufgefunden, also nicht weidgerecht erlegt wurden und der Qualität nach in die Medaillenbewertungsrichtlinien hineinpassen. Nach jetzt üblichen Internationalen Punkten = C. I. C.-Punkte (Nadler-System) gibt es drei Prämierungsklassen:

Prämierungsklasse I über 200 Punkte	=	Gold Hochkapitale Hirsche
Prämierungsklasse II 190 - 200 Punkte	=	Silber Kapitale Hirsche
Prämierungsklasse III 180 - 190 Punkte	=	Bronze Hochjagdbare Hirsche

Als erster Hirsch sei der ungerade 26ender genannt, den man mit 213,75 Punkten bewertete. Dieser Hirsch fiel 1910 in Lenti/Ungarn Wilderern zum Opfer.

Im September 1937 fand man verludert in der Rominter Heide den lange bekannten Hirsch "Poseidon", einen ungeraden 20ender von 8,5 kg Geweihgewicht. Zu damaliger Zeit haben in den Staatsjagdrevieren alle gut veranlagten Rot- und Elchhirsche einen Namen bekommen. In Folge des II. Weltkrieges sind leider viele kapitale Trophäen aus den ehemaligen deutschen Gebieten verloren gegangen. Zu den Geretteten gehört das Geweih des 1926 in Rominten verludert aufgefundenen Hirsches mit dem Namen "Caesar". Die Trophäe befindet sich jetzt in Eberswalde (ehemalige Forstliche Hochschule).

In Mecklenburg-Vorpommern erlegten Russen 1946 im Schlemminer Forst (zwischen Stralsund und Ribnitz-Damgarten) einen hochkapitalen Rothirsch (s. Bild). Auf die Trophäe legten sie keinen Wert. Das Geweih nahm ein Bauer an sich. Forstmeister Otto-Heinrich Curschmann, zunächst ab 1949 Leiter des Kreisforstamtes und ab 1952 Betriebsleiter des zum Staatlichen Forstwirtschaftsbetrieb Stralsund umgewandelten Betriebes, machte die Trophäe ausfindig. Er hat sie fachgerecht präparieren und aufsetzen lassen. Den ungeraden 18ender bewertete man 1967 auf der Internationalen Jagdausstellung in Novi Sad mit 228,09 Punkten (s. Anlage). Der sogenannte "Schlemminer Fundhirsch", im Buch "Jagdtrophäen" von Dr. Lutz Briedermann beschrieben (VEB Deutscher Landwirtschaftsverlag Berlin 1979, Seite 122), galt lange Zeit als stärkster Hirsch der DDR. Der "Schlemminer" hing zunächst beim Nachfolger von Forstmeister Curschmann, Otto Große, in der Oberförsterei Schuenhagen. Später im Staatlichen Forstwirtschaftsbetrieb Stralsund, in der "Suhler Jagdhütte" in Rostock, dann in der Forstdirektion Stralsund und soll wieder ins Forstamt Schuenhagen zurückkehren.

Auf dem Truppenübungsplatz in Lübtheen fanden Soldaten im Herbst 1971 einen verluderten Hirsch. Der 22ender stellte alle bisher erbeuteten Trophäen in den Schatten. 231,87 internationale Punkte bedeuteten neuen DDR-Rekord. Woran dieser hochkapitale Hirsch verendet ist, konnte nicht ermittelt werden. Um die Trophäe international bewerten zu können, setzte man als Erleger den Namen des alten Revierförsters Johannes Polzer ein.

Zum Vergleich sei angemerkt, daß seinerzeit die Hegemaßnahmen nicht nur in Ostpreußen hochkapitale Hirsche hervorbrachten, wie den 1942 erlegten "Matador" (Erleger: Göring) mit 228,42 Punkten. Diese Trophäe wurde gerettet und befindet sich im Ostpreußenmuseum in Lüneburg. Der damals europaweit stärkste Hirsch "Fleischermeister" mit 236,97 Punkten (Erleger: Fleischermeister Goerke) wurde

1944 in der Feldmark Dachsrode, Bereich des Forstamtes Grauden, Kreis Wehlau, Ostpreußen erlegt. Leider ist die Trophäe bei der Eroberung Deutschlands verschwunden.

Nach der "wilden Zeit" dauerte es etliche Jahre, bis in Deutschland wieder kapitale Hirsche heranwuchsen. Bei einer Drückjagd im Herbst 1979 im Revier Karnin, Oberförsterei Schuenhagen, fand der Waldarbeiter Arnulf Tandler einen verluderten Rothirsch. Raub- und Schwarzwild haben die Reste des Wildkörpers (Knochen, Decke) weit auseinander getragen. Der Unterkiefer zur Altersbestimmung blieb leider verschwunden. Das Geweih des ungeraden 14enders wies kurze, aber sehr starke Stangen auf. Bei der Internationalen Jagdausstellung 1981 in Plovdiv/Bulgarien bewertete man die Trophäe mit 217,10 Punkten (Goldmedaille). Kurios ist, daß auf der Urkunde als Erleger F. Karnin genannt wird.
Wie im Falle des "Polzer Hirsches" befürchteten die DDR-Verantwortlichen, daß die starke Trophäe als Fundhirsch nicht in die Bewertung käme. Von den ortsansässigen Jägern kannte niemand diesen Hirsch. Auch die Todesursache ließ sich nicht mehr feststellen.
Der spätere Revierförster Uwe Stiehm fand 1977 in der Nähe des Fundortes eine Abwurfstange, die eindeutig zu dem verendeten "Karniner Fundhirsch" gehörte.

Auf einer Drückjagd 1979 im Sonderjagdgebiet Pennin der Oberförsterei Schuenhagen erlegte ein russischer Jäger unberechtigterweise einen ungeraden 18ender von 7,6 Kilogramm Geweihgewicht. Da die Russen Jagdtrophäen im allgemeinen wenig Bedeutung beimessen, ließen sie sich das Geweih widerspruchslos abnehmen, das Wildbret jedoch nicht. Bei der Bewertung erreichte diese Trophäe 192,31 Punkte (Silbermedaille) und hängt jetzt im Forstamt Schuenhagen.

Weitere kapitale Rothirsche fand man 1974 in Serrahn, Kreis Güstrow, die mit 174,46 und 1982 in Bossow, Kreis Güstrow, mit 194,42 Punkten (Silber) bewertet wurden.

Die Bewertung eines 1978 verludert gefundenen Damhirschgeweihes im Jagdrevier Serrahn, Kreis Güstrow, erbrachte 171,42 Punkte. Ein ungerader 18ender, der 229,50 Punkte (Gold) erreichte, wurde 1998 im Kreis Mecklenburg-Strelitz gefunden.

Die Reihe von Unfall- und Fundhirschen ließe sich noch beliebig fortsetzen. Erwähnenswert ist noch ein abnormer Unfallhirsch, der im Februar 2000 auf der Trophäenschau in Born/Darß eine Bewertung von 181,99 Punkten erhielt. Die Trophäe des 10-12 Jahre alten Hirsches wies erstaunlicherweise links eine breite Schaufel und rechts eine Krone auf. Er bekam den Namen "Elch". Kein Jäger hat diesen abnormen Rothirsch zuvor beobachtet.

Bei den meisten gefundenen Hirschen ist die Todesursache nicht mehr feststellbar. Vermutungen helfen in solchen Fällen nicht weiter. Im norddeutschen Raum ist noch des öfteren "Fallwild" aufgefunden worden. Jeder Jäger weiß aus eigenem Erleben von leichtfertigen und risikovollen Schüssen und deren Folgen. Das Thema "verludert gefunden" bleibt in der Diskussion.

Diese kurze Schilderung ist mit der Absicht entstanden, den Jägern nochmals aufzuzeigen, welch hohe Verantwortung sie mit ihrer Handlungsweise tragen.

Mißverständnis

Zwischenmenschliche Beziehungen gestalten sich oftmals nicht einfach. Durch ungenaue Formulierungen, Schilderungen und Erläuterungen, aber auch durch Gesten, Gebärden oder Mimik entstehen nicht selten Mißverständnisse. Diese können vollkommen harmlos sein und nur Heiterkeit oder ein Schmunzeln erregen, aber auch ernsthafte Konflikte auslösen. Denken wir nur mal an den Straßenverkehr. Ein mißverstandenes Zeichen eines Verkehrsteilnehmers, und schon kann es zu einem Unfall kommen. Deshalb sollte jede Äußerung, jede Geste klar und eindeutig sein.

Im nachfolgenden Abschnitt schildere ich ein folgenschweres Mißverständnis. Diese Geschichte hat sich tatsächlich in Schleswig-Holstein so zugetragen. Auf besonderen Wunsch werden Namen und Orte nicht genannt, aber versichert, daß alles voll der Wahrheit entspricht.

Aus Alters- und Krankheitsgründen konnte der Pächter eines Eigenjagdbezirkes die Jagd nicht mehr ausüben. Der Pachtvertrag für diese Jagd besaß noch einige Jahre seine Gültigkeit. Es mußte also im Einvernehmen mit dem Verpächter ein Nachfolger gefunden werden. Unter den revierlosen Jägern fand sich schnell ein relativ junger, schon pachtfähiger Jäger, der diesen recht guten Eigenjagdbezirk übernahm. Er stieg zum Beginn des Jagdjahres (1. April) in den bestehenden Pachtvertrag mit allen Rechten und Pflichten ein. Es gab vom ausscheidenden Pächter aber die Bedingung, den alten, ortsansässigen Jagdaufseher zu übernehmen. Darin sah der neue Jagdpächter kein Problem, und so wurde der Eigenjagdbezirk samt Jagdaufseher übernommen. Ihm war es sogar recht, daß er jetzt über einen Mann verfügte, der sich in dem Jagdgebiet mit allen sonstigen Belangen auskannte.

Im Sommer, während der Bockjagd, klappte auch alles zur vollsten Zufriedenheit des neuen Jagdpächters. Ohne große Mühe erlegte er ein paar brave Böcke, die sein Jagdaufseher für ihn zuvor ausgemacht hatte.

Der September nahte und somit die Jagdzeit auf den Damhirsch. Der bestätigte Abschußplan sah unter anderem die Erlegung eines Trophäenträgers der Klasse I vor. Eine Abschußfreigabe für einen hochkapitalen Damhirsch gab es nicht alle Jahre. Im besagten Eigenjagdbezirk kam reichlich und gut veranlagtes Damwild vor. Der Jagdaufseher bestätigte zwei kapitale Vollschaufler, wobei sich der eine oft in der Nähe der Reviergrenze aufhielt.

Der neue Jagdpächter hatte seine Jägerlaufbahn erst begonnen und besaß insbesondere auf Rot-, Dam- und Schwarzwild noch verhältnismäßig wenig Jagdpraxis. Sein größter Wunsch bestand jetzt darin, den hochkapitalen Damhirsch zu erlegen, um entsprechende Beachtung und Wertigkeit in der Jägerschaft zu erlangen. Auf den Morgen- und Abendansitzen sowie Reviergängen begleitete ihn ständig sein Jagdaufseher. Der alte, erfahrene Jäger versuchte, seinen Jagdherrn ausgiebig über das Damwild im allgemeinen und das Verhalten der kapitalen Schaufler vor, während und nach der Brunft zu informieren. Die reviertypischen Belange, ruhige Lage, deshalb wenig Störung, das Biotop mit reichlich vorhandener weicher Äsung und lockerer Deckung sowie die altbekannten Brunftplätze, boten dem Damwild gute Lebensbedingungen.
Das Damwild ist sehr anpassungsfähig. Eine ausgesprochen tagaktive Wildart, das unstetig umherzieht. Dieses zigeunerhafte Verhalten der Rudel ändert sich aber Anfang September. Sie ziehen dann bereits in die Nähe ihrer Brunftplätze und sind während dieser Zeit sehr heimlich. Durch Störungen und Beunruhigungen ihrer Einstände können sie sehr schnell vergrämt werden. Während der Brunft, von Anfang Oktober bis Anfang November, sind die Schaufler jedoch recht unempfindlich.

Nach mehrfach erfolglosem Ansitzen beobachteten Jagdherr und Jagdaufseher von ihrer Kanzel das vertraut auf die Wildwiese ausgewechselte Wild. Dem äsenden Rehwild und Hasen sowie einem schürendem Jungfuchs schenkten sie wenig Beachtung. Die ganze Aufmerksamkeit galt dem Rudel Damwild. Nur zwei Schmalspießer ließen sich zwischen den weiblichen Stücken ausmachen. Plötzlich erschien auf etwa 150 Schritte ein Schaufler, wenig später von der anderen Seite der Äsungsfläche ein weiterer kapitaler. Der Jagdherr, wegen der günstigen Gelegenheit zur Erlegung eines Medaillenhirsches sichtlich erregt, wollte nichts falsch machen. Er stieß seinen Jagdaufseher an und fragte leise flüsternd, welcher der beiden wohl der "Richtige" sei.

Der Jagdaufseher zuckte mit seinen Schultern und deutete durch Mimik und Kopfschütteln an, daß er sein Fernglas vergessen hätte. Daraufhin reichte der Jagdherr seine Büchse hinüber und zeigte auf das Zielfernrohr. Mit Kopfnicken und entsprechender Gestik versuchte er ihm klarzumachen, er möge damit den Schaufler ansprechen. Nur zögerlich übernahm der alte Jagdaufseher die Waffe, setzte sie an seine Schulter, schaute durch das Zielfernrohr.
Erwartungsvoll blickte der junge Jagdherr wieder auf die Damhirsche. „Zu welchem würde ihm der alte erfahrene Jäger raten?" Angestrengt übte er sich selbst im Ansprechen, als plötzlich neben ihm ein Schuß krachte. Mit sauberem Blattschuß verendete der Medaillenschaufler im Feuer.

Erschrocken und völlig sprachlos starrte der Jagdpächter auf den Jagdaufseher. Zunächst konnte er das soeben Erlebte nicht fassen und begreifen. Dann jedoch folgten heftige Vorwürfe. Der alte Jagdaufseher, leichenblaß geworden, hatte die Situation völlig mißverstanden.

Das Ende der Geschichte ist schnell erzählt. Für den Jagdaufseher war das seine letzte Jagd in diesem Eigenjagdbezirk, und der junge Jagdherr mußte Hohn und Spott über sich ergehen lassen.

„Nagelfest“ neu im deutschen Jagdbrauchtum

Unter “Nagelfest” kann man sich zunächst wenig vorstellen. Ich möchte jedoch mit dieser Abhandlung auf die Entstehung, Bedeutung, Weiterentwicklung und Bewahrung des jagdlichen Brauchtums hinweisen.
Das jagdliche Brauchtum fördert die Liebe und Achtung, den Schutz sowie die Hege des Wildes und verlangt die Durchsetzung der Weidgerechtigkeit.

Auf der Welt-Jagdausstellung 1971 in Budapest stellte man unter “Mensch und Natur” Nachstehendes heraus:
“Viele hunderttausende von Jahren hindurch lebten die Vorfahren des Menschen nur von der Jagd und für die Jagd. Sie war ihr Lebensunterhalt, sie lieferte ihnen Nahrung und Bekleidung. Die Jagd und die Jagdleidenschaft bestimmten das ursprüngliche Verhältnis des Menschen zur lebenden Natur.”
Im Laufe der Entwicklung lernte der Mensch, das Feuer zu nutzen und seine Jagdwaffen und Jagdmethoden zu verbessern. Schon mit den Steinzeitjägern beginnen die künstlerische Betätigung und die ersten Ansätze des jagdlichen Brauchtums. Steinzeitliche Halsketten und Armringe aus Eckzähnen von Bären, Wölfen und Füchsen sowie aufbewahrte Tierschädel vom wehrhaften Wild und Geweihe geben hiervon Zeugnis. Schon die Jäger der Urgesellschaft schätzten schon bestimmte Trophäen. Sie waren Zeichen einer erfolgreichen Jagd und dienten auch als Schmuck- und Kultgegenstand. Begehrte Jagdtrophäen waren die Hörner des Urstiers, die als Trinkgefäße und Hifthörner Verwendung fanden. Elfenbein- und Knochenschnitzereien sowie Gravierungen von Jagdszenen belegten erste künstlerische Betätigung.

Einmalig sind die Höhlenbilder der Grotte Chauvet/Frankreich, die vor rund 30.000 Jahren entstanden sind. In dieser ältesten Galerie der Welt fand man 267 Tiere der damaligen

Zeit. Mammut, Bär, Wisent usw., wurden hier in meisterlicher Vollkommenheit und Ausdruckskraft an die Kalksteinwände gemalt.

Über die einzelnen Gesellschaftsordnungen hinweg, von Generation zu Generation, bildeten sich Sitten und Verhaltensnormen heraus. Bräuche sind Regeln im Verhalten der Menschen untereinander. Ethik, angeknüpft an Traditionen, förderten die allgemeine Meinung, gaben der Überzeugung die Kraft zur Beständigkeit. Das positive jagdliche Brauchtum wurde Bestandteil unseres nationalen Kulturerbes.

Große Bedeutung erlangte die Weidmannssprache. Mit etwa 6.000 Worten ist sie die wortreichste Fachsprache. Durch ihre oft bildhaften Ausdrücke entstanden Wortneubildungen und eine Bereicherung unserer Muttersprache.

Vielfältig ist die Verwendung der "Bruchzeichen". Einerseits dienen sie der Verständigung der Jäger untereinander, zum anderen sind der "Inbesitznahmebruch" und der "Letzte Bissen" Ausdruck der Achtung vor dem Lebewesen. Mit dem "Schützenbruch" schmückt sich der erfolgreiche Erleger.

Das Jagdhornblasen geht auf eine lange Tradition zurück. Hifthörner, gefertigt aus den Hörnern von Ur, Wisent oder Büffel, dienten der Signalgebung und Verständigung zu damaliger Zeit. Später eröffnete man den Jagdtag mit einem besonderen Signal und leitete mit Hilfe weiterer Jagdsignale den Ablauf der Jagd. Das jeweilige Totsignal verkündete weit hörbar den Abschluß einer erfolgreichen Nachsuche.
Das Ritual der Streckenlegung, umgeben von lodernden Fackeln, erfolgte mit Bekanntgabe der Jagdstrecke und Überreichung der Schützenbrüche. Die Strecke wird dann nach der Rangordnung des erlegten Wildes verblasen. Dem letzten Totsignal folgt "Jagd vorbei" und "Halali". Während des Verblasens erweisen Jäger und Jagdhelfer dem erlegten Wild durch Abnahme der Kopfbedeckung die letzte Ehre.

Der "Jägerschlag", die Wehrhaftmachung bzw. Freisprechung der Jägerburschen, war ein alter Brauch. Wer die Jägerei erlernte, mußte drei "Behänge" (Lehrjahre) durchmachen. Im ersten "Behäng" mußte er als "Hundsjunge" tätig sein. Im zweiten "Behäng" erlernte er als "Lehrbursche" alle wichtigen jagd- und forstlichen Tätigkeiten, und im dritten Lehrjahr bezeichnete man ihn als "Jägerburschen". Nach Beendigung der Lehrzeit erfolgte durch seinen "Lehrprinzen" (Lehrherrn) vor der versammelten Jägerschaft die Wehrhaftmachung/Freisprechung. Feierlich schlug man ihn zum Jäger. Als nunmehr freier, wehrhafter Mann erhielt er den Hirschfänger und seinen Jägerlehrbrief. Ursprünglich lautete der Spruch zum Jägerschlag:

"Die edle Jägerei -
gar mannigfach Gebräuche -
und Sitten allerlei!
Nicht nur, wer alte Regeln -
sei's Kriegsmann, Fürst oder Knecht -
mit frev'lem Mut verletzet -
erhält sein schlagend Recht.
Auch wer als junger Knappe -
der edlen Jägerei -
schwört ew'ge Gunst und Treue -
erhält der Schläge drei.
Drum sich' du junger Degen -
denk alter Sitten auch -
es ist nicht Schand', s' ist Ehre -
sich fügen altem Brauch."

Dann erhielt der Jägerbursche, der sich über ein Stück Wild beugen mußte, den Jägerschlag mit dem Hirschfänger oder Weidblatt aufs Gesäß.

Den ersten Hieb mit den Worten:
"Für meinen Lehrprinz und Herrn."
Jagdsignal: Aufbruch!

Den zweiten Hieb mit den Worten:
“Für Ritter, Jäger und Knecht.”
Signal: Aufmunterung im Treiben!
Beim dritten Schlag vernahm man die Worte:
“Dies ist für das edle Jägerrecht!”

Jetzt durfte der Geschlagenen sich aufrichten, und der Lehrprinz fuhr fort:

“So bist du nun genommen
in Eid und Schwur und Pflicht -
Doch eines laß dir sagen -
Verletz Diana nicht -
Verletz nicht deine Wehre -
Mit böser Schlächterei -
Und hege tief im Herzen -
Den alten Spruch auf's neu:
Der echte Weidmann liebet -
stets Ehre, Pflicht und Treu -
Das ist der wahre Inhalt -
Der edlen Jägerei.”

Anschließend wandte sich der Lehrprinz an die anwesende Jägerei:

“Und nun ihr von grünen der Farbe -
Stoßt an, es werd' zuteil -
dem neuen Weidgesellen -
Ein donnernd Weidmannsheil!”
Signal: Halali!

Nach Vollzug des Jägerschlages wurde der junge Jäger aus einem Pokal mit Wein genossen gemacht.

In der Weiterentwicklung des jagdlichen Brauchtums erfolgt heute der “Jägerschlag” nach bestandener Jagdprüfung. Dieses geschieht örtlich etwas unterschiedlich, jedoch in feierlicher Form, wobei der “Jägerschlag” mit dem Hirschfänger oder Weidblatt auf die Schulter erfolgt mit den Worten:

"Der erste Schlag soll dich zum Jäger weih'n!
Der zweite Schlag soll dir Kraft verleih'n,
zu üben stets das Rechte!
Der dritte Schlag soll dich verpflichten,
nie auf die Jägerehre zu verzichten!"

Nach dieser Zeremonie überreicht der Kreisjägermeister als Vorsitzender des Prüfungsausschusses dem Jungjäger das Prüfungszeugnis und einen als Schmuckblatt gestalteten Jägerbrief.

Das "Schüsseltreiben" gehört auch zum Jägerbrauchtum. Es findet nach einer Gesellschaftsjagd entweder gleich neben der Jagdstrecke um ein hell loderndes Lagerfeuer statt, oder die Jagdgesellschaft begibt sich zu ihrer Jagdhütte, gegebenenfalls in die nächstliegende Landgaststätte. Der weitere Ablauf gestaltet sich örtlich verschieden. Jedoch ist es üblich, daß der Jagdleiter (Jagdherr) eine kurze Ansprache hält. Hierbei schätzt er den Ablauf der Jagd ein, bedankt sich bei den Jagdhelfern und ehrt den "Jagdkönig" durch ein dreifaches "Horrido-Joho". Zum Schluß erhebt mit der linken Hand und dem Ausruf "Weidmannsheil" der Jagdleiter sein gefülltes Glas. Hierauf nehmen ebenfalls alle Jagdteilnehmer ihr Glas in die linke Hand und prosten ihm zu.
Der Brauch, bei "Weidmannsheil" das Trinkgefäß links zu ergreifen und zu trinken, begann schon im Mittelalter. Damals mußte ein Ritter, Edelmann oder Jagdjunker stets einsatzbereit sein. Sein Schwert, Degen oder Hirschfänger trug er an der linken Seite, so daß er es in ernsten Situationen blitzschnell ergreifen und sich verteidigen konnte. Später fügte man dieser Deutung noch eine weitere hinzu. Der Kavalier umfaßte seine Dame mit dem rechten Arm und hatte gleichzeitig die Möglichkeit, mit links sein Glas zu leeren.

Kommt während der Einzeljagd ein starker Hirsch, Bock, Keiler oder anderes jagdbares Schalenwild zur Strecke, so erfolgt bei dem Erleger das "Tottrinken". Zu diesem Anlaß wird die Trophäe entsprechend aufgebaut, mit grünen Brü-

chen eingerahmt und von Kerzen beleuchtet. Der glückliche Erleger sitzt am geschmückten Platz vor seiner Trophäe. Zu den Seiten Jäger und Jagdfreunde. Beim Wein, aber auch bei anderen Getränken, schildert recht ausführlich der erfolgreiche Jäger die Erbeutung seiner Trophäe.
Bei gut eingespielter Organisation läßt sich nach kurzer "Totenwacht" noch am Abend der Erlegung das "Tottrinken" durchführen. Dieses geschieht entweder vor einer Jagdhütte oder einer Försterei. Auf grünen Laub- und Nadelholzzweigen, umgeben von hell lodernden Fackeln oder Feuern, liegt weidgerecht der "Kapitale". Mit dem Totsignal "Jagd vorbei" und "Halali" geben Jagdhornbläser der ganzen Zeremonie eine feierliche Stimmung. Der weitere Ablauf des "Tottrinkens" gestaltet sich ähnlich, wie vorher geschildert.

Das Ritual um das "Nagelfest" stammt eigentlich aus Ungarn. Jäger, die dort häufig zur Jagd waren, haben diesen Brauch mitgebracht. Vor allem in Schleswig-Holstein hat sich diese Handlung angesiedelt. Eine gewisse Ähnlichkeit gibt es mit dem "Tottrinken". Der Unterschied besteht lediglich darin, daß die Trophäe vermessen, nach C.I.C.-Punkten bewertet und auf ein entsprechendes Schild aufgesetzt wird. Falls der "Kapitale" inzwischen bei einer Trophäenschau in die Bronze-, Silber- oder Goldmedaillenklasse eingeordnet werden konnte, schmückt noch die Medaille die Schützentrophäe.
Im Kreise der Jagdfreunde erfolgt der Ablauf des Abends ähnlich wie beim "Tottrinken". Höhepunkt ist das Einschlagen eines Nagels an die vorgesehene Stelle der Trophäenwand mit anschließendem Aufhängen der Trophäe. Mit "Horrido" und "Weidmannsheil", umrahmt von Jagdmusik und Jagdsignalen, Trinksprüchen sowie Schilderungen von Jagderlebnissen, erfolgt der gesellige Ausklang anläßlich des "Nagelfestes". Es ist eine wertvolle Weiterentwicklung des deutschen Jagdbrauchtums.

Jeder weidgerechte Jäger bewahrt solche Höhepunkte lebenslang in seinem Gedächtnis.

Stockente Wielewitt

Zahlreich ist die Entenfamilie. Prächtige Stockentenerpel mit stahlblauem Flügelspiel und ebenso schillerndem Kopf und Hals, Krickerpel mit metallisch glänzendem, leuchtend grünem Spiegel und Kopfflecken tummeln sich neben der hier noch einheimischen Knäkente auf den mecklenburgischen Gewässern. Die Knäkerpel zeigen im Vergleich dazu mattschimmernde grüne Spiegel mit breiter weißer Einfassung in ihrem Prachtgefieder. Die bunten, farbenprächtigen Erpel wirken gegenüber ihren unscheinbaren Enten sehr auffallend und protzig. Die Natur hat dieses weise eingerichtet, die Ente kann so ihr Brutgeschäft gut getarnt erledigen. Ihre Jungen führt sie wachsam bis zum Ende der Wachstumsperiode. Ungefähr acht Wochen nach dem Schlupf sind sie flügge. Im Schof bleibt die Familie bis zum nächsten Frühjahr vereint.

Die Paarbildung erfolgt schon im Laufe des Winters. Die späteren Elterntiere haben bis zur eigentlichen Paarung eine gewisse "Verlobungszeit". Auf jedem halbwegs geeigneten Gewässer, sei es ein kleiner Tümpel inmitten großer Ackerschläge oder ein idyllischer Waldteich, weitab von großen Seen, suchen die Entenpaare nach Brutplätzen. Oft finden sich noch überzählige Erpel ein und versuchen, die Ente für sich zu gewinnen. Zwischen den Rivalen kommt es dann zu Auseinandersetzungen, wobei der "Hausherr" oft Mühe hat, sich zu behaupten und sein Revier mit Partnerin zu verteidigen. Ist die Partnerschaft entschieden, beginnt die Ente an einem vermeintlich sicheren Ort mit dem Brutgeschäft. Das Gelege einer Stockente weist mit acht bis maximal sechzehn Eiern eine hohe Anzahl auf. Dieses deutet darauf hin, daß die Verluste der geschlüpften Entenjungen sehr hoch sind. Geht ein Gelege gänzlich verloren, so beginnt die Ente unmittelbar danach mit einem Nachgelege. Während der Legeperiode (täglich 1 Ei) und der Brutzeit (24 bis 28 Tage) übernimmt der Erpel eine Wächterrolle. Er liegt dann auf dem Gewässer in entsprechender Entfernung zu der brütenden Ente und lenkt die ganze Aufmerksamkeit auf sich. Auf diese Weise versuchen Erpel, Gefahren und Störungen vom Gelege abzuwenden. Bekanntermaßen zieht jedes Gewässer geradezu magnetisch auch das Raubwild und Raubzeug an.

Auf unserem Grundstück befindet sich ein etwa 750 m^2 großer Teich. Dieser ist von einem großen Garten mit viel Rasen, Pflanzen, Sträuchern und Bäumen umgeben. Alles grenzt an einen Wald von Pappeln, Erlen und Eichen. Ein richtiges Naturparadies. Im Teich sind so nach und nach viele Fischarten vertreten. Bis zu fünf Kilogramm schwere Karpfen, gute Hechte, Schleie, Plötze, Karauschen, sogar Aale leben darin.
Im Frühjahr hüpfen zur Laichzeit tausende Frösche aller Art zu diesem Gewässer. Ihr Unkenruf gibt ihnen während der Nachtzeit entsprechende Orientierung zum Partner und Gewässer. Aus dem Froschlaich entwickeln sich einige Tage später zigtausende Kaulquappen. Nach ihrer Entwicklungsphase kriechen sie als kleine Jungfrösche aus dem Teich.
Dieses Biotop bietet der Unterwasservegetation, und vor allem der Tierwelt, einen wichtigen Lebensraum. Von den Fischen, Teichmuscheln und sonstigen Wasserlebewesen bis hin zu den Libellen, Schmetterlingen und der zahlreichen Vogelwelt ist alles vertreten. Oft kann man den sehr seltenen Eisvogel beobachten, auch sieht und hört man ab und zu den Pirol. In den 22 Jahren meines Hierwohnens stattete sogar zweimal der Fischotter unserem Teich einen Besuch ab. Mehrere große Karpfen wurden zu meinem Leidwesen seine Beute. Auch Bisamratten entdeckten dieses kleine Idyll. Manchmal versuchte auch der scheue Fischreiher, ein Fischlein zu erbeuten und sogar ein Höckerschwan ließ sich einmal auf die Wasserfläche nieder. Bleß- und Teichhühner, Krickenten und Stockenten, auch Märzenten genannt, waren und sind häufige Gäste. Durch Beringung ist einwandfrei nachgewiesen, daß Stockenten das Bestreben haben, an dem gleichen Gewässer, an dem sie geschlüpft sind, auch zur Brut zu schreiten. Auch versuchen sie, ihren vorjährigen Brutplatz wieder einzunehmen.

Seit nunmehr sechs Jahren, hat in jedem Frühjahr ein Stockentenpaar unseren Teich als sein Brutgebiet ausgewählt. In der Paarungszeit haben einige alleinstehende Erpel versucht, dieses Gebiet samt Ente zu erobern. Da hatte es der "Hauserpel" schwer, seine hartnäckigen Widersacher zu vertreiben. Sobald ich dieses bemerkte, habe ich ihn unterstützt, in dem ich mich dem Teich näherte. Sofort sind die fremden Erpel davongeflogen. Unseren Stockenten dagegen sind wir Hausbewohner vertraut.

Mit Brotstückchen, die ich jeden Tag ins Wasser werfe, füttere ich die Enten. Auch gekochte Kartoffeln, Speisereste, Weizen- und Maiskörner erhalten sie auf einem kleinen Holzfloß. Mit lautem "Wielewielewitt" locke ich unsere Enten zum Füttern. Schnell kommen sie dann angeschwommen, manchmal halb fliegend, und schlucken die angebotene Nahrung, dazwischen etwas Wasser schlappernd. Der Erpel läßt der Ente immer den Vortritt, er hält sich etwas zurück. Während der Brutzeit ist die Ente nur ab und zu zum Füttern gekommen. Ihr Gelege befand sich in den ersten zwei Jahren jeweils am mit viel Schilf bewachsenen Ufer. In unserem Teich liegt eine kleine, mit Schilf und Gras bewachsene Insel. Ich habe an ihrem Rand eine Entennisthütte aufgestellt, einfach, um der Ente mehr Schutz zu bieten. Tatsächlich siedelte sie um und brütet nun schon seit vier Jahren auf dieser Insel. Den Nistkasten aber hat sie erst 1999 angenommen.

Jedes Jahr nach dem Schlupf der Jungenten hat die Mutterente gegen Abend mit ihren Jungen geübt. Mit Lock- und Warnrufen ging es über die Wasserfläche, durch das Schilf, auf die Insel rauf und runter. Von unserer Terrasse, etwa 20 Meter vom Teich entfernt, konnte man alles genau beobachten. Mit Hilfe von Ferngläsern haben wir alles bis spät in die Nacht hinein verfolgt. Mein Ruf "Wielewitt, Wielewitt" lockte sofort die Ente mit ihren Jungen. Sie ruderten heran, und die Entenmutter nahm die ins Wasser geworfenen Brotkrumen an. Ihre Jungen dagegen eilten oft blitzschnell Fliegen und Mücken nach. Am nächsten Morgen nach der Fütterung trainierte sie noch einmal mit ihren Jungen. So gegen 10.00 Uhr hörte man dann ein leises Locken der Ente. Vorsichtig und nach allen Seiten sichernd, verließ sie mit ihrem Nachwuchs den Teich. In einer Reihe, dicht zusammengerückt, folgten die Jungenten. Ihr Ziel war der etwa drei Kilometer entfernt liegende, fast 100 Hektar große Conventer See.

Dieser Aufbruch am Vormittag bedeutet für die Ente und ihre Jungen eine gewisse Sicherheit. Raubwild und Raubzeug sind nachtaktiv. Sie versuchen, ihre Beute während der Abend- und Morgendämmerung bzw. in der Nacht zu fangen. Am Vormittag jedoch ruhen Fuchs, Iltis, Wiesel, Marder usw. von den Strapazen der Nacht. Auch die umherstreunenden Katzen dösen vor sich hin, so daß die Entenfamilie eine gute Chance hat, ihre weite Wanderung wohlbehalten zu überstehen. Zwar gibt es auf der Wegstrecke noch zwei stark befahrene Straßen zu überqueren, aber mit etwas Glück ist dieses zu schaffen. In der Vergangenheit ist es unserer Ente Wielewitt jeweils geglückt, und sie schienen unbeschadet zum großen See gelangt zu sein.

Einmal jedoch haben sich zwei Jungenten in die offenstehende Garage meines Nachbarn Ekkehard Paap verirrt. Dies hat die Ente wohl nicht bemerkt und ist mit ihrem übrigen Geheck weiter gezogen. Mein Nachbar hat mich sogleich benachrichtig. Ich habe die Enten zum Golfteich (etwa einen Hektar groß) geschafft, wo sich immer Wildenten mit ihren Gehecken befinden. Dieser Teich dient auch als Verbindungs- und Zwischenstation zum Conventer See. Nachdem ich sie abgesetzt habe, ruderten die beiden schnell über den Golfteich und verschwanden im Schilf der kleinen Halbinsel. Die Jungenten als Nestflüchter ernähren sich sofort nach dem Schlupf selbständig. Sicherlich werden sie Anschluß an einen anderen Schof oder an die eigene Familie gefunden haben.

Im Frühjahr 1998 fanden sich Stockente und Erpel wieder auf unserem Teich ein. Zutraulich schwammen sie nach jedem Rufen an den Steg, um sich einige Futterbrocken zu holen. Nachdem die Ente auf der Insel ihr Gelege begonnen hatte, kam sie nur gelegentlich zur Nahrungsaufnahme. Dann erfrischte sie sich jedesmal erst mit einem ausgiebigen Bad. Tauchte, plusterte sich, schnabelte im Gefieder herum und probierte kräftig ihre Schwingen aus. Nach der Stärkung erfolgte meistens ein kurzer Ausflug. Spätestens nach einer halben Stunde fiel sie wieder auf den Teich ein und nahm dann ihr Brutgeschäft erneut auf. Es ist anzunehmen, daß sie dem Conventer See einen kurzen Besuch abgestattet hat. Während ihrer Abwesenheit ist oft der Erpel als "Wächter" auf dem Teich geblieben.

Am Abend des 10. Mai plötzlich Lockrufe. Elf winzige Enten, gleich kleinen gelben Wattebäuschen, sind der Ente auf dem Wasser gefolgt. Sie umkreisten die Insel, verschwanden im Röhricht, um 20 Meter weiter wieder zum Vorschein zu kommen. Schnell habe ich Weißbrot geholt und mit "Wielewitt" gelockt. Sofort ist der Schof herangekommen. Die Ente schluckte wie gewohnt ein Stückchen nach dem anderen. Ihre Jungen dagegen schoben die Weißbrotkrumen hin und her, pickten etwas daran. Ab und zu ist eines der Kleinen pfeilschnell hinter den Mücken hinterher gesaust. Es ist sehr erstaunlich, wie schnell sie dann sein können.
Am anderen Morgen wiederum ein ähnlicher Verlauf. Gegen 10.00 Uhr kletterte die Mutterente, gefolgt von ihrem Nachwuchs, aus dem Teich, um in Richtung Conventer See abzuwandern. Unser Gartenzaun verhinderte mit seinen engen Maschen den direkten Weg zum großen See. Vorsichtig dirigierte ich sie durch unser Hoftor mit dem an der Vorderfront befindlichen Jägerzaun. Dann watschelte sie, ständig nach allen Seiten sichernd, zu unserem Nachbarn Rainer Friedemann. Hier zog es sie zielstrebig auf dessen kleinen künstlichen Teich. Ich wollte sie noch davon abhalten und gleich weiter zum Golfteich geleiten, aber nichts zu wollen, sie machte erstmals Zwischenstation. Etwa zwei Stunden später, wie mein Nachbar berichtete, sind sie weiter gezogen.

Drei Tage später sah ich plötzlich wieder ein Stockentenpaar auf dem Teich. Schnell nahm ich Brotstückchen und warf sie mit "Wielewitt" den Enten zu. Vertraut schwammen sie auf mich zu. Ihr Verhalten glich ganz dem vorherigen Entenpaar. Als sie sich am nächsten Tag immer noch auf dem Teich aufhielten, wurden meine Zweifel zur Gewißheit. Es war unsere Wielewitt-Ente. Auf der Wegstrecke zum See sind ihre Jungen wohl dem Raubwild bzw. den Katzen zum Opfer gefallen.

Nach einigen Tagen bemerkte ich, daß sich die Ente auf der Insel im alten Nest zum Nisten vorbereitete. In der nächsten Zeit kam sie nur gelegentlich zur Äsung. Der Erpel blieb etwa drei Wochen fort. Er befand sich in der Mauser, das heißt, er hat sein Federkleid gewechselt und ist während dieser Zeit flugunfähig.

In der Dämmerung des 17. Juli konnten wir wiederum Locklaute der Ente wahrnehmen. Acht Junge schwammen hinter "Wielewitt". Diesmal ist die Ente mit ihrem Geheck nicht am nächsten Vormittag weitergewandert. Sie blieb auf unserem Teich. Hier tauchten, gründelten und schwammen sie hin und her. Fingen Mücken, Fliegen und andere Kleinlebewesen. Auch das angebotene vielfältige Futter haben sie gerne angenommen. Ich habe schon gehofft, daß sie bis zum Flüggewerden bleiben würden, aber am 25. Juli ist sie mit ihren Jungenten wieder fortgezogen. Diesmal fand sie selbständig durch den Jägerzaun und machte wieder auf dem kleinen Teich des Nachbarn Zwischenstation. Am nächsten Tag rief ich am Golfteich nach den Enten. Auf mein "Wielewitt" kamen sie herangeschwommen und nahmen die Brotstückchen wie gewohnt entgegen. Noch sechs Jungenten hatte die Ente bei sich. Am nächsten Tag habe ich vergeblich gelockt. Sicherlich waren sie bereits weitergezogen zum etwa einen Kilometer weit entfernten Conventer See. Die Chancen, ohne Verlust dorthin zu gelangen, sind groß, denn Gräben und der Randkanal bieten einen sicheren Wasserweg. Im nächsten Jahr hoffte ich wiederum auf "Wielewitt".

Die "Reihzeit" im Frühjahr 1999 nahm einen bisher ungewöhnlichen Verlauf. Plötzlich fanden sich 10 bis 15 Stockenten auf unserem Teich ein. Mehrheitlich Erpel. Ein tagelanger heftiger Streit um die kleine Brutinsel entbrannte. Als Beobachtungspunkt und um schnell von dort aus in die Auseinandersetzungen einzugreifen, wählten einige Enten sogar den First unseres Reetdaches (s. Bild). Letztendlich behaupteten sich drei Entenpaare. Eine Ente begann erstmals ihr Gelege in dem Entennistkasten, die beiden anderen auf der Insel, nur einen Meter voneinander entfernt!

Mitte Mai fand ich auf dem Hof eine Enteneierschale. Zwei Tage später lag am Angelsteg erneut ein leeres Entenei. Für Raubwild ist die Insel unerreichbar, aber für Krähen, Elstern, Eichelhäher und Wasserratten kein Problem. Von nun an beobachtete ich oft in aller Frühe den Teich. Ich konnte in den angrenzenden Pappeln ein paar Mal eine Elster und einmal einen Kolkraben sehen. Die Vögel verhielten sich sehr scheu. Sobald sie mich erblickten, strichen sie ab. Mit hundertprozentiger Sicherheit konnte ich nicht feststellen, wer als Nesträuber in Frage kam. Ich vermute die Elster, weil sie sich des öfteren zeigte.

Am Abend des 17. Mai bemerkte ich plötzlich Bewegung auf dem Teich. Eine Ente mit 11 Jungenten schwamm um die Insel. Es war die Ente aus dem Entennistkasten. Schnell habe ich sie mit Weißbrot gelockt. Zutraulich nahm sie die Nahrung an. Nur ihre Jungen machten sich nichts aus den Brotkrümeln. Am nächsten Vormittag zog sie mit ihrem Nachwuchs in Richtung Conventer See ab. Aus den beiden anderen Gelegen schlüpften am 20. Mai vier und am 25. Mai drei Junge. Auch sie verließen am nächsten Morgen unseren Teich.

Mit meinem Boot habe ich die Brutinsel kontrolliert. Im Nistkasten lagen die Schalen von elf Enteneiern. In den beiden anderen Gelegen fand ich neben den leeren Schalen jeweils ein unfruchtbares bzw. unterkühltes Ei. Ein Junges ist beim Schlupf eingegangen, und ein Ei lag im Wasser.

Wenige Tage später weilte wieder ein Stockentenpaar auf unserem Teich. Die Ente begann zum zweiten Mal mit ihrem Brutgeschäft. Am 13. Juli schlüpften acht Jungenten. Zwei Tage lang konnten wir die Enten von unserer Terrasse aus gut beobachten und hofften wie schon so oft, daß sie bleiben würden. Doch auch diesmal wanderten sie über die Zwischenstationen (Teich Friedemann, Golfteich) zum Conventer See. Am Golfteich konnte ich am nächsten Tag ein Schof mit sechs Jungenten beobachten. Auf meinen Ruf "Wielewitt" haben sie reagiert und schwammen auf mich zu. Leider hatte ich kein Brot bei mir. Tags darauf näherten sich keine Enten auf mein Rufen.

Die zahlreichen Stockenten, die im Frühjahr 1999 versucht hatten, auf unserem idyllischen Biotop einen Brutplatz zu finden, stammten wohl aus den vorjährigen Gelegen.

Von einem Winter während der Jahrhundert- bzw. Jahrtausendwende 1999/2000 kann man überhaupt nicht sprechen. So ein mildes Winterwetter habe ich noch nie erlebt. Die Natur erwachte gut 14 Tage früher als sonst üblich. Ende April begrünten die Bäume, am 1. Mai blühte der Raps, auch die Obstbäume standen in voller Pracht. In gleicher Weise hatte der milde Winter Auswirkungen auf die gesamte Tierwelt. Schon ab Februar fielen zahlreiche Stockenten auf unseren Teich ein, und der Streit um das Brutrevier begann. Das Reetdach benutzten sie wieder als sicheren Rast- und Beobachtungsplatz. Auf dem kleinen Teich fanden sich noch mehr Enten ein als im Vorjahr. Mehrere Erpel versuchten, jeweils eine Ente für sich zu gewinnen. Mit heftigen Attacken bekämpften sie sich. Paarungen fanden mit den Enten häufig statt, man könnte auch von laufenden Vergewaltigungen sprechen. Eine ständige Beunruhigung erfolgte durch die überzähligen Erpel im Brutrevier.

Am Abend des 1. Mai erlebte ich eine Überraschung. Eine Ente mit acht Jungen schwamm um die Insel. So einen frühzeitigen Schlupf hatte ich nicht erwartet. Ihr Gelege befand sich im Entennistkasten. Vorsichtig, aber dennoch zutraulich, ließ sie sich zum Füttern locken. Den ganzen nächsten Tag verweilte sie in ihrem Brutrevier. Auch am Morgen des 3. Mai nahm die Ente wie gewohnt das angebotene Futter an. Jedoch als ich am Nachmittag von der Geburtstagsfeier meines 75 Jahre alt gewordenen Kollegen Horst Friesecke zurückkam, war unsere Ente mit ihren Jungen verschwunden. Ob sie unversehrt zum Conventer See gelangt sind, konnte ich nicht feststellen.

Wenige Tage später lag wiederum ein leeres Entenei auf unserem Hof. Auch diesmal konnte in den angrenzenden hohen Pappeln eine Elster gesichtet werden.

Am 13. Mai gab es die nächste Überraschung. Eine Stockente mit nur einem Jungen schwamm auf dem Teich. Was war mit ihrem Gelege geschehen? Vorerst nicht aufklärbar, weil noch eine Ente auf der Insel brütete. Enten sind während der Brutzeit sehr empfindlich gegen Störungen.

Am Abend des 23. Mai ruderten plötzlich elf junge Entchen über den Teich. Bewacht von ihrer Entenmutter, jagten sie nach Mücken und Insekten. Auch sie ließ sich durch "Wielewitt" locken und nahm das Futter an.
Zwei Tage verweilte sie mit ihrem Nachwuchs auf dem Teich, dann machte sie sich auf den Weg. Leise lockend, durchquerte sie vorsichtig gegen 10.00 Uhr den Garten. Auf unserem Weg, oft dicht zusammengedrängt wie ein großes gelbliches Watteknäuel, folgte ihr Geheck. Im notwendigen Abstand begleitete ich die Enten. Diesmal watschelten sie am Nachbargrundstück Friedemann vorbei, folgten der Gartenstraße bis zur Straße Bad Doberan-Heiligendamm, die sie überquerten. Hier war glücklicherweise kein Verkehr, so daß sie die erste Etappe gut überstanden. Auf der Börgerender Straße kam ein Auto angefahren, das auf mein Winken die Entenschar passieren ließ.
Auf dem Pfad zwischen Pappeln und Altholzbuchen legte die Entenmutter eine Rast ein. Im Nu verschwanden die Jungen unter ihrem wärmenden und schützenden Federkleid.

Nach etwa einer halben Stunde setzten sie auf dem Pfad ihre Wanderung fort. Sie überquerten den Weg zum "Jagdhaus" und eilten auf dem Trampelpfad unter den hohen Buchen am Klärwerk vorbei zum Golfteich. Das letzte Stück dieser Wanderung stimmte mich froh. Glücklich sah ich, wie die Ente und ihre elf Jungen über den Golfteich schwammen. Sie erreichten wohlbehalten und vollzählig ihr Ziel.

Anderentags überprüfte ich die Gelege auf der Insel. Aus dem Entennistkasten strich aufgeschreckt eine Ente davon. Sieben Eier konnte ich darin zählen. In einem Nest lagen viele Eierschalen und eine beim Schlupf eingegangene Jungente. Nur einen Meter weiter im nächsten Nest befanden sich neun, schon einige Zeit verlassene Enteneier. Anscheinend sind durch Störungen und lange Abwesenheit der Mutterente die Eier unterkühlt und abgestorben, bis auf eine Jungente, die die wohl am 13. Mai geschlüpft war.

Zur üblichen Futterzeit (6.30 Uhr) erschienen meistens zwei oder drei Erpel. Nur selten kam jetzt eine Ente. Aber immer entbrannte ein Streit zwischen den Enten oberhalb des Wassers und den Karpfen, die aus der Tiefe hervorschnellten, um auch einen der Futterbrocken wegzuschnappen. Wellen, Strudel, ein lautes Planschen, jedesmal ein interessantes Schauspiel.

Am 28. Mai zog ein Sturmtief über Mecklenburg. Heftige Windböen stürzten einige nicht mehr standfeste Bäume zu Boden. Auf meinem Grundstück warf der Sturm platschend eine 30 Meter hohe Pappel (s. "Kein Jägerlatein") in meinen Teich, und nun lag sie mit der breiten Baumkrone nahe der Brutinsel. Wegen des neuen Umfeldes ließ sich keine Ente mehr sehen. Auch den Tag darauf nahmen nur zwei Erpel eine Beobachtungsposition auf meinem Reetdach ein. Sicherlich kam ihnen die neue Situation plötzlich fremd und ungewöhnlich vor. Am 1. Juni erfolgte die Aufarbeitung der Pappel und das Herausziehen der einzelnen Stücke aus dem Teich. Während dieser Tätigkeit schaute ich auf der Brutinsel nach. Im Entennistkasten lagen verlassen sieben Enteneier. Auf der Insel und in den beiden anderen Nestern gab es keine Veränderungen, alles befand sich noch in dem Zustand wie vor acht Tagen.

Wegen erheblicher Störungen im Brutgebiet kann man mit einem Nachgelege nicht mehr rechnen. Somit erwartete ich für das Jahr 2000 keine Jungenten mehr.

Im letzen Jahr haben sich die Entenpaare nicht so zutraulich verhalten wie seinerzeit das erste. Auf den Ruf "Wielewitt" waren sie damals sofort gekommen und nahmen die angebotene Nahrung fast aus der Hand. Leider sind im Aussehen die Stockenten nicht voneinander zu unterscheiden, so daß man nur aus der Verhaltensweise urteilen kann. Jetzt setzen wohl die Nachkommen unserer "Wielewittente" das Brutgeschäft auf unserem Teich fort.

Eine Überraschung gab es am 9. Juli. Gelegentlich hielten sich grünfüßige Teichhühner auf unserem Teich auf. Unverhofft sah ich, wie hinter so einem Teichhuhn vier kleine schwarze "Daunenjungen" folgten. Wenig später erschien von der anderen Seite aus dem Schilf ein Teichhuhn mit einem Jungen. Auf ihren Lockruf "pürr, pürr, pürr" folgten die Küken. Sie lockten leise melodisch, ja direkt angenehm. Im Gegensatz zu ihren Verwandten aus der Familie der Rallen, den Bläßhühnern. Diese lassen laut, oft und durchdringend ihr "kröw, kröw" ertönen. Schnell eilte ich zum Teich, um sie mit Futter anzulocken, aber die Teichhühner verschwaden im Schilf und ließen sich nicht mehr sehen.

Am anderen Morgen fütterte ich wie gewohnt. Konkurrenzlos konnten die Fische das ins Wasser geworfene Brot aufnehmen, denn keine Enten waren da. Zögerlich erschien aus dem Schilf ein Teichhuhn, schnappte sich ein Stück und verschwand. Wenig später hat sich auch das zweite Teichhuhn ein Brotstückchen geholt.

In den nächsten Tagen zeigten sich die Teichhühner schon öfters. Sie nahmen das Futter auf und brachten es ihren Jungen. Seitlich der Insel, vom Schilf etwas verdeckt und schlecht einzusehen, wachsen Seerosen. Auf den großen Schwimmblättern pickten die Küken an dem Weißbrot. Sehr niedlich anzuschauen. Auch konnte ich beobachten, wie ein Teichhuhn mit schneller Bewegung eine Fliege fing und seinem Küken das Insekt zum Fraß gab.

Das Brutverhalten der Teichhühner ist etwas anders als bei den Enten. Sie locken und füttern ihre Jungen ähnlich wie eine Glucke auf dem Hühnerhof. Nach fünf bis sechs Wochen sind die Jungen ausgewachsen und flügge. Wichtig ist ferner, daß sie bis zur Flugfähigkeit auch auf kleinsten Gewässern verbleiben. Im allgemeinem brütet ein Teichhuhn zweimal im Jahr (5 bis 8 Eier). Maximal sind schon vier Bruten festgestellt worden.

Von Tag zu Tag wurden die Teichhühner zutraulicher. Sie reagierten ebenfalls auf meinen “Wielewitt-Ruf”. Interessant fand ich noch die Tatsache, daß die Grünfüßigen Teichhühner gerne Grünalgen aufnehmen. An der einen Seite des Teiches haben sich solche Grünalgen gebildet (nährstoffreich). Dort hielten sich die Teichhühner häufig auf, zupften und pickten an den Grünalgen. Deren oft lange Fäden wurden durch Hin- und Herschwenken und ruckartigen Bewegungen des Kopfes nach hinten abgerissen und hinuntergeschlungen.

Anhand meiner Langzeitstudien zum Brutverhalten der Stockenten kann ich im wesentlichen die Erkenntnisse von Prof. Müller-Using unterstreichen. Bei Beachtung einiger Voraussetzungen lohnt sich die Entenhege. Im Einzelnen sind es nachstehende Punkte:

1. Überzählige Erpel sind während der Jagdzeit unbedingt zu reduzieren. Es ist ein Verhältnis von einer Mutterente zu höchstens einem Erpel anzustreben.
2. Schaffung von sicheren Brutgelegenheiten.
3. Während des Brutgeschäfts darf auf keinen Fall die Mutterente gestört werden.
4. Bekämfung der Entenfeinde.
5. Für regelmäßige und ausreichende Fütterung sind die Enten dankbar. Sie nehmen jede Art von Futter an.
6. Die Stockenten lassen sich zu einem standorttreuen Besatz heranziehen.

Über die große Entenfamilie gäbe es noch vieles zu sagen. Die Stockente ist die häufigste Ente Europas. Alljährlich kommen etwa 3,4 Millionen Stockenten zur Strecke, davon ca. 700.000 in Dänemark und rund 550.000 in Deutschland.

Der geraubte „Lebenshirsch“

In erwartungsvoller Stimmung erreichten am 17. September 1996, so um die Mittagszeit, zwei Autos ihr Ziel. Unschwer konnte man die Insassen an der grünen Kleidung und Ausrüstung als Jäger ausmachen. Aus dem ersten Fahrzeug, einem Opel Frontera, stiegen der Fahrer Joachim Ölschläger aus Neubukow und sein Begleiter Manfred Breda aus Heiligendamm heraus. Aus dem zweiten die Jäger Joachim Stracke aus Bad Doberan und Dr. Klaus Schoppmeyer aus Retschow. Sie parkten vor einem rustikalen Jagdhaus am Rande des Dorfes Franzenhof (Maniszewo), etwa 25 Kilometer südöstlich von Küstrin (Kostrzyn), in dem für Jagdgäste Kost und Logis geboten wird. Wenig später trafen noch die Jäger Wilfried Briesemeister und Winfried Augustin aus dem Kreis Bad Doberan ein. Von dem polnischen Jagdverantwortlichen wurden sie herzlich begrüßt. Es folgte der übliche Willkommenstrunk, Mittagessen und die Einweisung in die Zimmer.

Rechtzeitig zum Abendansitz erschienen die polnischen Jagdführer mit ihren Fahrzeugen. Eine Dolmetscherin übersetzte die Jagdanweisungen. Nach der Einteilung übernahm jeder Jagdführer einen deutschen Jäger, um ihn zur Jagd ins Revier zu bringen.
In den großen Waldungen in Richtung Klein Lübbichow (Lubiechnia ML.), Serbow (Zerbow), Seefeld (Sienno) und Groß Rade (Radow) bekamen alle Jagdgäste gute Möglichkeiten, auf einen Hirsch zu jagen. Die Brunft ging langsam auf ihren Höhepunkt zu, überall hörte man die Hirsche schreien. Auch das Wetter spielte mit, typisches Herbstwetter. Altweibersommer, warme trockene Tage, nachts jedoch klarer Sternenhimmel, der Mond, auf Vollmond zugehend, brachte recht frische, ja kalte Nächte. In extremen Lagen bestand Bodenfrost. Ein ausgesprochen gutes Brunftwetter.

Für die deutschen Jagdgäste galt der erste Reviergang mit Ansitz und Verhören mehr einer Orientierung und Revierkenntnisnahme. Die Verständigung mit den Jagdführern gestaltete sich recht unterschiedlich. Einige konnten ein paar Brocken deutsch, und mit Zuhilfenahme der Zeichensprache klappte es recht gut. Unklarheiten und Probleme klärte später die Dolmetscherin im Quartier.

Am nächsten Tag nutzte Dr. Klaus Schoppmeyer seine Chance und erlegte als erster der deutschen Jäger einen Hirsch. Grund genug, mit "Weidmanns Heil" auf den erfolgreichen Jäger anzustoßen. Auch die anderen bekamen Rotwild und Geweihte zu Gesicht, aber meistens etwas zu junge Hirsche. Die alten, starken Platzhirsche verstanden es, sich unbewußt der drohenden Gefahr zu entziehen. Jeden Tag gab es einen Grund zum Feiern, denn inzwischen lagen vier Hirsche auf der Decke. Nur bei den Jägern Achim Stracke und Manfred Breda wollte es nicht klappen.

Am vorletzten Abend (21. September) versuchten der Jagdführer und Manfred Breda nochmals, am Heidebrunftplatz anzusitzen. Zeitig meldeten sich Hirsche von den übrigen Brunftplätzen. Trenzen, Röhren, Schreien ein "Orgelkonzert" der Hirsche konnte man von nah und fern verfolgen.
Der vor ihnen liegende Brunftplatz wies lückige, mannshohe Kiefernhorste, blühendes Heidekraut, einige Wacholder mit einem sanft ansteigenden Hügel auf. Ständig führten die Jäger ihre Ferngläser ganz langsam von der einen Seite der überschaubaren Fläche zur anderen. Sie leuchteten das Gelände ab. Oft verharrten sie auf einem Punkt, den Mitteltrieb schärfer einzustellen, um dann festzustellen, daß man eine Kussel im Blick hatte. Die Dämmerung setzte ein. Plötzlich hörten sie in der Nähe einen Hirsch mehrere Male trenzen. Dieses geschah hinter dem sanften Hügel. Die Spannung nahm zu. In einiger Entfernung schrie ein anderer Hirsch, der Stimme nach ein junger, ein Beihirsch. Jedoch nichts erschien auf der "Bühne". Das Büchsenlicht schwand zusehends, der Mond begann allmählich diffuses Licht auszu-

breiten. Die Zeit zur Beendigung der Ansitzjagd war gekommen, doch die beiden Jäger zögerten, sie verweilten noch ein paar Minuten.
Plötzlich, wie ein Spuck, tauchte auf dem Hügel auf etwa 110 Meter Entfernung ein massiger Rotwildkörper auf. Ein Hirsch, wieviel Enden das Geweih zählte, ließ sich so schnell nicht feststellen, aber es war ein "Kapitaler". Der Hirsch stand breit wie eine Scheibe, seine Silhouette zeichnete sich majestätisch im Mondlicht ab. Kurz entschlossen backte Jäger Breda an, und als eine Sekunde später der Zielstachel aufs Blatt zeigte, ein leichter Druck auf den Abzug des eingestochenen Drillings, und die Kugel 7 x 65 R fand blitzschnell ihr Ziel und traf voll ins Leben. Polternd in hohen Fluchten verschwand der Hirsch. Gleichzeitig prasselte hinter dem Hügel ein starkes Kahlwildrudel aus der Senke hervor, überquerte in Windeseile die Kiefernheide. Dann absolute Stille. Der polnische Jagdführer erklärte umständlich, daß er den Kugelschlag sehr deutlich vernommen hätte. Manfred Breda meinte, gut abgekommen zu sein, jedoch das Mündungsfeuer habe kein "Zeichnen" erkennen lassen. Mit zitternden Händen zündeten sie sich erstmal eine Zigarette an. Jetzt erst machte sich bei Jäger Breda das Jagdfieber ein wenig bemerkbar. Nach einer Weile, den Anschuß genau im Blickpunkt, marschierte Manfred Breda drauflos, um ihn zu verbrechen. Zwanzig Gänge schritt der Jagdführer dann in Fluchtrichtung, da sah er eine Geweihstange emporragen. „Pan Breda, jelén lezy!" rief er laut. Jäger Manfred Breda

eilte zu ihm. Ein hochkapitaler 18ender lag mit sauberem Blattschuß vor seinen Füßen. Seine Gefühle wie der Gemütszustand lassen sich in diesem Augenblick kaum beschreiben. Ehrfurchtsvoll, mit entblößtem Haupt nahm er seinen "Lebenshirsch" in Besitz.
Der Jagdführer zeigte sich über den außergewöhnlich starken Hirsch auch überrascht. Befürchtete aber, daß er zu jung sei. Nach sorgfältiger Prüfung im Quartier stellte man fest, daß es sich um einen 11 bis 12jährigen 18ender mit einem Geweihgewicht von fast 10 Kilogramm (frisch) handelte. Bei den polnischen Jagdverantwortlichen bestand Einigkeit, daß der Hirsch das nötige Alter hätte und bei der Trophäenbewertung bestimmt eine Silbermedaille, wenn nicht sogar Gold erhalten würde. So ein starker Hirsch war in dieser Gegend bisher nicht gestreckt worden.
Entsprechend und ausgiebig fand dann auch das "Tottrinken" statt. Jäger Achim Stracke ging leer aus, er hatte als einziger keinen Hirsch erlegt, was aber der Stimmung keinen Abbruch tat.

Am 23. September, nach einem reichlichen Frühstück und herzlicher Verabschiedung von den Gastgebern, traten die Jäger ihre Heimreise an. Wie auf der Hinfahrt fuhren die Jagdkameraden wieder gemeinsam zurück. Diesmal jedoch wollten sie über Stettin fahren. In zügigem Tempo passierten sie die ehemals deutschen Ortschaften Groß Rade (Radow), Küstrin (Kostrzyn), Bärwalde (Mieszowice), Königsberg/Neum. (Chojna), Greifenhagen (Gryfino) und erreichten Stettin (Szczecin). In der alten pommerschen Hauptstadt erledigten sie schnell ein paar Einkäufe. Jeder benötigte noch ein Erinnerungsstück für die Lieben daheim. Zum Mittagessen parkten sie auf einem bewachten Parkplatz gleich neben dem Stettiner Schloß, in dem sich auch ein Restaurant befand. Neben der Parkgebühr gab Manfred Breda noch 10,00 DM dazu mit der Bitte, gut auf die beiden Pkw aufzupassen.

Nach gutem, schmackhaftem Mittagessen marschierten gutgelaunt die Jagdkameraden zum Parkplatz. Doch welch ein Schreck, sie trauten ihren Augen nicht! Der Opel Frontera war verschwunden! Rat- und fassungslos suchten und riefen sie den Parkwächter herbei. Es kam ein anderer Mann, der nur die Schultern zuckte und wenig verstand. „Kollega zu Ende Schicht, isé do domu!"

Die herbeigerufene Miliz stellte eine umfangreiche Befragung an und fertigte recht umständlich ein Protokoll. Im gestohlenen Auto befanden sich von Jäger Ölschläger und Breda alle persönlichen Sachen, die komplette Jagdausrüstung mit Waffen, Ferngläsern sowie Fotoapparate und die beiden Trophäen, von Jäger Achim Ölschläger ein starker ungerader 10ender. Außerdem lebensnotwendige Medikamente, die Manfred Breda regelmäßig einnehmen mußte. Eine kaum vorstellbare Situation. Sich im nachhinein Vorwürfe zu machen, änderte nun auch nichts mehr an der Tatsache. Es ist jedenfalls ratsam, sein Fahrzeug im Ausland auch auf bewachten Parkplätzen nicht aus den Augen zu lassen.
Achim Starke ließ sofort die beiden schwer geschädigten Jäger in seinen Pkw einsteigen, und im Eiltempo ging es heimwärts. Eile tat Not, denn Manfred Breda brauchte dringend seine Medikamente.

Die Versicherung regelte in gewisser Weise den Schaden. Die Waffen, besonders den Drilling Fabrikat "Merkel Suhl" hat man zu niedrig bewertet und für die Trophäen nur den Betrag der Jagdlizenz erstattet. Der ideelle Wert des 18enders ist nicht meßbar, weil es sich um den "Lebenshirsch" eines immerhin schon älteren, verdienstvollen Jägers handelte. Von dem hochkapitalen Hirsch gibt es nicht einmal mehr ein Fotografie, ebenfalls gestohlen, c'est la vie!

Kein Jägerlatein

Jäger, aber auch Angler stehen in dem Ruf, es manchmal mit der Wahrheit nicht so genau zu nehmen. Ihnen sagt man nach, sie neigten zu Übertreibungen. Dieses mag vielleicht aus der Zeit von Karl Friedrich Hieronymus Freiherr von Münchhausen (1720-1797), genannt "Lügenbaron", herrühren, der phantastische Abenteuergeschichten erzählte. In den nachfolgenden kurzen Geschichten wird dagegen glaubwürdig auf das tatsächliche Ereignis verwiesen:

Vor dem I. Weltkrieg, also noch zur "Kaiserzeit", galt Masuren als rückständig und von jeglicher Zivilisation abgeschnitten. Landschaftlich jedoch wunderschön, mit vielen glasklaren Seen, sanften Hügeln und sehr viel Wald. Die Bevölkerung lebte hauptsächlich von ihrer oft sehr kleinen Landwirtschaft, von der Waldarbeit, den Erzeugnissen des Waldes und von der Fischerei. Die Landesfarben von Masuren sind: blau, rot und weiß. Schelme interpretieren dieses wie folgt:

"Die Augen blau vom Raufen,
die Nase rot vom Saufen,
die Haare weiß vom Huren:
Das sind die Farben der Masuren!"

Sei es wie es sei, hinter jeder Andeutung steckt meist ein Körnchen Wahrheit.

Die Oberförsterei Ramuck, südlich von Allenstein gelegen, bildete mit der Oberförsterei Lankerofen und der Oberförsterei Hohenstein einen großen Waldkomplex von rund 20.000 Hektar. Dazwischen befand sich der zehntgrößte See Ostpreußens, der Lansker See, mit über 11.000 Hektar Wasserfläche. Oberförster von Schipp in Ramuck versuchte mit seinen elf im Außendienst tätigen Forstbeamten, die forstlichen Belange korrekt zu erfüllen. Da man zur damaligen Zeit mit Pferden und leichtem Jagdwagen fuhr, benötigte der Oberförster immer viel Zeit, um alle Revierbeamten aufzusuchen. Gemeinsame Reviergänge standen dann auf der Tagesordnung. Manche Förster beehrte er nur ein bis zwei Mal im Jahr. In der übrigen Zeit waren sie uneingeschränkte Herren in ihrem Revier.

Förster Ballert, ein stattlicher Mann, dem seine Frau leider schon zeitig verstarb, lebte in der Försterei Alt-Kaletka. Als strenger Hüter und Verwalter seines Forstbezirkes achtete er auf jeden Holzdiebstahl, jeden Jagdfrevel und auf das unerlaubte Sammeln von Beeren, Pilzen, Schmuckreisig und Dürrholz. Für 5 Dittchen (50 Pfennige) konnte man sich einen Sammelschein lösen. Häufig versuchte die einheimische Bevölkerung, sich ohne einen solchen die Erzeugnisse des Waldes anzueignen. Wurde man dann vom Förster ohne entsprechenden Sammelschein erwischt, so kostete dies einen Taler (3 Mark) Strafe. Während der Beerenzeit zogen viele Frauen in den Wald, um die begehrten Waldfrüchte zu ernten.

Es soll vorgekommen sein, daß Förster Ballert bei seinen Kontrollen, wenn die Situation günstig schien, der Beerensammlerin ohne Schein mit ernstem Gesicht, doch verschmitzten Augen die Frage stellte: „Ins Buch oder auf den Rücken?" Wobei er seinen "Kaiser-Wilhelm-Bart" zwirbelte, dann dienstbeflissen das dicke Dienstbuch, das zwischen dem zweiten und dritten Knopf seines Uniformrockes steckte, hervorholte und wie ein Spieß auf dem Kasernenhof den Bleistift zückte. Meistens antworteten die Sammlerinnen: „Nur nicht ins Buch, Herr Förster!" In der Umgebung von Alt-Kaletka munkelte man, daß es Beerensammlerinnen gegeben haben soll, die absichtlich ohne Schein sammelten, in der Hoffnung, der Förster möge sie erwischen!

***

So um die Jahrhundertwende waren wiederum Wölfe in die Rominter Heide eingewechselt. Sofort setzte der Leiter der Oberförsterei Nassawen, Forstmeister v. Saint Paul, eine Wolfsjagd an. Alle verfügbaren Revierbeamten auch aus den Nachbarförstereien der Rominter Heide erschienen zur festgelegten Zeit.
Unter den Jägern befand sich auch der alte Hegemeister Neureuter. Dieser Nimrod führte als Jagdwaffe einen alten Vorderlader, ein Erbstück seines Vaters. Zu damaliger Zeit waren noch die Lefaucheux-Flinten mit Rosendammastläufen üblich. Die modernen Hahngewehre mit Nitromunition begannen sich erst allmählich durchzusetzen.
Der alte Vorderlader wies eine Besonderheit auf. Er hatte ein kleines Loch im Lauf. Damit beim Schießen nicht Pulvergase entweichen konnten, drückte der alte Jäger mit einem Finger der linken Hand das Loch zu. Auf seine Waffe ließ er nichts kommen, sie hatte ihm Jahrzehnte treue Dienste geleistet, war ein wirkungsvoll schießendes Gewehr, mit einem guten "Brand"!
Um den ständigen Anspielungen und mitleidigen Bemerkungen seiner Berufskollegen zu entgehen, hatte er sich kurz zuvor vom Dorfschmied ein Eisenband um die kaputte Stelle des Laufes legen lassen.

Nach kurzer Einweisung umstellten die Jäger das Jagen, in dem die Wölfe steckten. Der alte Hegemeister erhielt einen Stand etwas abseits mit wenig Aussicht auf Erfolg. Jedoch als die Treiber die Wölfe rege machten, flüchtete ein Wolfsrüde direkt auf den Hegemeister zu. Gekonnt backte er seine Flinte an und schoß. Ein gewaltiger Krach, ein heftiger Stoß, eine Rauchwolke hüllte den Hegemeister und den Ort des Geschehens ein. Hochflüchtig ging der Wolf ins Treiben zurück. Mit großem Schreck stellte der "Wolfsjäger" eine Laufsprengung fest. Der vordere Teil seines Flintenlaufes war mit fortgeflogen. Glücklicherweise hatte er dabei keinen Schaden genommen. Staunend betrachtete der erfahrene

Jäger seine Flinte mit dem nunmehr kurzen, geborstenen Lauf. Nach dem Treiben fanden die übrigen Jagdteilnehmer das Mißgeschick des alten Hegemeisters recht lustig und hänselten ihn. Verärgert trat er daraufhin bald den Heimweg an. Die übrigen Jäger zogen nach Beendigung der Jagd ins Gasthaus, um sich von den Strapazen der Wolfsjagd zu erholen.
Ein alter Forstschutzgehilfe aus Nassawen, der schon an vielen Jagden auf Wölfe mitgewirkt hatte, untersuchte nochmals sehr gewissenhaft den Anschuß. Im Schnee entdeckte er einige Haare und nach etwa 100 Metern neben der Wolfsfährte Schweiß. Der Schweiß nahm zu, auch fand er noch ein Wundlager. Sofort brach er die Nachsuche ab und eilte zu den im Gasthaus sitzenden Jägern. Die Nachricht über den schwerkranken Wolf setzte alle in Erstaunen. Die beginnende Nacht ließ keine weitere Aktion zu, so daß am nächsten Morgen die Dickung umstellt und von den Treibern durchgedrückt wurde. Sie fanden den inzwischen schon verendeten Wolf. Das war für den alten Hegemeister eine Genugtuung. Die zersprungene Flinte bekam daraufhin einen Ehrenplatz an seiner Trophäenwand.

***

Vor dem II. Weltkrieg hatte ein praktischer Arzt in seinem Landkreis viel zu tun. Hilfe erwartete man von ihm bei allen Krankheiten. Ob chirurgische Eingriffe, Geburtenhilfe, innere Krankheiten oder ob es sich um Hals-, Nasen- oder Ohrenleiden handelte, überall mußte ein praktischer Arzt den Patienten Linderung und Heilung verschaffen.

In der Kreisstadt Wehlau gab Dr. Froschmann 1935 aus Altersgründen seine Arztpraxis auf. Seine Nachfolge trat Dr. Reinhard Grigat an. Ein junger, tüchtiger Arzt und darüber hinaus ein leidenschaftlicher Jäger. In Ilmsdorf pachtete er sich eine eigene Jagd, und in Klein Engelau jagte er gemeinsam mit Rechtsanwalt Knoll. Jagdaufseher Schlüter betreute die dortige Jagd. Häufig lud man Dr. Grigat zu Jagden ein. So war er ein gern gesehener Jagdgast beim Grafen von Schieben in Sanditten, beim Zahnarzt Dr. Fischer oder bei seinem Schulfreund Fritz Hellwig in Holländerei. Dieser besaß eine größere Landwirtschaft (ca. 100 Hektar) und hatte die Gemeindejagd hinzugepachtet.

Ende der 30er Jahre rief man Dr. Grigat nach Holländerei. Bei der Frau des Schweizers vom Hof Hellwig stand eine Entbindung bevor. Anschließend stellte Fritz Hellwig seinem Schulfreund den Abschuß eines Bockes in Aussicht. Solche Einladungen erfreuten den Arzt.
Im Eiltempo kamen die Jagdwaffe und die Jagdmontur in das Auto, und im Nu erreichte Dr. Grigat das etwa sieben Kilometer entfernte Holländerei. Im Insthaus erwartete man den Arzt schon, denn die Hebamme konnte nicht weiter helfen. Die Geburt zögerte sich durch auftretende Komplikationen hinaus. Mittlerweile ging nun der Tag zu Ende, und mit ihm schwand die Möglichkeit, auf die Jagd zu gehen.

Endlich kam das kleine Wesen zur Welt. Nach gründlichem Untersuchen stellte Dr. Grigat leider fest, daß das Kind nicht lebensfähig war. Schonend teilte er dies betroffen dem Kindesvater mit. Worauf dieser im ostpreußischen Dialekt antwortete: „Leew Dokterchen, dat schoad nuscht, loten se man dem kleenen Wiskrobjek starwen. Äwers Joahr hebbe wie en neejen!"

***

Das Schicksal verschlug mich in die Altmark, in den Kreis Salzwedel. In der kleinen Gemeinde Schmölau nahe der Demarkationslinie zwischen der britischen und sowjetischen Besatzungsmacht fand ich meine Eltern wieder. Hier lebten wir zwar sehr beengt, bekamen aber durch die Neubauernstelle meiner Eltern unser tägliches Brot. Die meisten Dorfbewohner versuchten, noch einen Nebenerwerb zu betreiben. Es gab Leute, die seit alters her Kiefernzapfen sammelten, denn für das Saatgut gab es einen guten Preis. Einige flochten Körbe und Kiepen. Nicht wenige der Alteingesessenen betrieben Tauschhandel. Der Schwarzhandel so kurz nach dem Kriege blühte und nahm ungeahnte Formen an. Ein paar Spezialisten brannten Schnaps, und verwegene junge Burschen brachten als Grenzführer illegal Leute über die Grenze. Entweder nach Bodenteich oder Langenbrügge in die britische Zone.

Alle diese Möglichkeiten sagten mir nicht zu. Mein Interesse galt berufsbedingt dem Bereich Forst und Jagd. In der Gemeinde trieb ich ein paar Tellereisen 11 a und 11 b auf und versuchte im Winterhalbjahr 1946/47, Raubwild zu fangen. Zunächst begann ich mit drei, später besaß ich fünf Eisen, die ich südlich von Schmölau, in Richtung Neuekrug, im Bauernwald aufstellte. Auf Pässen und Wechseln zu den angrenzenden, teilweise verschilften Wiesen suchte ich geeignete Stellen aus. Auf angelegten Zwangswechseln und gut verblendet machte ich die Eisen fängisch. Hoffnungsvoll kontrollierte ich am nächsten Morgen meine Fallen. Leider nichts. Auch am folgenden Morgen alles unberührt. Am dritten Tag hatte ein Eisen einen Fehlfang. Eine Rotte Sauen war auf dem Wechsel an das Eisen geraten und hatte den Mechanismus ausgelöst. Ich fand es ein paar Meter weiter.
Endlich, nach einer Woche vergeblichen Bemühens, sah ich schon von weitem die um den Stellplatz aufgewühlte Nadelstreu. Eine Schleifspur von der Falle mit Kette und Anker zeigte deutlich die Richtung im Schnee. Etwa 50 Meter weiter saß ein Fuchs im Eisen und zerrte heftig an der Kette. Ein kräftiger Hieb mit meinem Handstock über seinen Fang beförderte ihn sofort ins Jenseits. Stolz schleppte ich meinen ersten nach 1945 gefangenen Fuchs nach Hause. Dort habe ich ihn fachgerecht gestreift und auf ein Brett zum Trocknen aufgespannt. In dem Winterhalbjahr fing ich fünf Füchse, einen Baummarder, zwei Katzen und außerdem einen Hasen.

Eines Tages jedoch war meine Überraschung perfekt. Im 11b Eisen befand sich verblüffenderweise eine Waldschnepfe. Es gibt einige Schnepfen, die überwintern, die sogenannten Lagerschnepfen. Meine Mutter bereitete, ich möchte sagen zauberte von dieser einen Schnepfe ein einmaliges Mittagessen. Als Förstersfrau verstand sie viel von Wildgerichten. Sie schaffte es, daß fünf Personen zufrieden und in Erinnerung an vergangene bessere Zeiten den Mittagstisch verließen.

***

Mitte der 50er Jahre veranstalteten wir wieder unsere alljährliche, große Hasenjagd. Diesmal herrschte ein sehr günstiges Jagdwetter, leichter Frost und etwa 10 cm Schnee bedeckten den Boden. Pünktlich zur festgesetzten Zeit trafen alle Jagdteilnehmer ein. Freudiges gegenseitiges Begrüßen. Man wechselte in der Hoffnung auf eine erfolgreiche Jagd ein paar nette Worte. Unter den anwesenden Jägern fiel Dr. Ernst Michelsen auf, ein sehr beliebter, geachteter und hervorragender Jäger. Er war nicht neu in unserem Kreise. Neu jedoch sein Hut. Diesen grauen Filzhut trug er zum ersten Mal. Sofort begannen kleine Sticheleien: „Na, Doktor, hüt ward dat wohl nich klappen mit de Jagd." „Aber Mischa, wie kannst du bloß mit so einem neuen Hut erscheinen!" „Herr Doktor, da werden ja die Hasen einen großen Bogen um Sie machen." Dies und so Ähnliches mußte sich unser "Wundarzt" anhören.

Nach dem zweiten Kessel, an der Rennbahn Heiligendamm, hatte Ernst Michelsen tatsächlich wenig Anlauf und erst einen Hasen erlegt. Die hinterhältigen Bemerkungen nahmen zu. "Altmeister" Willy Bolland aus dem Chor der "altgestandenen Jäger" meinte, so einen neuen Hut müsse man erst zunftgemäß einweihen.

Was lag da näher als durch ein paar Schrotkörner. Der Hut sollte in der Luft beschossen werden. Dr. Michelsen erklärte sich hiermit einverstanden. Mit einer Bedingung: Schieße der Schütze vorbei, müsse dieser eine Flasche Cognac bezahlen, träfe er, würde er die Flasche ausgeben. Ich akzeptierte und nahm die Herausforderung an. Alle Jagdteilnehmer verfolgten diese Wette mit gewisser Spannung.
Dr. Michelsen nahm seinen Hut ab, ging etwa 20 Schritte weiter und warf ihn mit ordentlichem Schwung seitlich hoch. Von meinem ersten Schuß bekam der Hut wohl nur ein paar Randschrote ab, aber der zweite, etwa zwei Meter über dem Boden, erwischte ihn voll. Die Schrotgarbe riß den Hut noch ein Stück mit. Lautes Jubeln der Jäger und Treiber. Große Erleichterung bei mir. Der Hut lag arg zerfleddert auf dem Boden, sah jetzt sogar mehr als zunftgerecht aus.

Vom nächsten Kesseltreiben an hatte unser Doktor wieder guten Anlauf.

Die Flasche Cognac leerten wir gemeinsam in seiner Wohnung in Kühlungsborn. Die Einzelheiten, daß er nämlich selbst seinen Hut geworfen hatte, verschwieg er zu Hause. Frau Gerda konnte deshalb nicht begreifen, wie ihr Mann bei diesem zerlöcherten Hut unverletzt geblieben war. Wir klärten sie hierüber nicht auf.

***

Die Wirren des II. Weltkrieges verschlugen die Familie Rubbey vom Kreis Tilsit-Ragnit, Ostpreußen, in den Kreis Röbel, Mecklenburg. Auf einer kleinen Bauernstelle versuchten sie, Arbeit, Brot und eine neue Heimat zu finden. Vater Richard Rubbey, ein Mann von Anfang Fünfzig, fühlte sich noch recht kräftig für einen Neubeginn.

Im April 1956 zog Vater Rubbey mit seinem damals 19jährigen Sohn Manfred in den Wald, um Holz einzuschlagen. Dieser Wald befand sich bei Zistow in der Nähe des Plauer Sees. Mit Axt und Säge fällten sie ein paar Kiefern, um Sägeholz (für Bretter und Kantholz) und den Rest als Brennholz aufzuarbeiten. Gegen 10.00 Uhr gab Vater Rubbey das Signal zum wohlverdienten zweiten Frühstück. Am vorbeiführenden Waldweg nahmen sie Platz. Neugierig überprüften sie in ihrem Rucksack, was Mutter so Schönes für ihre Männer eingepackt hatte. Während sie sich stärkten, hoppelten zwei Hasen vorbei. In der Paarungszeit treiben Rammler die Häsinnen nicht nur in den Morgen- und Abendstunden, sondern auch tagsüber.
Sofort erwachte bei Manfred der Jagdinstinkt. Er hob einen großen Stein vom Wegesrand auf und schlich den hin und her hoppelnden Hasen nach. Sein Vater rief: „Wat wüllst du, de kreegst doch nich." In dem lückigen Kiefernbestand mit einigen kleinen Anflugkiefern, hin und wieder einer kümmerlichen "Hähereiche", Perlgras, Moos und Nadelstreu gab es genügend Deckung, um sich unbemerkt anschleichen zu

können. Kreuz und quer hoppelten die Hasen durch das Holz. Mal trieb der Rammler die Häsin schnell, mal kreisten sie langsam im Kiefernbestand umher. Plötzlich, keine fünf Meter von Manfred entfernt, verhoffte die Häsin, bereit zur Paarung. In diesem Augenblick schleuderte Manfred mit großer Wucht den Stein auf die Hasen. Voll getroffen zuckte der Rammler betäubt mit seinen Läufen. Die Häsin blieb in ihrer Stellung sitzen. Manfred stürzte sich zuerst auf die Häsin, die sich laut klagend mit ihren Läufen wehrte. Vater Richard rief hinüber: „Manfred, hest du eenen?" „Nee", rief dieser zurück, „alle beide". Sofort war Vater Rubbey zur Stelle und ergriff den betäubten Hasen. Ein heftiger Schlag beförderte ihn in die ewigen Jagdgründe.

Nach Feierabend präsentierten sie der überraschten Mutter Rubbey stolz ihre Jagdbeute, die am nächsten Wochenende daraus einen selten gewordenen Festtagsbraten zubereitete.

***

Nach recht erfolgreicher Hasenjagd zogen die Jäger wie in jedem Jahr in die "Palette" von Heiligendamm. Hier herrschte reger Betrieb. Viele Gäste, vor allem Kurpatienten vom Sanatorium, suchten am Wochenende etwas Entspannung und Abwechslung. Eine Zwei-Mann-Hauskapelle sorgte für Musik und ließ etliche Paare sich vergnügt im Kreise drehen. Mit lautem "Hallo" begrüßte man die Jäger. Sofort ertönte von der Kapelle "Ich schieß den Hirsch ..." und weitere Jägerlieder.
Im hinteren Raum nahmen wir zunächst Platz, um den Jagdkönig zu küren und das wohlverdiente Schüsseltreiben durchzuführen. Nach den ersten Schnäpsen und Bieren kam eine fröhliche Stimmung auf. Jagderlebnisse, wobei man manchmal Dichtung und Wahrheit schwer feststellen konnte, machten die Runde. Witze und humorvolle Bemerkungen verursachten Schmunzeln, auch manchmal schallendes Ge-

lächter. Einige jüngere Jäger wagten schnell einen Blick in den Nachbarraum, in dem die Musik spielte. Die Kurpatienten hatten meistens schon ihren "Kurschatten". Aber dennoch standen die Chancen der Jäger nicht schlecht.
Gegen 21.00 Uhr verließen die Kurpatienten die "Palette", denn sie mußten entsprechend der Kurordnung pünktlich in ihren Quartieren sein. Zurück blieben einige Einheimische und die Jagdteilnehmer. Die Stimmung näherte sich langsam ihrem Höhepunkt.
Die Jäger Horst Friesecke und Karl-Heinz Bandt hatten sich in der Vergangenheit oft in lustiger Weise gegenseitig zum Besten gehalten, provoziert und manchen Schabernack geleistet. Plötzlich behauptete Karl-Heinz, daß er heute noch die meisten Tiere schießen und somit der verdiente "Jagdkönig" würde. Es fehlten ihm zu seinen 14 erlegten Hasen ja nur noch drei Kreaturen. Horst Friesecke hielt das für unmöglich. Worauf der Herausforderer feststellte, daß auch Krähen zu den jagdbaren Tieren zählten.

Zu damaliger Zeit gab es in Heiligendamm eine große Krähenkolonie. Auf den hohen Buchen siedelten sie sich zu Tausenden an. Auf zahlreiche Beschwerden der Kurpatienten wandte sich der Chefarzt, Dr. Cuno Serowy, an den Rat des Kreises Bad Doberan mit der Bitte um baldige Abhilfe. Nachdem der Einsatz der Feuerwehr erfolglos geblieben war, beauftragte die Untere Jagdbehörde unser Jagdkollektiv mit der Krähenbekämpfung. Im Frühjahr, zur Brutzeit, erfolgten unsere Einsätze rund um die Uhr. Mit Flinten und K.K.-Gewehren versuchten wir, die Krähen zu schießen bzw. von ihren Horsten fernzuhalten. Letztendlich zeigte die Aktion der Jäger Erfolg. Jetzt, zur Winterzeit saßen die Krähen auf ihren Schlafbäumen und machten bis spät in die Nacht und beim beginnenden Morgen ein gewaltiges Spektakel.

Die beiden Kontrahenten einigten sich darauf, daß der Verlierer eine "Stubenlage" ausgeben sollte. Karl-Heinz Bandt ging dann in die sternenklare Nacht hinaus. Der Schnee erhellte etwas die Umgebung. In den kahlen Buchenkronen konnte er deutlich die vielen Krähen erkennen. Schon hallten zwei Schüsse durch die Nacht. Mit lautem Flügelschlag, flatternd und krächzend, erhoben sich hunderte von Rabenvögeln. Einige fielen getroffen zu Boden.

Keine Viertelstunde später erschien Jäger Bandt und warf dem erstauntem Horst Friesecke sieben Krähen vor die Füße. „So, mein Lieber, jetzt darfst du eine Stubenlage ausgeben!"

***

In den 50er Jahren begann man auch in der DDR mit dem Lotto-Spiel. Zunächst mit der Fußballwette und erweiterte es mit einigen Varianten bis zum Zahlen-Lotto. Das allgemeine Interesse für diese Glücksspiele war groß, und jeder Spieler hoffte auf den Hauptgewinn.

Im forsteigenen Fuhrpark Bad Doberan gab es fünf Traktoren mit Langholzhänger, eine Raupe und einen LKW H3A mit Hänger. Neben den Garagen richtete sich Fuhrparkleiter Werner Havemann eine kleine Werkstatt ein. An den Fahrzeugen führte er kleinere Reparaturen selbst durch. Insgesamt gehörten zu diesem Betriebsteil 16 Kollegen. Jeder Fahrer eines Fahrzeuges hatte einen Beifahrer, der unter den damaligen Bedingungen auch nötig war.

Ludwig Papenhagen, von allen nur "Luten" genannt, übte die Funktion eines solchen Beifahrers aus. Er gehörte zu den ältesten Kollegen und war Familienvater von fünf Kindern. Von klein auf mußte er auf dem Lande schwere körperliche Arbeit leisten. Er blieb williger Hilfsarbeiter, weil bei ihm die Schulzeit und das Erlernen eines Berufes zu kurz gekommen waren. In ärmlichen Verhältnissen lebte er mit seiner Familie. Jeden Groschen mußten sie mehrfach umdrehen, bevor sie ihn ausgaben.

Kurz vor Ostern leistete sich Luten bei der Lottoannahmestelle Spettmann in Bad Doberan für 50 Pfennige einen Tip im Zahlen-Lotto. Die Ziehung bescherte dem überraschten Glücklichen tatsächlich den Hauptgewinn mit 348.000 Mark.
Für unsere damaligen Verhältnisse war so ein Riesengewinn einfach unglaublich. Die Nachricht von dem sagenhaften Glück unseres Luten verbreitete sich wie ein Lauffeuer. Gemeinsam mit seiner Frau und Ernst Spettmann von der Lotto-Annahme Bad Doberan fuhr Ludwig Papenhagen mit dem Zug zur Bezirksdirektion der Lotto-Verwaltung Rostock. Nach Erledigung der Formalitäten, wie Prüfung des Tipscheines, erfolgte die Überweisung des größten Teils des Gewinnes. Eine kleinere Summe ließ er sich bar auszahlen. Bevor sie wieder mit der Eisenbahn nach Hause fuhren, gab Luten in der Mitropa-Gaststätte "großzügig" jeweils eine Bockwurst mit Kartoffelsalat und ein Bier aus!

Zwei Tage später, am Vortag des 1. Mai, dem gefeierten Kampftag der Arbeiterklasse, wollte ich zu Arbeitsbeginn beim Fuhrpark noch etwas regeln. Luten Papenhagen kam mir gleich entgegen. Ich gratulierte zu dem großen Gewinn und wünschte ihm alles Gute. Worauf er sagte: „Herr Oberförster, ich habe den Kollegen vom Fuhrpark 100 Mark zum Feiern am 1. Mai gegeben, und wenn Sie Lust haben, können Sie sich da anschließen!" Überrascht drehte ich mich um und ging sprachlos fort.

Nach der obligatorischen Mai-Demonstration haben Fuhrparkleiter Werner Havemann und ich in der Ausflugsgaststätte "Brandt's-Höh" alleine 100 Mark ausgegeben!

***

Es gibt Leute, die häufig Pech haben. So ein "Pechvogel" war Revierförster Erich Schmoll. Als "Bauernförster" in Hohen Viecheln tätig, gehörte er Ende der 50er Jahre zu den Forstkollegen, die sich eine persönliche Jagdwaffe kaufen durften. Diese Bockdoppelflinte ließ er sich beim Büchsenmachermeister noch besonders herrichten. Mit Stecher, Fluchtvisier und Zielfernrohr versehen, entsprach die Waffe seinen Vorstellungen. Auf "Fleck" mit Flintenlaufgeschoß eingeschossen, garantierte sie den jagdlichen Erfolg. Von klein auf stand die Jagd bei Erich Schmoll an erster Stelle. Er kannte alle jagdlichen Fangmethoden und Tricks. Mit Ausdauer und List versuchte Jäger Schmoll, immer erfolgreich zu sein. In Fragen der Sicherheit und dem Umgang mit Jagdwaffen ermahnte er häufig seine jüngeren Jagdkameraden und achtete als Jagdleiter bei anderen ständig darauf. In seiner eigenen Jagdpraxis ließ er manchmal die Vorsicht außer Acht.

Ein vollwertiger Jäger besitzt auch einen Jagdgebrauchshund. Revierförster Schmoll führte einen Deutsch-Langhaarrüden. Sein Name "Hülus". Dieser Hund eignete sich gut für die Hasenjagden, arbeitete auch sauber eine Wundfährte aus, aber es fehlte ihm die nötige Schärfe. Außerdem ging er nur widerwillig ins Wasser. Zur Wasserarbeit mußte sein Herr ihn immer besonders animieren. Diese Mängel seines Jagdhundes wurden Erich Schmoll zum Verhängnis. Gleich zu Beginn der Jagdzeit auf Enten stöberte Jäger Schmoll die kleinen Teiche und Tümpel in seinem Jagdgebiet ab. An diesen Wasserlöchern warf er jeweils einen Stein ins Wasser, und mit dem Kommando "Such voran" schickte er "Hülus" ins Wasser. Der Jagdhund sollte dann den Schilfgürtel durchstöbern. Nachdem er auf diese Weise an einem Tümpel zwei Erpel geschossen hatte, wollte er am nächsten "Hülus" wieder so ins Wasser schicken. Die Waffe hing über seiner linken Schulter, und mit der linken Hand drückte er den Lauf hinunter, dabei hob er einen Stein auf und warf. In diesem Augenblick sprang sein Hund freudig linksseitig an seinem Herrn hoch. Aus der Flinte löste sich ein Schuß, und Schmolls linker Ringfinger hing nur noch an einem Hautfetzen.

In den Polikliniken gab es damals wenige Chirurgen, die einen abgeschossenen Finger wieder funktionsfähig annähen konnten. So mußte Erich Schmoll mit einem Finger weniger klarkommen.

Wenige Monate später, im November, versuchte Jäger Erich Schmoll, mit Hilfe eines Fasanenfanges zum Erfolg zu kommen. Dieser, aus Maschendraht bestehende Käfig hatte an den Seiten Pendelklappen die sich nur nach innen öffneten. Mit Hühnerfutter, Druschabfällen und Eicheln versuchte er, Fasane in den Fangkäfig zu locken. An geeigneter Stelle stellte er in seinem Revier den Fasanenfang auf. Diese Ankirrung bekam auch das Schwarzwild mit. Sie kippten den Drahtkäfig um und ließen von dem Körnerfutter und den Eicheln nichts übrig. Hierüber erboste sich Jäger Schmoll. Am nächsten Tag setzte er sich am Fasanenfang an und wartete auf die Schwarzkittel. Kaum hatte die Dämmerung begonnen, da wechselte aus der angrenzenden Fichtendickung eine Schwarzwildrotte. Kurz entschlossen feuerte Jäger Schmoll mit "Roller", so nannte er die 8 mm Posten (damals erlaubt), auf das am nächsten stehende Stück Schwarzwild.

Schwerkrank verschwand der Überläufer hinter seiner Rotte in der Fichtendickung. Erich Schmoll untersuchte den Anschuß. Schweiß bzw. Schußzeichen konnte er nicht feststellen, so ließ er "Hülus" nachsuchen. Der Jaghund nahm eifrig die Wundfährte auf und führte seinen Herrn die etwa 50 Schritte genau bis zur Fichtendickung, in der die Rotte zuvor verschwunden war. Weder im Guten noch im Bösen konnte er seinen Hund bewegen, in der Dickung weiterzusuchen.
In der Annahme, das Stück Schwarzwild sei schon verendet, kroch Jäger Schmoll auf allen Vieren in den Fichtenhorst. Kaum 20 Gänge weiter lag schwer röchelnd das kranke Stück. Ehe sich Erich Schmoll versah, biß ihm die Überläuferbache mit letzter Kraft heftig in den rechten Arm, bevor sie endgültig in die ewigen Jagdgründe einging.
In der nächsten Zeit mußte Revierförster Schmoll den Spott ertragen, wenn Kollegen hinterhältig, auf den verbundenen rechten Arm zeigend, fragten: „Erich, dich hat wohl ein Schwein gebissen?"

"Aller guten Dinge sind drei", pflegt man oft zu sagen. Bei Revierförster Erich Schmoll waren dieses jedoch "drei böse Dinge". Einige Zeit später schoß er bei einer Drückjagd ein angehendes Schwein krank. Das Stück wechselte aus dem Treiben über einen Weg zu dem nahegelegenen Seegebiet. Auf dem Feldweg nahm der Keiler einen Schuljungen an, der gerade auf seinem Fahrrad angeradelt kam. Der Junge rettete sich auf eine Birke und schrie aus Leibeskräften. Bei dieser Attacke beschädigte der 4 bis 5jährige Keiler das Fahrrad und zog schwerkrank in das Röhricht. Auf das verängstigte laute Hilfegeschrei eilte Jagdleiter Schmoll herbei. Hastig berichtete der Junge das Geschehene und zeigte vom Baum aus zu der Stelle, an der das Wildschwein ins Schilfrohr gewechselt war. Der Lostener See, von einem breiten Schilfgürtel mit einigen Erlen und Weiden umgeben, wies Kennzeichen einer verlandeten Uferzone auf. Seggen, Simsen, Woll- und Reitgras wuchsen stellenweise, so daß man manchmal nur etwa 20 Schritte überblicken konnte.

Die Jagdhelfer zeigten sich nicht bereit, den Uferstreifen durchzutreiben, so suchte Jagdleiter Schmoll alleine nach. In der Annahme, das schwerkranke Stück wäre inzwischen schon verendet oder er könne ihm im Wundbett den Fangschuß antragen, begab er sich in das Röhricht. Mit schußbereiter Waffe in Vorhalte schob er das dicht stehende Schilfrohr nach links oder rechts, um der Schweißfährte folgen zu können. Etwa 30 Schritt ging alles gut. Dann das erste Wundbett. Er hoffte, den Schwarzkittel zu finden.

Plötzlich rauschte das Schilfrohr von der linken Seite her, und der Keiler stieß den überraschten Jäger um. Unwillkürlich drückte er dabei den Abzug seiner Flinte, und ein Schuß löste sich. Es ging alles so blitzschnell, daß der Verblüffte keine Möglichkeit einer Abwehrreaktion besaß. Nur sein schreckhafter Ruf: „Nu hätt hei mi!" war zu hören. Auf dem Rücken liegend, versuchte er, mit seinen Beinen den wütend schlagenden Keiler abzuwehren. Zum Glück trug er lange Schaftlederstiefel. Schließlich gelang es ihm, seine zuvor weggefallene Flinte zu fassen, auf die Sau zu richten und abzudrücken. Im Knall sackte der Keiler tödlich getroffen zusammen und kam neben Erich Schmoll zu liegen. So lagen sie noch eine Weile, sich Aug' in Aug' (Licht) sehend.

Inzwischen eilten Jäger, unter ihnen Erich Werner und Otto Kutschera, und Jagdhelfer herbei und stellten ihren Jagdleiter wieder auf seine wackeligen Beine. Das dicke Schaftleder der Stiefel war stellenweise aufgeschlitzt, sein Lodenmantel und die Jagdbekleidung ebenfalls. Erich Schmoll bagatellisierte seine Verletzungen. Zu Hause kam zunächst Schnaps und Bier auf den Tisch, und man stieß auf die noch recht glücklich verlaufene Nachsuche an. Dann erst halfen die Jagdfreunde Erich Schmoll aus seinen Stiefeln. Eine lange, recht tiefe Verletzung des Unterschenkels kam neben weiteren Blessuren zum Vorschein. Sofort mußte sich Erich Schmoll in ärztliche Behandlung begeben. Drei Wochen Krankenhausaufenthalt waren nötig, um ihn gesund zu pflegen.

Seitdem ging er vorsichtiger zu Werke, denn "Gebranntes Kind scheut das Feuer!"

Für Erich Schmolls Mißgeschicke trifft auch nachstehender alter Weidmannsspruch zu:

"Schwiegermutter, hauend Schwein,
Korn zu grob und Korn zu fein,
Fuchsgeheck und Messingschlinge,
das sind alles böse Dinge!"

***

Jäger neigen manchmal zu Scherzen und Schabernack. So ergab es sich Anfang der 60er Jahre, daß Gerhard Aßmus und Joachim Marscheider in Kirch-Rosin ihren "Käptn" Heinz Rehder besuchten. Sie wollten gemeinsam noch ein paar Trainingseinheiten im Wurftaubenschießen absolvieren. Im November ist das Wetter für solche Aufgaben zwar oft nicht sehr schön, aber ohne gründliches, ganzjähriges Training sind keine Erfolge zu erwarten. Nach jeweils 150 beschossenen Wurftauben war das Tagespensum erfüllt. Erst am nächsten Vormittag wollten sie weitertrainieren.

Joachim Marscheider und Gerhard Aßmus saßen nun in ihrem Zimmer in der Försterei Kirch-Rosin und langweilten sich. Ihr "Käptn" hatte im Dorf noch einiges zu erledigen.

Plötzlich entdeckten sie, aus ihrem Fenster sehend, am gegenüberliegenden Schuppen unter der Dachtraufe einen Hasen hängen. Sicherlich sollte der für das nächste Wochenende den Sonntagsbraten liefern.

In der Zimmerecke stand immer griffbereit ein Luftgewehr zur Bekämpfung von Krähen, Elstern und Staren. Es war ein Seitenspanner, aus dem man mit Diabolos schoß. Wer von den beiden als erster auf den Gedanken kam, das Luftgewehr lud und auf den hängenden Hasen schoß, ist nicht so wichtig. Fest steht, daß sich die beiden abwechselten. Nachdem sie den Hasen reichlich "gespickt" hatten, beendeten sie ihre Aktion und spielten den braven Freund und Kollegen.

Am nächsten Tag nach dem Training sagte Heinz Rehder, daß er noch zu seinem Freund Karl-Heinz Müller, genannt "Millionenmüller", fahren müßte, um ihm den versprochenen Hasen zu bringen. Joachim Marscheider und Gerhard Aßmus sahen sich erschrocken an und machten sich anschließend schnell auf ihren Heimweg.

Einige Tage später rief Karl-Heinz Müller bei Heinz Rehder an und beklagte sich über den völlig zerschossenen Hasen. Für ihn wäre es ein Rätsel, wie aus Schrotpatronen Diabolos verschossen würden. Erstaunt legte der "Käptn" den Hörer auf und dachte nur kurz nach. Schnell kam er auf des Rätsels Lösung, denn er kannte ja seine "Pappenheimer".

***

Mit Aufgang der Bockjagd, Mitte Mai, beginnt für den Jäger die schönste Zeit. Die Natur ist erwacht, überall sprießt das zarte Grün, es blüht in allen Farben. Nach den langen Wintermonaten kreucht, fleucht, zwitschert und jubiliert es in Wald und Flur. Ganz bewußt nehmen Jäger und Naturfreunde dieses in sich auf.

In der Veranda der Försterei Kirch-Rosin hielt sich die Familie Rehder oft auf. Hier saßen und unterhielten sich auch Jäger und Sportschützen häufig bei einem Glas Bier und einem Gläschen Schnaps, genossen den schönen Ausblick, der sich von hier bot. Die kleine angrenzende Wildwiese war für Rehwild, aber auch für Hasen ein beliebter Äsungsplatz. Seit zwei Jahren trat regelmäßig ein gut veranlagter Sechserbock aus dem gegenüberliegenden Wald. Auch eine Ricke mit ihren Kitzen ließ sich manchmal auf der kleinen Wiese sehen. Der Bock tat sehr vertraut, äste das schmackhafte Wiesengras und kam bis zum Obst- und Gemüsegarten heran. Dort suchte er gerne nach dem Obst, Gemüse und weiteren Leckerbissen, die man ihm über den Zaun warf. Für Frau Gertrud Rehder wurde er mittlerweile der "Hausbock" und ein gerngesehener Gast. Die Jäger des Jagdkollektivs Kirch-Rosin wußten um diesen "Hausbock", und für sie war "Hansi" tabu.

Wiedereinmal fanden sich die Wurftaubenschützen Marscheider, Aßmus und Kramer ein, um ein paar Trainingsstunden auf dem Kirch-Rosiner Stand zu absolvieren.
"Käptn" Heinz Rehder zeigte sich immer recht großzügig und gab seinen Mannschaftskameraden ein paar Rehböcke zum Abschuß frei. Diese Möglichkeit nutzten vor allem Jochen Marscheider und Gerhard Aßmus gern. Bei der Abendpirsch streckte letzterer zwei schlecht veranlagte Abschußböcke. Auch während der darauffolgenden Morgenpirsch knallte es wieder aus der Richtung von Jäger Aßmus. Beim Jäger Marscheider aber wollte es einfach nicht klappen. Immer bekamen ihn die Böcke rechtzeitig mit und sprangen mit lautem Schrecken ab. "Bö, bö, bö!" - Bin schon weg!

Die Sonne stand schon hoch am Himmel, höchste Zeit fürs Frühstück. Mißmutig und schlecht gelaunt, begab sich Jochen Marscheider auf den Rückweg. Doch da, auf der kleinen Wiese, dicht vor der Försterei, plötzlich auf günstiger Entfernung ein Bock. Kurz entschlossen brachte er die Waffe in Anschlag, und schon hallte der Schuß vom Waldrand wider. Wenig später stand der Jäger vor einem relativ starken Bock.

Von der Försterei rief plötzlich "Käptn" Rehder laut herüber: „Mensch, Jochen, was machst du?" „Nun, ich habe soeben einen Bock geschossen." „Bist du von Sinnen, hoffentlich nicht unseren "Hausbock", Gertrud wird dir sehr böse sein." Es war der "Hausbock". Peinlich berührt gestand er der Frau des Hauses die unangenehme Situation. Frau Gertrud konnte sich mit dem Tod ihres "Hansis" lange nicht abfinden.

***

Das Primäre bei der Verwendung eines Jagdhundes ist die Brauchbarkeit, das Sekundäre das äußere Erscheinungsbild. Seit alters her ist der Hund beim Beutemachen der Helfer des Menschen. Im Laufe der Entwicklung bildeten sich etliche Jagdhunderassen mit bestimmten Gebrauchsvorzügen heraus. Entsprechend dem Revier, der Hauptwildart wählt sich der Jäger einen zweckmäßigen Jagdgebrauchshund.

Jäger Walter Krüger aus Kirch-Rosin hielt sich unter anderem einmal einen Deutschen Jagdterrierrüden, in der Farbe schwarz mit braungelben Abzeichen an Fang, Brust und Läufen. Das Haar dichtes, hartes Rauhhaar. Dieser Rüde mit viel Schärfe, feiner Nase, Spurlaut, großer Wasserpassion, Führigkeit, entsprechender Härte und gut auf der Schweißfährte, besaß alle Eigenschaften eines guten Vollgebrauchshundes. Als Stöberhund leistete er Hervorragendes auf Sauen, entwickelte sich zum unentbehrlichen Helfer, sprengte die Rotten und brachte den Jägern die Schwarzkittel vor die Flinten. Nach jedem Treiben fand er sich wieder bei seinem Herrn ein. Er begleitete Jäger Krüger auf Schritt und Tritt, war folg- und gehorsam.

Während seiner aktiven Zeit als Leistungssportler im Wurftaubenschießen versuchte sich Heinz Rehder immer fit zu halten. Hierzu gehörte auch Kraft- und Konditionstraining. Um seine linke Hand, aber auch den Arm zu kräftigen, führte er bewußt vieles links durch. Auf seinem Forsthof hackte er Berge von Holz. Das Beil führte er dabei immer mit der linken Hand. Allmählich bekam Heinz Rehder in seinen linken Arm mehr Kraft, wurde somit schneller und führiger beim Seitwärtsschwenken mit der Flinte.
Eines Tages besuchte ihn der besagte Jagdterrier von Walter Krüger beim Holzhacken. Dieser Hund revidierte öfters sein Revier. Hob hier und da das Bein, schnupperte herum und brachte die Katzen, aber auch die Dorfköter in Trapp. Zu Rehders kam er gerne, weil es von dort aus häufig auf Sauenjagd ging. Heinz Rehder kam plötzlich eine Idee. In seinem Schuppen stand eine angebrochene Dose mit silbergrauer Farbe. Diese Spraydosen hatte er sich irgendwann von einem Wettkampf aus dem kapitalistischen Ausland mitgebracht. Schnell rief er den Hund heran, und innerhalb einer Minute setzte er seinen aberwitzigen Einfall um. Nun sah der Jagdterrier silbergraumeliert aus. Nicht mehr wiederzuerkennen, eilte der Hund nach Hause.

Walter Krüger wirtschaftete gerade auf seinem Hof. Mit „Hau ab, du Köter" versuchte er, den vermeintlichen Dorfköter von seinem Grundstück zu verjagen. Aber der Hund blieb, ging

in “Down-Stellung” und ließ sich nicht vertreiben, wich nicht von der Stelle und sah den Mann mit treuen Augen an. Dieses kam Walter Krüger verdächtig vor. Er faßte dem Hund ins Haar und merkte sogleich, daß jemand seinen Hund mit Farbe “umgespritzt” hatte.
Jäger Krüger ahnte sofort, wer sich diesen derben Scherz erlaubt hatte. Für einige Zeit nahm er “Käptn” Rehder dies wirklich übel, aber echte Jagdkameraden kann so schnell nichts entzweien.

***

In den 60er Jahren spezialisierten sich zwei Jäger aus der Kühlungsborner Jagdgesellschaft auf den Raubwild- und Raubzeugfang. Bei den besagten Weidmännern handelte es sich um Dr. Peter Steinhöfel und Oberförster Hermann Haffner. Mit allen möglichen Fangeinrichtungen und Methoden versuchten sie, das Raubwild zu überlisten. Neben Fuchs und den beiden Marderarten fing sich auch manchmal eine wildernde Katze. Jedoch das Hauptaugenmerk richtete sich auf das Raubwild. Jeder Paß, ob aus einem Bruch, einer Hecke oder Dickung, und jede frische Ackerfurche wurde sorgsam geprüft, und wenn erfolgversprechend, mit Fallen versehen. Luderschächte und Luderplätze, Schleppen und die Verwendung von Heringsköpfen, Bücklings- und sonstigen Fischresten als Kittmittel, bewährten sich. Mit Fanggeräten und “Blei” stellten sie überall dem “roten Freibeuter” nach. Die Jagdergebnisse von Fuchs und Marder spornten beide Jäger zu immer größerer Initiative an. Sorgfältig streifte man die Bälge und ließ sie auf Spannbrettern trocknen. Die Tierkörper verwendeten sie entweder für die Luderschächte oder vergruben sie.

In der Diskussion entstand der Gedanke des Selbstgerbens der Bälge. Sofort gingen Dr. Steinhöfel und Oberförster Haffner “wissenschaftlich” zu Werke. Einschlägige Literatur, chemische Fachbücher, alle Veröffentlichungen in dieser Richtung studierte man gründlich. Mittels Salzen, Gerbsäuren und Laugen behandelten sie die Haut der Bälge. Die ersten Versuche gelangen über alle Erwartungen hinaus. Die Haltbarmachung und Umwandlung der Haut in ganz weiches Leder verbesserte sich im Laufe der Zeit so gut, daß es Kürschnermeister in Erstaunen versetzte.

In der Holzeinschlagsbrigade Ernst des Forstreviers Diedrichshagen arbeitete der Kollege Herbert Aust. Seine Heimat, das Sudetenland, hatte er 1945 verlassen müssen und fand so mit seiner Familie in Kröpelin eine Bleibe. Im Sudetenland die schwere Waldarbeit gewohnt, begann er hier, in der Forst zu arbeiten. Altersmäßig schon über 50 Jahre, von kleiner Statur, aber drahtig, sehr zäh und fleißig.
Herbert Aust bekam von den Fuchsfängen seines Oberförsters und dem Verbleib der Tierkadaver Kenntnis. Beim nächsten Arbeitsbesuch von Hermann Haffner faßte er sich ein Herz und fragte, ob er einen "Fuchskern" bekommen könnte, denn es wäre ja schade, ihn zu vergraben. Fuchs ließe sich auch essen, er schmecke recht gut. Außerdem könne er sich nur sonntags Fleisch leisten.
Oberförster Haffner plagten zunächst arge Bedenken wegen der Trichinose, aber Herbert Aust meinte, gut gebraten, gingen diese kaputt. Den nächsten Fuchskern durfte sich Kollege Aust also von der Försterei Diedrichshagen abholen.

Einige Tage später fragte Oberförster Haffner, wie der Fuchs denn nun geschmeckt hätte. Er erhielt zur Antwort: „Nun ja, gut. Schmeckt so wie Hundche!"

***

16. April 1974, ein großer Tag für meine Frau und für mich. Wir feierten unsere "Silberne Hochzeit". 25 Jahre gemeinsam durchs Leben zu gehen, bedeutet, alle Unebenheiten des täglichen Lebens gelöst und überwunden zu haben. Gemeinsam haben wir unter schwierigen Nachkriegsbedingungen vier Kinder aufgezogen, in unseren Berufen und in der Gesellschaft uns Achtung und Anerkennung erworben. Oftmals mußten meine Frau und ich uns einschränken und sparsam wirtschaften, aber irgendwie schafften wir es immer. In über 20 Jahren haben wir uns in Bad Doberan und Umgebung einen netten Freundeskreis aufgebaut. Freunde kann man sich aussuchen. Das Verhältnis ist zueinander herzlich und ehrlich. In die Familie, in die "Sippe", wird man hineingeboren und muß durch die "Blutsverwandtschaft" miteinander auskommen.

Eine der wertvollen Eigenschaften der Ostpreußen ist ihre Gastfreundschaft. Vor dem I. Weltkrieg, als es noch kein Radio und Fernsehen gab, das Telefonieren noch in den Anfängen steckte und Tageszeitungen auf dem Lande nicht üblich waren, nahm man jede Nachricht und Information begierig auf. Kam ein Handelsbursche, Hausierer oder ein sonstiger Fremder ins abseits liegende Dorf oder auf einen einsamen Bauernhof, so bewirtete man ihn zunächst reichlich. Er wurde gebeten, von seinen Wanderungen und Erlebnissen zu berichten. Durch ständiges "Nötigen" zu Speisen und Getränken versuchte man, ihn zum längeren Verweilen zu bewegen. Der tiefere Sinn bestand letztendlich darin, zu erfahren, was es "Neues" auf der Welt gab.

Meine Frau stammt aus Masuren und ich auch aus dem Land der dunklen Wälder. Daher ist es uns angeboren, ein gastliches Haus zu führen. An unserem Ehrentag, den wir im Klosterhof Bad Doberan feierten, kamen viele Gratulanten. Die Familie, Freunde und Bekannte wünschten uns bis zum nächsten großen Fest, der "Goldenen Hochzeit", alles Gute.

Das Zahnarztehepaar Dr. Steinhöfel mußte an diesem Dienstag die Patienten ihrer Praxis in Kröpelin bis 18.00 Uhr betreuen und kam deshalb etwas später. Die Stimmung unter den Feiernden hob sich sichtlich bei der Einkehr der beiden gern gesehenen Gäste. Fröhlich und ausgelassen begrüßte man sich mit freudigem "Hallo".
Einen wunderschönen Blumenstrauß und das Hochzeitsgeschenk überreichten Marlies und Peter meiner Frau mit den besten Wünschen.
Als Peter Steinhöfel mir die Hand mit hinterhältigem Lächeln schüttelte, drückte er mir etwas Kleines in meine Hand. Seine Worte dabei: „Helmut, für dich habe ich etwas Besonderes: Grün, für Jäger, mit Waldmeistergeschmack!"

Neugierig und erwartungsvoll schaute ich in meine Hand und erschrak. Welch kleines pikantes Geschenk! Ein in Zellophan verpacktes "grünes Kondom".
Damals, 1974, wußte ich noch nichts von Beate Uhse.

***

Die Jagdgesellschaft Bad Doberan hat, beginnend 1963, die Schießstände in Heiligendamm und daneben das "Jagdhaus" erbaut. Ab 1965 bekam sie wohl als einzige in der DDR die Konzession zum Betreiben einer Gastwirtschaft. Die Behörde legte die Preisstufe II fest. Liesbeth und Werner Havemann betreuten als erstes Gaststättenehepaar unser "Jagdhaus", später dann Elke und Peter Michel und weitere Gaststättenleiter bis zur "Wende" und Privatisierung im Jahre 1990. Als Vorsitzender der Jagdgesellschaft war ich gleichzeitig der ehrenamtliche "Chef" des "Jagdhauses".
Anfänglich boten wir nur Getränke und zum Verzehr Bockwurst und Kuchen an (s. Anlage 7). Bedingt durch die günstige Lage zur Ostsee, zum Sanatorium Heiligendamm und die häufigen Schießwettkämpfe, stieg der Umsatz erheblich. Der Zuspruch unter den Gästen ebenfalls, und so stellten wir

noch eine Reinigungskraft, eine Küchenhilfe und einen Koch ein. Das Speiseangebot haben wir im Zuge der Erweiterung dem einer Ausflugsgaststätte angepaßt.

Mitte der 70er machte ein Kurpatient bei seinem Morgenspaziergang eine überraschende Entdeckung. Die gläserne Seitentür des "Jagdhauses" war mit einem Stein eingeschlagen worden und stand offen. Schnell eilte er zum nächsten Telefon und rief das Volkspolizeikreisamt Bad Doberan an. Der Diensthabende setzte sofort Oberleutnant Bernhard Koschmieder mit Schäferhund "Arko" und einem weiteren Polizisten in Marsch. Entsprechend der Dienstvorschrift inspizierten sie den Einbruchsort. Oberleutnant Koschmieder ließ "Arko" die Spur aufnehmen. Der Hund zog von der kaputten Tür zum Tresen, weiter in die Küche, wieder zurück und dann durch den Klubraum die Treppe hoch. Oben befand sich im ersten Zimmer das Warenlager. Vorsichtig führte der Vierbeiner die Polizisten an die ebenfalls aufgebrochene halboffene Tür.
Sie konten kaum glauben, was sie dort sahen. - Neben den mit Getränken, Süßigkeiten und Rauchwaren gefüllten Regalen befand sich eine alte Couch. Darauf saß, den Kopf seitlich an die Lehne gekippt, schlafend, der Einbrecher! Auf dem Fußboden standen eine halb ausgetrunkene Flasche Cognac und leere Bierflaschen.
Jähes Erschrecken bei dem Ganoven, als "Arko" ihn knurrend und bellend weckte.

Der Einbrecher, ein bekannter Straftäter, hatte nach seinem Einbruch gleich an Ort und Stelle gierig dem Alkohol zu gesprochen und war so volltrunken am Tatort eingeschlafen.

Mit den Worten: „Na, dann komm man, mein Junge, du weißt ja Bescheid. Deinen Rausch kannst du bei uns in der Zelle ausschlafen!" führte Oberleutnant Koschmieder den Straftäter ab.

Schneller ist kaum ein Einbruch aufgeklärt worden, geschweige denn der Einbrecher gefaßt.

***

Ende der 70er Jahre fand wieder eine große Drückjagd auf Schalenwild im Jagdgebiet Ivendorf statt. Jagdleiter Günter Ueckermann bestellte Schützen und Jagdhelfer um 8.00 Uhr zum Treffpunkt an der Landgaststätte "Rote Flöte". Als Treiber fungierten die Forstlehrlinge aus Bad Doberan.
Das Jagdgebiet Ivendorf ist jagdlich sehr interessant. Neben reichlich Sauen, gutem Rehwildbestand kommen noch die Schalenwildarten Rot- und Damwild vor. Die zum Jagdgebiet gehörenden Jäger, wie Ernst Jahnel, Gerhard Ückert, Uwe Dechow, Rolf Dietze, Klaus Leskin, Jürgen Allwardt, Hannes Brokopp, Horst Sperlich und weitere sieben Jagdkameraden, waren sowieso bei jeder Jagd mit von der Partie. Eine Einladung als Jagdgast nach Ivendorf zu erhalten, kam einer Auszeichnung gleich und wurde immer gerne angenommen. Diesmal hatte man unter anderem den Stellvertretenden Vorsitzenden des Rates des Bezirkes Rostock, Werner Klemm, eingeladen.

Nach der üblichen Zeremonie und der obligatorischen Sicherheitsbelehrung begann die Jagd. Die Jäger bekamen ihre Schützenstände zugewiesen. Jagdleiter Ueckermann stellte den hohen Gast persönlich an einer Dickung in der Nähe eines Hauptwechsels an.
Wegen dem kalten Herbstwetter zog sich Werner Klemm einen gegen Wind und Regen gut schützenden langen Ledermantel an. Dieser sollte sich später als wichtig erweisen.
In dem großen Treiben steckten mehrere Rotten. Treibergeschrei und die Hatz der Hunde, einige Schüsse erhöhten die allgemeine Spannung, und bei einigen Jägern stellte sich das sprichwörtliche "Jagdfieber" ein.
Die Nachbarschützen von Werner Klemm konnten beobachten, wie dieser einen Frischling auf dem Hauptwechsel schoß. Jäger Klemm erledigte sogleich die "rote Arbeit", als auf genau diesem Wechsel hochflüchtig eine weitere Rotte Sauen herausbrach. Ein starker Überläufer sauste zwischen die Beine von Werner Klemm. Fest eingepreßt durch den

nicht nachgebenden Ledermantel, ritt Jäger Klemm über die Schneise bis in die Dickung. Dort endlich wurde er von den Ästen abgestreift.

Zwei Tage später stand in der Ostsee-Zeitung folgende Notiz:

> *"**Ritt auf dem Schwarzkittel** - Bad Doberan. Einen unfreiwilligen Ritt auf dem Rücken einer Wildsau mit anschließender 'weicher Landung' erlebte dieser Tage während einer Treibjagd auf Schwarzkittel ein Weidgenosse der Bad Doberaner Jagdgesellschaft. Als der Schütze eine gestreckte Sau aufgebrochen hatte und sich aufrichten wollte, überraschte ihn eine Rotte Wildsauen, die aus dem Treiben ausbrach. Eines der ungestüm flüchtenden Borstentiere unterrannte den Jäger."*

Als Flur- bzw. Ortsbezeichnung unter "Klemmsche-Ecke" ist seither diese Stelle bei der Jägerschaft und der einheimischen Bevölkerung bekannt.

***

Die "politische Wende" bot plötzlich die Möglichkeit, auch Gebiete zu bereisen, die als militärisches Sperrgebiet galten und jahrzehntelang ein "Eiserner Vorhang" abgeschottet hatte. Eine 1945 willkürlich gezogene Grenze teilte Ostpreußen, ein altes, angestammtes deutsches Land, in Nord- und Südostpreußen. Der nördliche Teil mit der Provinzhauptstadt Königsberg kam unter sowjetische Verwaltung. Dieses Gebiet mit Pillau als eisfreiem Flottenstützpunkt wurde zu einer starken militärischen Basis ausgebaut und völlig isoliert.

Im Mai 1994 bereiste ich mit meiner Frau im nördlichen Ostpreußen meinen Geburtsort, Stätten meiner Jugend-, Ausbildungs- und Soldatenzeit (siehe "Ostpreußische Forst- und Jagdgeschichten"). Wir besuchten u. a. die Försterei Wildhügel im ehemaligen Forstamt Pfeil. Von dem dort

wohnenden Jagdverantwortlichen Juri Pawarow und seiner Frau wurden wir sehr herzlich begrüßt und bewirtet. Im Gespräch erzählte Juri Pawarow, daß im letzten Jahr Frau Waltraud Sandmann mit Tochter Ortrud sie besucht hätten, um sich ihre alte Försterei anzusehen. Leider hatte Juri die Adresse von der Familie des ehemaligen Revierförsters Eberhard Sandmann nicht, was ich sehr bedauerte.
Bei der weiteren Unterhaltung zeigte mir der Jagdverantwortliche ein Bild von einem "sagenhaften" Hirsch, der 1992 im Elchwald von einem Lüneburger Jäger erlegt worden war. Der betreffende Jäger hatte an Juri Pawarow das Bild mit einem Brief in Deutsch gesandt. Meine Frau übersetzte den Brief, und ich notierte mir die Anschrift des Jägers.
Zu Hause angekommen, rief ich den Lüneburger Jäger an und übermittelte die Grüße von dem Jagdverantwortlichen aus dem "Elchwald". Während des Telefonats sagte Jäger P., daß er öfters in MecklenburgVorpommern zu tun hätte. Daraufhin lud ich ihn zu mir nach Heiligendamm ein. Mich interessierte besonders die Erlegung des hochkapitalen Rothirsches in meinem ehemaligen Lehrrevier. Einige Tage später besuchte uns der Lüneburger Jäger mit seiner Familie. Mit großer Spannung hörte ich seinen Jagdbericht, auch deshalb, weil ich dieses Jagdrevier kannte und vieles nachvollziehen konnte. Die Bilder von dem Hirsch waren sehr beeindruckend. Sein Jagderlebnis ist schnell geschildert.

Mit zwei weiteren Jägern aus Niedersachsen hatten sie eine Jagdreise zur Brunft 1992 in den Elchwald gebucht. Nach den üblichen Formalitäten erreichten sie das Jagdgebiet. Jeder Jäger bekam vom russischen Jagdverband einen Berufsjäger als Jagdführer zugeteilt. Mit einem Geländewagen fuhr man die Jäger zum Morgen- und Abendansitz bis in die Nähe der festgelegten Ansitzpunkte. Die letzten etwa 300 Meter bis an den Rand des Brunftplatzes pirschten sie dann recht vorsichtig heran. Erfolgversprechend beurteilten die russischen Jäger die Jagdsituation, denn der Brunftbetrieb war voll im Gange. Am zweiten Jagdtag erlegte der erste

deutsche Jäger einen Hirsch. Geweihgewicht so um die 6 kg. Der glückliche Schütze und sein russischer Jagdführer waren damit recht zufrieden. Der zweite Jäger schoß einen Tag später einen Stangenelch und freute sich sehr darüber. Nur beim Jäger P. wollte es einfach nicht klappen. Die russischen Berufsjäger gaben sich redliche Mühe, aber alles erfolglos, “Diana” bescherte ihm kein Jagdglück. Der letzte Jagdabend brach an, und es galt, die letzte Chance zu nutzen, denn am nächsten Morgen ging es heimwärts.
Der Jagdverantwortliche begab sich mit dem bisher erfolglosen Jäger zum Brunftplatz am Rande des großen Moosbruchs, mehr hin zu den Transvaalwiesen. Auf den ehemals kultivierten Hochmoorflächen hatten sich in den letzten Jahrzehnten wieder Kiefer- und Birkenkusseln, Porst, Heidekraut, Schilf, Wollgras und Sumpfmoose eingefunden. Etliche Moorschlenken und inzwischen verwachsene Vorflutgräben vervollständigten das unübersichtliche Gebiet.
Von der Brunft war mehr zu hören als zu sehen. Nur manchmal erspähte man für einen Augenblick zwischen den Kusseln ein Stück Rotwild.
Zur Zeit von Oberforstmeister Hans Kramer (1925-1945), hatte es an jeder Gestellkreuzung, Wildwiese, auf den Dämmen der Vorfluter und sonstigen Freiflächen eine stabile Kanzel gegeben. Von diesen Kanzeln steht keine mehr. Somit ist eine ordnungsgemäße Bejagung des Schalenwildes sehr erschwert und dem Zufall überlassen.
Bei beginnender Dämmerung sahen sie plötzlich einen mittelalten Hirsch, der ein Stück Kahlwild trieb. Der Hirsch, ein Zwölf- oder Vierzehnender, so genau konnten sie es in dem kurzen Augenblick nicht erkennen, schien für den Abschuß geeignet. Voll konzentriert vernahmen sie Poltern, Sprengruf, Stille, dann auf etwa 100 Meter ein durch Mark und Bein gehender Brunftschrei. Die Spannung und innere Erregung bei den Jägern nahm erheblich zu. Unendlich langsam verging die Zeit. Wieder ein näherkommendes Knacken und Abstreifen von Ästen und Schilf. Plötzlich bewegten sich auf etwa 30 Schritte Zweige. Von Ästen, Laub und Schilf verdeckt, schob sich etwas spitz von vorne ein

Rotwildkörper mit schemenhaftem Geweih heran. „Schießen", deutete der russische Berufsjäger an. Genau auf den Stich traf im Knall die Kugel und ließ den Geweihten auf der Stelle verenden. Sichtlich erleichtert eilten die Jäger zu dem Hirsch.

Ungläubiges Staunen, ja Erschrecken überkam sie. Sie trauten ihren Augen nicht. Vor ihnen lag ein ganz anderer Hirsch, ein gewaltiger, völlig unbekannter Recke. Erbarmung! Zunächst absolute Sprachlosigkeit, dann Selbstvorwürfe. Das Geschehene, die Tatsache war nicht mehr rückgängig zu machen.

Gemeinsam verrichteten sie die "rote Arbeit". Abtransport, Abschlagen sowie Abkochen des Geweihes, alles erfolgte im Eilverfahren. Aufgeregt und langanhaltend diskutierten die russischen Jagdverantwortlichen. Ihr Problem bestand in der Ausfertigung des Jagdprotokolls für die Jagdaufsichtsbehörde, denn ein Hirsch dieser Güte war zum Abschuß nicht vorgesehen. Mit Hilfe einiger "blauer Scheine" stufte man das Geweih wesentlich geringer ein. Wichtig war nur, daß für den Zoll eine halbwegs glaubwürdige Ausfuhrgenehmigung vorlag. Die russischen Jagdverantwortlichen des Elchwaldes verabschiedeten den Erleger ohne "Weidmanns Heil", "Schützenbruch" und "Tottrinken".

Überglücklich und ohne Beschädigung schaffte der Lüneburger Jäger seine Trophäe nach Hause. Das Geweih des ungeraden Zwanzigenders, etwa 10jährig, brachte 14,3 kg auf die Waage und wurde mit inoffiziell gut 260 internationalen Punkten bewertet (s. "Im Zeichen der Becherkrone", S. 229). Somit ist dieses wohl der zweitstärkste Hirsch Ostpreußens.

Den stärksten Hirsch (auch Weltrekord) erlegte am 24. August 1617 der brandenburgische Kurfürst Johann Sigismund südlich von Insterburg beim Dorf Siegmuntschowa. Das Vierundzwanzigendergeweih wog 19,8 kg und erbrachte nach exakter Vermessung (im Jahre 1969) 298,60 C.I.C.-Punkte. Die Trophäe befindet sich im Schloß Moritzburg.

Für die Erlegung des hochkapitalen Geweihten mußte der Lüneburger Jäger immerhin noch gut 15.000 DM berappen!

***

Am 17. April 2000, so gegen 14.00 Uhr, läutete beim Verantwortlichen der Unteren Jagdbehörde des Stadtamtes der Hansestadt Rostock das Telefon Sturm. Diplom-Forstingenieur Rainer Klösel hob ab und meldete sich. Am anderen Ende der Leitung die Polizei-Einsatzstelle Rostock. Sachlich, aber äußerst dringlich teilte man dem “Stadtjäger” mit, daß ein Wildschwein in die Grundschule “Kleine Birke” in Lütten-Klein eingedrungen sei und dort Unheil anrichte.

Ein Griff zur Jagdwaffe, und im Eiltempo fuhr Rainer Klösel zur Grundschule. Dort angekommen, konnte er beruhigt feststellen, daß die Polizei das Gebäude bereits vorausschichtig abgesperrt hatte. Glücklicherweise waren keine Schüler anwesend. Nur die Lehrerschaft diskutierte aufgeregt vor der Absperrung.

Mit geladener Jagdwaffe betrat Rainer Klösel die Schule. Vorsichtig nahm er Raum für Raum in Augenschein und schloß, wenn er das Wildschwein nicht entdecken konnte, die Tür. In einem Treppenflur fand er überraschend etwas Schweiß und etwas weiter die Ursache dafür. Das Wildschwein hatte dort eine Drahtglasscheibe zerstört und sich dabei verletzt. Das Tier war offensichtlich durch das offenstehende Tor der Umzäunung gekommen, dann durch den nicht verschlossenen Haupteingang.
Im Treppenflur tauchte dann plötzlich der Überläufer auf. Blitzschnell nahm er den Jäger an. Auf etwa drei Meter schoß Rainer Klösel, wich dabei schnell einen Schritt zur Seite, damit der Überläuferkeiler ihn nicht umrennen konnte. Sicherheitshalber feuerte er noch ein Flintenlaufgeschoß ab. Tödlich getroffen, sackte das Wildschwein zusammen. Große Erleichterung bei Rainer Klösel, aber auch bei allen Verantwortlichen, als sie den im Schulgebäude erlegten ca. 40 Kilogramm schweren Überläuferkeiler bestaunten. So ein “Jagderfolg” ist wohl einmalig!

Wie nötig jedoch der Einsatz eines Jagdverantwortlichen für die Sicherheit der Bevölkerung ist, zeigt die Tatsache, daß auch in dicht besiedelten Stadtgebieten solche Vorkommnisse auftreten können.
Vor über 30 Jahren waren Rostocks Stadtteile Lütten-Klein, Groß-Klein, Marienehe, Schutow usw. noch Natur und unbesiedelt. Alle Tiere hatten dort ihre Einstandsgebiete und uralten Wechsel. Jetzt ist alles bebaut, und von Warnemünde nach Reutershagen führt die Stadtautobahn. Alljährlich werden im Durchschnitt 40 Stück Rehwild, 15 Stück Schwarzwild und etliche Füchse angefahren und dabei verletzt oder getötet. Dabei entsteht erheblicher Sachschaden, manchmal werden auch Personen verletzt.

Die ständige Bereitschaft des "Stadtjägers" wird immer erwartet. In der Vergangenheit mußte er, neben der Beseitigung des getöteten Wildes und der Erlösung der verletzten Tiere, auch ein Wildschwein auf dem Bahnhof Lütten-Klein und einen Fuchs im Kindergarten erlegen.

***

Eine durch angrenzende Aufforstungsmaßnahmen freistehend gewordene Pappel stand an meinem Teich. Es deutete sich seit einiger Zeit an, daß sie beim nächsten stärkeren Sturm in den Teich fallen würde. Dieses geschah am späten Nachmittag des 28. Mai 2000. Die dreißig Meter hohe und gut 1,5 fm beinhaltende Pappel neigte sich zunächst langsam, wie meine Frau beobachten konnte, und klatschte dann mit ihren Ästen und Wipfel ins Wasser.
Nach eingehender Begutachtung sind mein Sohn Bernd und ich übereingekommen, daß wir am "Herrentag" den Baum aus dem Teich holen und wegräumen wollten. In diesem Jahr hatte der 1. Juni gleich drei besondere Anlässe. 1. Himmelfahrt, 2. "Herrentag" und 3. Internationaler Kindertag.

Bei unserer Aktion haben zwei Kumpel meines Sohnes geholfen, und zwar Volker Lewin und Mario Fleck. Volker Lewin und ich ruderten mit meinem Boot zu der im Wasser liegenden Pappel. Mit der Motorsäge trennte ich bei etwa fünf Metern den Stamm durch. Im schwankenden Boot sägte ich die verbleibenden 25 Meter und die vielen starken Äste auf entsprechende Längen. Oft befand sich dabei das Schwert der Motorsäge unter Wasser, und die rotierende Kette spritzte mich naß. Mit Hilfe eines Flaschenzuges zogen mein Sohn und Mario Fleck die Stücke und Äste aus dem Teich. Inzwischen erschien noch Ekkehard Wenzel, um mitzuhelfen. Nachdem die Zerkleinerung im wesentlichen geschafft war, ging Volker Lewin ans Ufer, um beim Herausholen zu helfen. Ich befestigte vom Boot aus jeweils das Seil an den abgesägten Stücken.
Dicht neben dem am Wurzelstock verbleibenden Fünfmeterende befand sich im Wasser ein längerer Ast. Beim Herausziehen des Astes brach dieser plötzlich, ich verlor das Gleichgewicht und fiel mit lautem Platschen rückwärts ins Wasser. Das Boot ist dabei umgekippt. Glücklicherweise bin ich nicht mit dem Kopf auf das Stammende aufgeschlagen. Ich machte unter Wasser eine Rolle rückwärts und tauchte wenig später auf der anderen Seite des im Wasser liegenden Pappelstammes auf. An der Stelle ist der Teich über zwei Meter tief. In der Schrecksekunde sah man nur aufgewühltes Wasser, das umgekippte Boot und meinen davonschwimmenden Hut. Kurz entschlossen sprang als erster Volker Lewin ins Wasser, um mich zu retten.

Inzwischen hatte auch ich mich vom ersten Schreck erholt und machte mich hinter dem Stamm mit den Worten bemerkbar: „Wo ist mein Hut?"

Duplizität der Ereignisse. 1934 machte mein alter Großvater nach 40jähriger Abstinenz ein unfreiwilliges Bad in der "Swine". Ich habe damals seinen Hut und die halblange Pfeife aus dem Wasser gefischt. Diese Begebenheit habe ich kurz in den "Ostpreußischen Forst- und Jagdgeschichten" geschildert. Viele Jahrzehnte später bin ich, wie dargestellt, nun ebenfalls als alter Großvater ungewollt "baden gegangen". Mein letztes Freibad habe ich 1971 in Trakai/Litauen gemacht (s. "Mecklenburgische Forst- und Jagdgeschichten"). Seitdem sind viele Jahre vergangen, bis wieder ein Hut im Wasser schwamm!

Allgemeine und fachliche Schlußbemerkungen

Für die Fertigung der nunmehr vorliegenden Trilogie habe ich sechs Jahre benötigt. Umfangreiches Quellenstudium, Recherchen und Schriftverkehr waren nötig, um in 100 Titeln Begebenheiten und Erlebnisse zu erfassen, zu prüfen und letztendlich zu Papier zu bringen.
Jeder Autor weiß, daß es nicht so einfach ist, aus der Fülle des zu bearbeitenden Stoffes das Wesentliche herauszufiltern. Akzente und Schwerpunkte zu setzen und gleichzeitig eine zukunftsweisende Richtung vorzugeben, setzt Kenntnis, Sach- und Fachverstand voraus. Man kann nur überzeugen und glaubhaft in dem Fachbereich bzw. Beruf mitreden, den man erlernt und mit Prüfungen belegt hat. Ein gutes altes Sprichwort lautet: "Schuster, bleib bei deinem Leisten!"

Heute entscheiden Politiker über wichtige Fragen, die nicht über den nötigen Sachverstand verfügen. Man wird jetzt einwerfen, daß ihnen ein großer Stab von Mitarbeitern und Beratern zur Seite stehe. Gewiß, aber die Autorität des Politikers und die Abhängigkeit der Mitarbeiter gibt bei der Entscheidung den Ausschlag. Für meine Begriffe ist es ein Unding, Verteidigungsminister zu sein, ohne als Soldat gedient zu haben. Oder wenn eine Frau über Schwangerschaft und Kindererziehung Hinweise und Ratschläge erteilt, aber selbst nie ein Kind geboren und aufgezogen hat. Ähnlich ist es, wenn Politiker, die aus Oggersheim, Halle oder Köln stammen, also 1945 ihre Heimat nicht verloren haben, sich anmaßen, "im Namen des Volkes" auf ihnen nicht gehörenden Privatbesitz zu verzichten. Sie können nicht nachempfinden, wie es den Vertriebenen und ihren Nachkommen zu Mute war, gewaltsam ihren über Generationen hinweg erworbenen Grund und Boden, Haus, Hof, sonstige Werte und Vermögen zurückzulassen. Diese Menschen des Ostens mußten eine dem ganzen deutschen Volk zugedachte Bestrafung hinnehmen, den Verlust ihrer Heimat mit aller Konsequenz. Die hiervon nicht betroffenen Deutschen verschwenden in der Regel kaum einen Gedanken daran, sich das bewußt zu machen. Gedemütigt und ihrer Menschenrechte beraubt, müssen die Vertreibungsopfer erleben, wie die verantwortlichen Politiker dieses Thema als erledigt betrachten und nicht gewillt sind, eine vernünftige Klärung anzustreben. Der Raub des Eigentums ist nicht aus der Welt zu schaffen. Wie sagte doch seinerzeit der amerikanische Präsident Abraham Lincoln: “Nichts ist endgültig geregelt, was nicht gerecht geregelt ist!”

Ein besonderes Kapitel stellt die “Rechtschreibreform” dar. Über die Meinung anerkannter Wissenschaftler, Schriftsteller und sogar Institute hinweg beschließen die Kultusminister der Länder die heftig umstrittene Reform. Sogar das Volksbegehren in Schleswig-Holstein, einige Gerichtsbeschlüsse sowie die überwiegende Ablehnung durch die Bevölkerung werden ignoriert. Das Chaos ist jetzt perfekt. Infolge der langen Übergangsphase, in der beide Schreibweisen möglich sind, werden Schüler verunsichert. Ein Beispiel hierfür aus der Mathematik: Wenn 3 x 3 = 9 ist, so kann man nicht 8 oder 10 noch als richtig werten. Deutsch orthographisch zu bewerten, ist zur Zeit nicht möglich. In diesem Zusammenhang sei auf die ständige Verbreitung von “Anglizismen” hingewiesen. Unsere deutsche Sprache wird in zunehmendem Maße von Fremdwörtern zu einem “Pidgindeutsch” verunstaltet. Auch einige Politiker kommen sich besonders klug vor, wenn sie ihren “Background” durch Fremdwörter verdecken wollen. Die Medien und Großunternehmen, wie die Deutsche Bahn, die Telekom, spielen hierbei eine unrühmliche Rolle.
Darüber hinaus gibt es noch viele Beispiele, wo es zwischen Politik, Wirtschaft und Demokratie nicht stimmt. Es würde aber zu weit führen, unsere politische Situation und die allgemeine Politverdrossenheit noch eingehender zu untersuchen. Nur soviel sei angemerkt: Nach der bedingungslosen Kapitulation 1945 begannen die Siegermächte, das deutsche

Volk umzuerziehen. Begriffe wie Tradition, Vaterlandsliebe, Kameradschaft mußten verschwinden. Alte deutsche Tugenden wie Pflicht, Ordnung und Gerechtigkeit waren verpönt und wurden als preußischer Ungeist abgestempelt. Die Geschichte haben die alliierten Siegermächte geschrieben, die sich dabei bewußt Verfälschungen, Verschweigen und der Schönfärberei bedienten.
"Ob Recht, ob Unrecht, mein Vaterland!" Dieser Leitsatz, der jahrhundertelang Grundsatz der Politik der Engländer war, kam wiederum voll zum Tragen. Allgemeine Grundsätze wie "Gemeinnutz geht vor Eigennutz" und der Gleichklang zwischen "Rechten und Pflichten" der Bürger verschoben sich. Die Rechte werden entschieden wahrgenommen, die Pflichten dagegen vernächlässigt oder vergessen. Das "*Ich*bezogene" trat in den Vordergrund, und es entwickelte sich eine "Ellenbogengesellschaft". Solidarität, Toleranz, Ehrlich- und Aufrichtigkeit geraten immer mehr ins Abseits. Politiker streben Machtpositionen an und versuchen, diese gegen jedermann zu behaupten. Korruption, Finanzskandale, Falschaussagen (Meineide) sind an der Tagesordnung. Der Bundesrechnungshof, aber auch Untersuchungsausschüsse zeigen viele Mißstände und sinnlose Verschwendungen von Steuergeldern auf, aber letztendlich ohne Konsequenzen für die Verursacher bzw. Verantwortlichen. Dieses und noch vieles mehr wirft kein gutes Licht auf unseren "Rechtsstaat". Recht haben und Recht bekommen sind zweierlei. Wie heißt es doch: "Auf Hoher See und vor Gericht befindet man sich in Gottes Hand!" Nur wer über das nötige Geld verfügt, sich die besten Anwälte leisten kann, verschafft sich "sein Recht"!

Eins muß auch noch erwähnt werden, daß mehrheitlich und entscheidend Richter und Staatsanwälte aus den alten Bundesländern in politischen Prozessen Recht verkündeten und selbst keine Kenntnis über die DDR, deren Entwicklung und politische Abhängigkeit zur Sowjetunion und zum Warschauer Pakt hatten. Sie konnten sich nicht in die jeweilige Situation hineinzuversetzen. Bei der Beurteilung müssen in erster Linie die Maßstäbe der damaligen Zeit in Verbindung mit der geltenden Gesetzlichkeit angelegt werden. Heutige Auffassungen, gekoppelt mit dem "Rückwirkungsgebot", sind für die Rechtssprechung untauglich.

Bei den Medien geht es hauptsächlich um Sensationen. Für Schlagzeilen und Quoten ist ihnen jedes Mittel recht. Oft berichten Medien menschenverachtend, erniedrigend und bis ins kleinste Detail. Mit "Pressefreiheit" kaschiert man diese Sensationshascherei. Heute, wo Ereignisse in wenigen Minuten in der ganzen Welt bekannt gemacht werden können, geht es auch darum, wer der erste Berichterstatter ist. Fremdes Leid wird als Ware verkauft. Nur bei persönlichem Leid fühlt man sich plötzlich betroffen.

Nach der von Regimekritikern und vielen DDR-Bürgern erzwungenen Wiedervereinigung Deutschlands ergaben sich für die meisten DDR-Bürger kaum geahnte Schwierigkeiten. Das seit über 40 Jahren in der BRD praktizierte System von Politik und Wirtschaft, eng verbunden mit der westdeutschen Gesetzlichkeit, wurde den DDR-Bürgern von heut auf morgen aufgebürdet. Für die rund 64 Millionen Bürger der alten Bundesländer änderte sich praktisch nichts, aber für die 16,7 Millionen der neuen Länder grundlegend alles. Viele ehemalige DDR-Bürger konnten mit den neuen Bedingungen nicht fertig werden. Suizide häuften sich, hohe Arbeitslosigkeit, der zunehmende Werteverfall und die sinkende Hoffnung auf Verbesserung läßt sie immer tiefer abgleiten. Der allgemeine Trend der westlichen Medienwelt ist sehr kritisch gegen alles, was aus der ehemaligen DDR stammt, eingestellt. Man sucht zunächst nach Negativem, Verbindungen zur Stasi, SED-Mitgliedschaft, Staatsnähe, Dopingvorwürfen und vieles mehr. Nur der bloße Verdacht bringt die Betroffenen schon ins Abseits. Solange die Stasi-Unterlagen gegen die DDR-Bürger ausgewertet wurden, war alles in bester Ordnung. Nun, wo sich herausstellte, daß etliche tausende BRD-Bürger und viele Politiker ebenfalls mit der Stasi verstrickt waren, soll für diese Personen "Tabu" gelten!

Zehn Jahre nach der Wiedervereinigung sind die großen Unterschiede zwischen West und Ost nicht abgebaut. Eine Reihe von Fehlentscheidungen der damaligen BRD-Regierung wirken noch immer nach, so z. B. "Rückgabe vor Entschädigung", der Einsatz von Wirtschaftsberatern, die Treuhand und vieles mehr. Nach Aussagen des damaligen Leiters der DDR-Delegation, Günther Krause, ist der Einigungsvertrag zwischen BRD und DDR bisher nur zu etwa 60 Prozent erfüllt. Vor allem kritisiert er, daß die ehemaligen DDR-Bürger bei gleicher Leistung ein geringeres Einkommen haben, aber die gleichen indirekten Steuern zahlen müssen. Ein krasses Beispiel ist Berlin. Ob im Verkehrswesen, der Polizei, Feuerwehr, Stadtreinigung usw., alle die aus dem Osten stammen, erhalten etwa 15% weniger Lohn. Schlimm ist es auch bei der Bundeswehr, in der Soldaten der gleichen Einheit und im selben Dienstgrad unterschiedlich besoldet werden. Dieser Zustand noch 10 Jahre nach der Deutschen Einheit ist unerträglich und diskriminierend.

In der Außenpolitik hat Deutschland nach der Wiedervereinigung mehr Bedeutung erlangt. Für den damaligen französischen Staatspräsidenten Francois Mitterrand und Bundeskanzler Helmut Kohl waren die EG-Verträge von Maastricht von außerordentlicher Bedeutung. Die Volksabstimmung in Frankreich ergab nur 51 % Dafürstimmen, und in Deutschland befragte man das Volk erst gar nicht, weil so etwas im Grundgesetz nicht vorgesehen ist. So verlockend die Vision vom gemeinsamen Haus Europa auch ist, zeigte die politische Entwicklung jedoch einen anderen Trend. Viele europäische Völker haben in den letzten zehn Jahren ihr Nationalbewußtsein entwickelt und eigene Staaten gebildet. Aus dem ehemaligen Jugoslawien entstanden Bosnien, Kroatien, Serbien, und mit den Albanern geht das Tauziehen hin und her. Die CSFR teilte sich in Tschechien und Slowakei, die baltischen Völker in Litauen, Lettland und Estland. Der Zerfall des Vielvölkerstaates Sowjetunion brachte noch eine Reihe von Nationalstaaten hervor, und einige kämpfen noch um ihre Freiheit wie z. B. die Tschetschenen.

Das Beispiel Amerika für ein vereintes Europa zu nehmen, ist völlig unrealistisch, weil die Entwicklungen sehr unterschiedlich verliefen. Der 1. Präsident George Washington (1789-97) hat erst vor gut 200 Jahren die USA begründet und gefestigt. Die indianische Urbevölkerung wurde durch die vielen Einwanderer (Spanier, Franzosen, Engländer, Niederländer, Deutsche, Juden usw. und ab 1890 mit Beginn der “neuen Einwanderung” hauptsächlich von Süd- und Osteuropäern) verdrängt und ihrer Rechte beraubt. Gleichzeitig führte man aus Afrika billige Arbeitssklaven ein. Dieses Völkergemisch organisierte sich in 51 Bundesstaaten. Schon um die Jahrhundertwende belegte die USA mit ihrer Industrieproduktion den 1. Platz in der Welt. Durch Monopolbildung (Morgan, Rockefeller) und Verschmelzung mit den Banken bauten sie eine Weltwirtschaftsmacht auf. Die beiden Weltkriege ließen die USA zur Supermacht werden. Mit Hilfe der “Dollardiplomatie” und wenn es nicht anders ging mit “militärischem Eingreifen” regelten sie alles zu ihren Gunsten. Die imperialistische Globalstrategie der USA wird von einem Großteil der amerikanischen Bevölkerung getragen.

Europa besteht seit über 2.000 Jahren. Es entwickelte sich aus vielen Volksgruppen, Stämmen und Völkern, die eine gemeinsame Kultur, Sprache, ethnische Verwandtschaft aufwiesen und durch religiöse Überzeugungen verbunden waren. Im Laufe der Zeit entstanden Nationalstaaten, in Deutschland viele Kleinstaaten. Häufige Grenzstreitigkeiten, Erbfolgekriege und das Streben nach Unterwerfung anderer Völker waren das Leitmotiv einiger Herrscher. Entschiedenen Widerstand leisteten die unterdrückten Völker. Sie kämpften um ihre Freiheit. Im europäischen Freiheitskampf der Völker gibt es viele Beispiele. Einen hierfür typischen Fall stellt Polen dar. Dieser Staat wurde dreimal (1772, 1793, 1795) geteilt und verschwand bis 1919 (124 Jahre) von der Bildfläche. Ihre Nationalität haben die Polen nie aufgegeben. Über 100 Jahre hieß es: “Noch ist Polen nicht verloren!”

Unterschiedliche Entwicklung, unterschiedliche Kulturen, Mentalität, Subjektivität, um nur die wichtigsten Dinge zu nennen, bereiten einem vereinigten Europa erhebliche Schwierigkeiten. Die typischen deutschen Tugenden, wie Fleiß, Disziplin, Sparsamkeit, Ordnung, Pünktlichkeit, Zielstrebigkeit usw., werden dann im Vergleich mit gegenteiliger Einstellung einer harten Probe unterworfen.

Bei meinen abschließenden Betrachtungen möchte ich noch auf einige Probleme im Forst- und Jagdwesen eingehen. Das Vorhandensein von genügend Holz, aber auch von reichlichen Wildbeständen war für die menschliche Entwicklung von ausschlaggebender Bedeutung. Für die ständig zunehmende Besiedlung im mitteleuropäischen Raum benötigte man immer mehr Holz. Auch stieg der Flächenbedarf für Siedlungs- und Ackerbau. Wegen des erhöhten Holzbedarfs entstanden erhebliche Schwierigkeiten in der kontinuierlichen Holzbereitstellung.
Seit etwa 200 Jahren gibt es eine geregelte Forstwirtschaft. Mit einem tiefgreifenden Strukturwandel vollzog sich der Bestandsaufbau und die Baumartenzusammensetzung der Waldungen. Nutzungsplanung, fundiert durch die beginnende Forstwissenschaft, ermöglichte, dieses auch in die Praxis umzusetzen. Wirtschaftseinheiten entstanden. Zunächst Schutzbezirke von örtlich ca. 300 bis 1.000 Hektar Holzbodenfläche, denen ein Forstaufseher, Förster oder Hegemeister vorstand. Später wurden aus den Schutzbezirken Forstreviere bzw. Revierförstereien. Entsprechend der Lage bildeten 5 bis 9 Reviere eine Oberförsterei. Nach dem I. Weltkrieg wandelte man die Oberförstereien in Forstämter um. Die durchschnittliche Größe der Forstämter betrug damals 4.800 Hektar Holzbodenfläche. Das kleinste Forstamt Deutschlands war Tharandt (Lehrforstamt) mit 1.392 Hektar. Züsow hatte 2.161 Hektar und Güstrow 2.444 Hektar Holzbodenfläche. Das größte Forstamt Tawellenbruch wies 9.094 Hektar und Rossitten 8.869 Hektar Holzbodenfläche auf. Nächste Leitungsebene waren die Forstinspektionen, später auch Oberforstmeisterbezirke. Entsprechend der Ver-

waltungsstruktur Deutschlands stellten die Regierungsforstämter die höchste Verwaltungsebene im Regierungsbezirk dar.
Nach dem II. Weltkrieg blieb im wesentlichen die Forststruktur in der BRD erhalten. In der DDR jedoch veränderte sich die Forststruktur grundlegend. Es erfolgte die Umwandlung der Staats- und Reichsforsten mit Einbeziehung des Kommunalwaldes zum Volkswald. Privat- und Genossenschaftswald wurden durch Bewirtschaftungsverträge fest an die neugebildeten Staatlichen Forstwirtschaftsbetriebe gebunden. Nur der Kirchenwald blieb unangetastet. Die bis 1945 übliche Kameralistik (Haushaltsrechnung) wurde zur wirtschaftlichen Rechnungsführung umgestellt. In den staatlichen sozialistischen Betrieben führte man die doppelte kaufmännische Buchführung ein und forderte die Gegenüberstellung des Aufwandes für die Produktion und ihre Resultate in Geldwert, die Deckung der Ausgaben aus eigenen Einnahmen und die Sicherung der Rentabilität. Diese planmäßige Wirtschaftsführung setzte wirtschaftlich operative Selbständigkeit und Verantwortung voraus. Obgleich die Forstwirtschaft der DDR eine in der Geschichte einmalige Chance der Gesamtwaldbewirtschaftung nach forstwissenschaftlichen Erkenntnissen über alle Besitzkategorien (außer Kirchenwald) hatte, so mußte sie sich oft den politischen Zwängen beugen (Strukturveränderungen, Zusatzholzlieferungen, Konsumgüterproduktion usw.). Hinzu kamen noch unvorhergesehene Ereignisse wie Sturmschäden, Schneebruch, Insektenkalamitäten und Waldbrände, die die planmäßige Fortführung der waldbaulichen Maßnahmen erheblich störten.
Trotz aller Schwierigkeiten haben die Forstleute der DDR das "Nachhaltigkeitsprinzip" abgesichert und den Holzvorrat beachtlich gesteigert. In meinem Buch "Mecklenburgische Forst- und Jagdgeschichten" habe ich 1998 unter dem Titel "Weißt du noch ...?" eine kurze Einschätzung der politischen Situation und der Forstwirtschaft im besonderen gezogen. Meine damalige Bilanz hat auch heute noch volle Gültigkeit.

Der vorgesehene weitere Stellenabbau sowie die Zusammenlegung von Revieren und Forstämtern ist unverantwortlich. Es kann nicht sein und stillschweigend hingenommen werden, daß aus finanziellen Gründen die "Nachhaltigkeit" und das "Ökosystem Wald" in seiner Funktionsfähigkeit für die Zukunft in Frage gestellt werden.

Um dieses abzuwenden, müßten aus meiner Sicht einige grundlegende politische Maßnahmen eingeleitet werden:

- Das "Verursacherprinzip" ist auch voll für die Forstwirtschaft in Anwendung zu bringen (Waldsterben). Der Waldschadensbericht 1999 der Bundesregierung sagt aus, daß sich der Zustand der Wälder in der letzten Vegetationsperiode weiter verschlechtert hat. Zwar ist es örtlich unterschiedlich, aber die Übersäuerung durch hohe Stickstoffeinträge hat zugenommen. Auf etwa 80% der Waldstandorte gefährdet das übersättigte Sickerwasser das Quell- und Grundwasser. Eine Zeitbombe tickt! Trotz dieser Kenntnis unternimmt die Bundesregierung nichts, denn es ist weder eine deutliche Verringerung der Schadstoffeinträge noch eine geeignete Entschädigungsregelung in Sicht.
- Im § 1 des Bundeswaldgesetzes, aber auch der Landeswaldgesetze werden der wirtschaftlichen Nutzen, die Schutz- und Erholungsfunktion des Waldes für die Bevölkerung besonders herausgestellt und eine nachhaltige Bewirtschaftung und Förderung der Forstwirtschaft verlangt. Allgemeine Feststellungen genügen nicht, es muß eine konkrete, bedarfsgerechte finanzielle Förderung erfolgen.
- Die Forstbeamten im Außendienst, aber auch in den Forstämtern erfüllen "hoheitsrechtliche Aufgaben" (Forst- und Jagdschutz, Grenzsicherung, Verkehrssicherheitspflicht und Dienstleistungen im ländlichen Raum). Diese hohe verantwortliche Tätigkeit muß einen höheren Stellenwert erhalten.

- Es ist ein mittelfristges und darauf aufbauend ein langfristiges Forstkonzept mit Gesetzeskraft zu beschließen. Aus der historisch gewachsenen Bedeutung der Forstwirtschaft und ihrer Fachkompetenz sollte sie dieses federführend erarbeiten, um es anschließend umzusetzen. Naturschutzverbände, aber auch das Bundesumweltministerium sehen oft nur ihren Bereich und stellen völlig unmögliche Forderungen, die aus dem Rahmen gesamtgesellschaftlicher Verantwortung fallen. Mit dem Gesetzgebungsverfahren (29.10.1999) zum Ausgleichsleistungsgesetz (Drucksache 14/1932) wird versucht, alle naturschutzrelevanten Flächen auch Flora-Fauna-Habitat (FFH) und Vogelschutzgebiete aus der Privatisierung auszuklammern und Naturschutzorganisationen unentgeltlich zur Verfügung zu stellen. Hierbei geht es um rund 100.000 Hektar Wald und etwa 200.000 Hektar landwirtschaftliche Nutzfläche. Der Bundesumweltminister mißachtet in eklatenter Weise den gesetzlichen Privatisierungsauftrag. Enorme Kosten können auf den Steuerzahler zukommen, und eine negative Folgeentwicklung entsteht im ländlichen Raum. Der Verlust vieler Existenzen ist voraussehbar.

Nachfolgend einige grundlegende Anmerkungen und Überlegungen zur Verbesserung des Jagdwesens:

- Alle Jäger sind in den Landesjagdverbänden zu organisieren. Wer Jäger werden will, muß gleichzeitig in einem Hegering des Jagdverbandes Mitglied sein. Wer meint, dieses wäre eine unzumutbare Zwangsmaßnahme, dem sei gesagt, daß es per Gesetz einige Pflichtmitgliedschaften gibt, z. B. Landwirtschaftliche Berufsgenossenschaft, Wasser- und Bodenverband usw. Ferner geht es auch darum, die rechtliche Stellung der Hegegemeinschaften im Sinne einer vernünftigen Wildbewirtschaftung zu verbessern.

- Für die gesamte BRD ist eine einheitliche Jagdprüfung festzulegen. Es gibt erhebliche Unterschiede zwischen den Ländern. Hinzu kommt, daß das "grüne Abitur" immer mehr an Umfang zunimmt. 1941, als ich die Jägerprüfung machte, wies die 5. Auflage "Die Jägerprüfung in Frage und Antwort" von Dr. Blase 788 Fragen aus. Jetzt hat die 24. Auflage über 5.000 Fragen. Das ist nur ein Tcil der theoretischen Prüfung. Es ist heute leichter, das Abitur zu bauen, als die Jägerprüfung zu bestehen.
- Abweichend vom Bundesjagdgesetz sind die Jagdzeiten für einige Wildarten in der Landesjagdgesetzgebung unterschiedlich festgelegt. In Sachsen gehören z. B. die Rabenvögel zum jagdbaren Wild. Nebel-, Rabenkrähe und Elster haben vom 01.08. bis 15.03. Jagdzeit. Eine ähnliche Regelung wäre auch für die anderen Länder empfehlenswert, denn von einer Ausrottung dieser Vögel kann nicht die Rede sein.
  Nutzen und Schaden sind zwei Begriffe, die die Natur nicht kennt. Erst der Mensch hat sie aus seiner Sicht geprägt. Wegen der veränderten Lebensbedingungen muß der Mensch regelbar eingreifen, damit ein vernünftiges Gleichgewicht in der Tierwelt hergestellt und erhalten bleibt.
- Nicht nachvollziehbar sind die Jagdzeiten auf Gänse. Laut Bundesjagdgesetz haben Graugänse im August Jagdzeit und dann erst wieder ab 1. November bis 15. Januar. In Mecklenburg-Vorpommern wird die Jagd auf Gänse an allen Seen, Bodden, Achterwassern, Flüssen und sonstigen Gewässern im Umkreis von 500 Metern und in der Zeit von zwei Stunden vor Sonnenuntergang bis zu einer Stunde vor Sonnenaufgang verboten. Im Nachbarland Brandenburg dürfen Graugänse vom 01.08. bis 31.01. und die übrigen Gänsearten vom 16.09. bis 31.10. und vom 16.01. bis 31.01. auf gefährdeten Ackerkulturen zur Schadensabwehr ohne Einschränkung der Tageszeit bejagt werden. Im Jagdjahr 1998/99 betrug die Jagdstrecke in der BRD insgesamt 32.169 Gänse, davon in den Hauptgänsefluggebieten M/V = 7.092 Stück, in Brandenburg

7.585 Stück und in Schleswig-Holstein 4.472 Stück. Den Gänsen sollte man raten, sich nur Rastplätze in Mecklenburg-Vorpommern und Schleswig-Holstein auszuwählen, denn hier können sie fast ungestört der Landwirtschaft (Wintersaaten, Raps) erheblichen Wildschaden zufügen, der nicht als Schaden laut Jagdgesetz gilt.
Einen weiteren Schwerpunkt stellen die Kormorane dar. Vor einiger Zeit noch vom Aussterben bedroht, hat diese Vogelart im Küstenbereich und an großen Gewässern eine gewaltige Zunahme erfahren. Jetzt bangen viele Fischer um ihre Existenz. In solchen Fällen muß der Mensch regelnd eingreifen.

Im Bereich Forst, Jagd, Natur- und Umweltschutz gibt es noch einige offene Fragen, die einer Klärung bedürfen. Im Forstkonzept sollte dieses berücksichtigt werden.

Abschließend möchte ich herausstellen und unterstreichen, daß wir Deutsche auf eine viele Jahrhunderte alte wechselvolle Geschichte zurückblicken können. Während dieser langen Zeit brachte das deutsche Volk eine Reihe weltweit anerkannter Persönlichkeiten, Staatsmänner, Wissenschaftler, Dichter und Künstler hervor. Im ehemaligen Preußen, dem prägenden Teil des späteren Deutschlands, wurde Toleranz im wahrsten Sinne des Wortes geübt. Nach dem Leitmotiv: "Jeder kann nach seiner Fasson seelig werden!" lebten Ausländer vieler Völker friedlich nebeneinander. In Preußen fanden zunächst Litauer und Polen aus den Nachbarländern Aufnahme. Ferner die aus Frankreich 1685 des Glaubens Willen ca. 20.000 vertriebenen Hugenotten, dann Holländer, Schweizer, auch österreichische Judenfamilien, Bauern und Handwerker aus vielen kleinen deutschen Ländern. 1732/33 kamen etwa 20.000 vetriebene Salzburger. Als letzte Einwanderer siedelte man 1825 die Philipponen, eine russische Sekte, an. Alle fanden eine freundliche, hilfreiche Aufnahme und Unterstützung. Fremdenfeindlichkeit und Ausländerhass waren unbekannte Begriffe. Im Entwicklungsprozeß schmolzen die unterschiedlichen Volksstämme zu einem deutschen Volksstamm zusammen, der mit Kraft, Fleiß und Ausdauer die damaligen schwierigen Lebensbedingungen meisterte. Niemand hat Einfluß darauf, in welche Familie, Rasse und Volk er hineingeboren wird. Deshalb muß jeder mit Achtung, Toleranz und Gleichberechtigung seinen Mitmenschen begegnen.

Trotz aller im letzten Jahrhundert erfolgter Diskriminierungen, Schuldigsprechungen und Anlastung einer "Kollektivschuld" noch über Generationen hinweg bin ich stolz, als Deutscher geboren zu sein, liebe meine Heimat und bin stolz auf meine Lebensleistungen.

Meinen Versuch, den Zeitgeist in seiner Komplexität lebenswahr dazustellen, werden Historiker unter "Literatur ist das Gedächtnis der Völker" einordnen.

Anlage 1

Für die wertvolle Unterstützung bei der Fertigstellung dieses Buches spreche ich nachfolgend aufgeführten Personen meinen allerherzlichsten Dank aus:

Gerhard Aßmus
Herbert Auls
Karl-Heinz Bandt
Manfred Breda
Hannelore Böhnke
Uwe Dechow
Horst Dieck
Hans Duitsmann
Regina Endrulat
Dr. Elmar Ettle
Eberhard Fischer
Hubertus Grigat
Dr. Bernd Hensch
Ernst Jahnel
Rainer Kösel
Georg Koschitzki
Bernhard Koschmieder
Norbert Krüger
Peter Krüger
Walter Krüger
Dr. Eberhard Kusenack
Otto Kutschera
Gisela Prüter
Gertrud u. Klaus Rehder
Waleri Ripperger
Ines Rubbey
Helmut Sakowski
Kurt Schwarz
Diana Steckel
Dr. Peter Steinhöfel
Hartmut Syskowski
Peter Szewczyk
Jens Teubner
Siegfried Türk
Dr. Eberhard Voß
Peter Warnik
Karin Wendt
Erich Werner
Marianne Zeiske
Bodo Zelms
Hans Zobawa

Der Verfasser

Anlage 2

Die wichtigsten Wettkämpfe, an denen "Käptn" Heinz Rehder während seiner Sportlerlaufbahn (1960-1967) teilgenommen hat:

Internationaler Wettkampf in Warschau (Pol) 08.04.1960

1.	Smelzynski, Adam	Pol	192 T. von 200
2.	Aßmus, Gerhard	DDR	186
3.	Rehder, Heinz	DDR	184

Frühjahrseröffnungsschießen in Leipzig 17.04.1960

1.	Rehder	GST	183 T.
2.	Aßmus	ASK	181
3.	Marscheider	GST	181

I. Olympia-Ausscheidung in Hannover 01.05.1960

1.	Graf v. d. Mühle	BRD	188 T.
2.	Aßmus	DDR	185
3.	Dr. Dörken	BRD	183
4.	Rehder	DDR	182

Internationaler Wettkampf in Bukarest (Rum) 22.05.1960

1.	Marscheider	DDR	195 T.
2.	Dumitrescu	Rum	191
3.	Rehder	DDR	190

II. Olympia-Ausscheidung in Magdeburg 30.06.1960

1.	Kramer	DDR	186 T.
2.	Raguse	DDR	181
3.	Aßmus	DDR	181

Gesamtergebnis der Olympia-Ausscheidung für Rom (Ita) 1960

1.	Aßmus	DDR	366 T. von 400
2.	Kramer	DDR	364
3.	Rehder	DDR	361
4.	Raguse	DDR	354
5.	Marscheider	DDR	350
6.	Lang	BRD	349
7.	Dr. Dörken	BRD	347
8.	Gehmann	BRD	335
9.	Graf v. d. Mühle	BRD	331

Für die GdM (Gesamtdeutsche Mannschaft) qualifiziert:

1.	Gerhard Aßmus	DDR
2.	Karl-Heinz Kramer	DDR

Weltmeisterschaft in Oslo (Nor) 11.06.1961

1.	Mattarelli	Ita	296 T. von 300
2.	Eisenhauer	USA	296
3.	Dumitrescu	Rum	295
6.	Marscheider	DDR	293
12.	Rehder	DDR	291

GST-Meisterschaft in Magdeburg 27.08.1961

1.	Rehder		196 T.
2.	Kramer		193
3.	Heite		190

DDR-Meisterschaften in Aschersleben 24.09.1961

1.	Rehder	GST	189 T.
2.	Aßmus	ASK	187
3.	Marscheider	GST	182

Internationaler Wettkampf in Bukarest (Rum) 25.05.1962

1.	Dumitrescu	Rum	298 T.
2.	Rehder	DDR	295
3.	Wheater	Eng	290

Internationaler Wettkampf in Budapest (Ung) 17.06.1962

1.	Kramer	DDR	191 T.
2.	Aßmus	DDR	188
3.	Rehder	DDR	187

DDR-Meisterschaft in Leipzig 01.07.1962

1.	Marscheider	GST	287 T.
2.	Rehder	GST	285
3.	Kramer	GST	284

GST-Meisterschaft in Magdeburg 09.09.1962

1.	Rehder		190 T.
2.	Kramer		188
3.	Schwarz		179

Weltmeisterschaft in Kairo (Ägy) 1962

1.	Zimento	UdSSR	295 T.
2.	Karin Singh	Ind.	295
3.	Marscheider	DDR	294

Mannschaftswertung

1.	UdSSR	777 T. von 800
2.	DDR (Marscheider, Rehder, Aßmus, Kramer)	768
3.	VAR	767

Internationaler Wettkampf in Budapest (Ung) 08.07.1963

1.	Marscheider	DDR	193 T.
2.	Rehder	DDR	193
3.	Kramer	DDR	192

Europameisterschaft in Brno (CSSR) 18.08.1963

1.	Kramer	DDR	192 T.
2.	Senitschew	UdSSR	188
3.	Rossini	Ita	184

Mannschaftswertung

1.	UdSSR		720 T.
2.	DDR		717
	(Kramer, Rehder, Aßmus, Marscheider)		
3.	Italien		712

I. Olympia-Ausscheidung in Leipzig 15.07.1964

1.	Rehder	DDR	192 T.
2.	Marscheider	DDR	191
3.	Aßmus	DDR	189

II. Olympia-Ausscheidung in Darmstadt 26.07.1964

1.	Marscheider	DDR	194 T.
2.	Aßmus	DDR	193
3.	Rehder	DDR	193

Gesamtergebnis der Olympiaausscheidung für Tokio (Jap) 1964

1.	Marscheider	DDR	385 T.
2.	Rehder	DDR	385
3.	Aßmus	DDR	382
4.	Graf v. d. Mühle	BRD	379
5.	Leibinger	BRD	375
6.	Haas	BRD	372
7.	Paape	BRD	371
8.	Gehmann	BRD	368
9.	Kramer	DDR	368
10.	Haag	BRD	366
11.	Baltrusch	DDR	365

Für die GdM qualifiziert:

1.	Joachim Marscheider	DDR
2.	Heinz Rehder	DDR

XVIII. Olympische Spiele in Tokio (Jap) 10. - 24.10.1964

1.	Mattarelli	Ita	198 T.
2.	Senitschew	UdSSR	194
3.	Morris	USA	194
8.	Marscheider	DDR	191
14.	Rehder	DDR	189

Großer Preis der Ostseewoche in Heiligendamm 14.07.1965

1.	Andersen	Schw	193 T.
2.	Rehder	DDR	192
3.	Flodmann	Schw	192

Weltmeisterschaft in Santiago de Chile 21.11.1965

1.	Lira	Chi	292 von 300
2.	Roussos	USA	290
3.	Abbolt	USA	290
8.	Marscheider	DDR	287
10.	Bartels	DDR	285
22.	Rehder	DDR	279

Europameisterschaften in Lahti (Fin) 13.06.1966

1.	Prevost	Fra	289 T.
2.	Basagni	Ita	287
3.	Karlson	Schw	286
7.	Rehder	DDR	285
14.	Bartels	DDR	282
24.	Marscheider	DDR	279

DDR-Meisterschaft in Leipzig 07.10.1966

1.	Rehder	GST	193 T.
2.	Steinfurth	ASK	191
3.	Türk	GST	191

Großer Preis der Ostseewoche in Heiligendamm 16.07.1967

1.	Floresku	Rum	197 T.
2.	Ahlin	Schw	195
3.	Enacke	Rum	193
4.	Rehder	DDR	192

Jahresabschlußwettkampf in Warin 26.11.1967

1.	Mattke	GST Bad Doberan	96 T. von 100
2.	Geißler,F.	GST Grimmen	94
3.	Schütt	GST Schwerin	94
	Rehder	GST Leipzig	94 (außer Wertung)

Das war der letzte Wettkampf, an dem "Käptn" Rehder teilnahm.

Anlage 3

Wat de Hunn sik vertellen

von Heinz Rehder

An Dagen, wenn keen Jagd up Swin,
Liggen de Hunn im Sünnenschien.
Sei drömen un vertell'n beten
Von Bieten, Jagen oder Freten;
All wat de Hunn so intressiert,
Ward hier noch eenmal dörchstudiert.

„Hei, wat is dat för en Lewen,
Wenn wi manchmal Stannlut gewen",
Seggt Butz un schüert sik de Sieden,
Wiel de Flöh em bannig bieten.
„Hei, wo güng dat gistern rund,
As de Kiler vör uns stund.
Un wo künn hei dornach lopen,
Un wi achter all tohopen.
Ik kann ümmer noch nich faten,
Dat keen Minsch dat Swin har schaten.
All Mann scheitens up dat Vieh,
Bennatz, de schöt dicht vörbi."

„Tjä", seggt Tasso, „dat's so'n Kram,
Wi lopt uns de Been all lahm,
Un de Kiler, so'n grot Dier,
Gröter as dat grötst Klavier,
De sall nicht to drepen sin?
So wat glöwt ehr doch keen Swin!
In min gantet Hundelewen
Hat dat sowat noch nich gewen.

Doch dat Scheunste is noch kamen,
As wi weder all tosammen
Stunden an de ollen Wieden,
Kräg'n de Jägers sik dat Striden,
Wullen sik binah noch slagen.
Keener wull de Schull nich dragen.
Meenen denn to gauder letzt,
Wi har gor nich richtig hetzt! -
Tjä, wat sall man dortau seggen,
Will'n de Sak ad akta leggen.
Alle scheiten se vorbi,
Blot de Schull, de kregen wi."

„Stimmt", fohrt Seppel Bennatz rut,
„De Kirls, de grübeln sik wat ut,
Richten sik nich nah de Hunns,
Schuwen denn de Schull up uns,
Wenn de Sak nich klappen deiht
Un de Swin vörbigeneiht.

Wo oft hebben ji all lacht,
Wenn min Bennatz mit so'n Schacht
Haugte mi dat Ledder full,
Wenn ik nich in't Brok rin wull.
De, mit sin vermucktes Slagen! -
Ik kann doch de Schull nich dragen,
Wenn min Näs all vörher weit,
Dat keen Swin in't Brok insteiht."

„Oft", meint Tasso, „gift dat Saken,
De sind manchmal reen tom Lachen,
Wenn dat för son'n Hundetier
Dorbi nich so trurig wier.

Up ne Jagd in't Kluesser Holt
Wir dat eenmal bannig kolt.
Bennatz har noch gar nix schaten,
Dacht bi mi - will em wat laten.
Bröchte denn son grotet Swin
Dörch de Schonung to em hin.
Schöt de Kirl dat Swin vörbie,
awer daför dräp hei mi.
Dicht up't Krüz hew ik dat kregen,
Dat min Hoor man blot so flegen.
Düwel har ik mi verfiert,
As dat dörch min Puckel führt.

Doch dat Beste kümmt irst jetzt.
As na't Driwen so tauletzt
Bennatz un de annern all
Na den Anschuß güngen dal.
Up den Snei liggt wunnerbor
All min scheunes Puckelhoor.
Mint de Kirl tau Krügersmann,
Dat dat Swin wohl liggen kann,
Harr de Kugel sihr gaud kregen,
Wo doch so veel Schnitthoor legen.

Doch min gauden Krügersmann
Seeh de Saklag anners an,
Denn de harr gliks ruterfunnen,
Wo de Schnitthoor vörher stunnen.
Düwel harr ik eene Wut,
Un wie sähd min Puckel ut.
Dat had duert öwer'n Johr,
Bet dat Hoor wir wedder dor."

„Jo, dit Ding is reen to dull",
Meente dorup Puttel Krull.
„Jo, wat nutzt da all parlieren,
Dat kann Bennatz blot passieren,
Awer mi is noch nich klor,
Dat hei Tasso'n sine Hoor
Had för Borsten angespraken,
Dat sünd doch tau dulle Saken.
Sowat kann mi nich in'n Sinn,
Dor findt ik keen Lok nich in. -
As de Sneis du öwerfollen,
Harr hei di för'n Kiler hollen.
Anners kann dat gor nich sin,
Hei harr dacht, du wirst een Swin!"

„Hol't Mul"; rep Tasso, „Holl din Snut!
Seh ik as'n so'n Swin woll ut?
Du, mit dine krummen Knaken,
Wist die hier noch lustig moken!
Töw blot, du entfamter Nickel,
Gliks heff ik di nu am Wickel!"

Nu geft's Schacht un veel Krawall,
Beten hebben se sik all,
Bet de Hoor man blot so flegen
Un all Hunn ehr Deel harr'n kregen.

Wenn se wedder wat vertellen,
Denn ward ik mi wedder mellen.

De best Medizin

von Heinz Rehder

Die Jägersleut, hört man oft sagen,
Haben den größten Spaß beim Jagen:
Doch de grötst Freud mag wohl sin
De Driwjagd up de willen Swin.

De schönst Musik in't Jägerlewen
Is, wenn de Terris Stannlut gewen.
So'n Hunnblaff is, nu sett juch dal,
Veel scheuner as de scheunst Choral.

De Jägers kregen denn dat Fewern,
An Arm un Been füng'ns an to bewern.
Sei deden, wenn't blot wir to schaffen,
Am leiwsten sülwst anfäng'n to blaffen.

Oll Suerbier is kerngesunn
Hürt hei so'n Stannlut von de Hunn
De Krüzweidag de em beasen,
Sünd up de Stell wie weggeblasen.

Hein Bennatz, de so af un an
De meiste Tid nich lopen kann,
Nimmt in de Hänn sin lahmet Bein
un fegt nu los, as häst nich seihn.

Ok Krüger, de süß alle Dag
Har sine Pien mit Herzweihdag,
De löpt, wenn hei den Stannlut hürt
Binah noch düller as so'n Pierd.

Un ok bei Fritze Suerbier
Gifft dat nu keen Hollen mihr.
Hei sust ganz uter Rand und Band
Im Sandbahnstil de Sneis entlang.

Man süht, dat Jagen up de Swin
Dat is de beste Medizin,
Un davon hebb'n wi al tohopen
So manche Buddel lerrig sapen.

Doch gerade düsse Medizin
Scheint dit Johr bannig knapp to sin,
Un oftmals, wenn de Jagd vörbi
Un Schluß is mit de Loperi.

De Puckel koll un natt de Bein,
Den ganzen Dag keen Swin nich seihn.
Glöwt mi, denn sün so nah un nah
De ganzen Weihdag wedder da.

Oll Suerbier harr wedder Plag
Mit sin ollen Krüzweihdag.
Hein Bennatz füngt all an to lahmen,
Hei kann nu gor nich vörwärts kamen.

Uns Krüger, mit sin Herzeleid
Horkt, ob dat Ding noch slagen deiht.
De Köters sliken achterdrein
De Snuten dal und up dree Bein.

Un so bi dat nah Hus to wannern
Dor schimpt een Jäger up den annern.
Luthals verklohrt oll Suerbier
Wat alles falsch makt worden wir.

Doch Krüger lät sik von dem Ollen
Ok reinweg gor nix mihr gefollen.
Man einigt sik togauderletzt,
De Köters harr'n nich richtig hetzt.

De Frugens hebbt am nexten Morgen
Mit ehre Mannslüd grote Sorgen.
Ik glöw, de werden nie verstahn,
Worüm wi giern tum Jagen gahn.

Wat kregen wi da al to hüren
An Schimperie und Zackerieren.
Wi swigen still un dragen Pien
Un lur'n up de nägste Medizin.

Anlage 4

Bücher, die aus der Feder von Wolfgang Zeiske stammen (Erscheinungsjahr)

· Im Zauber des Fischwassers (1955)
· Waffe und Schuß (1956)
· Turnierwerferhandbuch (1956)
· Angle richtig (1959)
· Jagdliches Schießen (1961)
· Fische und Gewässer (1961)
· Handbuch des Angelsports (1962)
· Der Tote von Mödenburg (1964)
· Spuren im Schilf (1965)
· Flucht ins Feuer (1965)
· Meeresangeln (1966)
· Gehört der Täter zur Mannschaft (1966)
· Förster Grünrock erzählt. 4 Bände (ab 1966)
· Die Ehe des Doktor Eichenberg (1966)
· Fischkunde für Angler (1967)
· Schüsse in der Heide (1967)
· Weißfleck (1967)
· Esox (1968)
· Die Abenteuer des Chalihl Effendie (1968)
· In Wald und Moor (1968 / Mitautor U. Komm)
· Wittschwart (1969)
· Grimbart (1969)
· Starke Schwingen (1970)
· Das große Buch vom Wald (1970)
· Vorwiegend heiter (1972)
· Anette und Rowdy (1973)
· Besinnlich heiter (1975)
· Im Rotwildrudel (1982 aus dem Nachlaß)
· Wenn Joe nicht gewesen wäre (1988 Erzählband, Mitautor)
· Angelfachbücher / 10 Titel wie Döbel, Rapfen, Aland-Aal, Wels, Quappe, Modernes Flugangeln usw.
· diverse Veröffentlichungen in Fachzeitschriften: "Forst und Jagd", "Sportschießen", "Visier", "unsere Jagd"

Anlage 5

De verkihrte Jagd

(Poor lütt' Rimels von üns' Jagdfrünn Erich Suhrbier)

Bekannt för bannig Weidmannsglück
Is Jagdfrünn Erich, kort "De Dick".
Hei steiht mol in en grotet Driwen
Un töwt, wo woll de Swin afbliwen.
As so vergeiht ne halwe Stunn,
Dor hürt hei Stannlud von de Hunn.
Dat jachert krüz, dat jachert quer,
Denn kümmt de Jagd to Erich her.

Fix treckt hei sine Flint tohöcht
De dickste Kujel is em recht.
Hei ballert lot, oh geiht dat fix,
Doch up'n Anschuß finn hei nix.
Denn süht hei doch n' beten Schweiß.
Nu mokt de Dick sik up de Reis'.

Un as ne Tid vergahn so wir,
Dor süht hei ok dat Ungetier.
Awerst de Wutz, de nimmt em an,
De Dick löpt, wat hei lopen kann.
De Fohrt geiht gor to schnell vonhinnen,
Un Erich fäuhlt, sin Pust deiht schwinnen.

Nu will hei 'n beten Hasen spälen,
Um sik nich gor to dull to quälen.
Hei rennt um eene Bök drüm rümmer,
De Kiler denkt, „nu is dat slimmer",
Doch wull hei Erich eens versetzen
Un hürt nich up, em nahtowetzen.

Un immer wieder geiht dat Rennen,
Oh Erich, wie ward dat wohl ennen?
Hei möcht sik leiwerst schon ergewen,
Doch de Kiler will sin Lewen.
Un lewen wull hei noch 'n beten,
Von wegen Bück und Hirsch to scheten.

Da hürt de Dick, wie's tweemol knallt,
Un ängstlich mokt hei nu mol Halt.
Hei kikt nah vörn, hei kikt nah hinnen,
un kann dat Swin nur gor nich finnen.
Ut Kösters Flint 'n gauden Schuß,
De mokt de Sak denn ennlich Schluß.

Oh, wat is de Dick doch glücklich,
Veel Lopen dücht em gor nich schicklich,
Denn mit twee Zentner Wildgewicht
Bekümmt em dat nu wohrlich nich.
Rot is hei wie ne rip Tomat,
Un in de Bost de Apparat,
De Konjakpump, de is gor rege,
Un Erich fäuhlt sik tämlich lege.
Frünn Hasse meent nu noch dortau:
„Lat mine Swin leiwerst in Rauh!
Süs mötst up mine Awo riden,
Denn geiht dat fixer uttorieten!"

Wolfgang Zeiske

Anlage 6

Bewertung des "Schlemminer Fundhirsches"

Abb. 63

Erlegungsort: Stralsund	Kreis: Stralsund
Datum: 1946	

	links	rechts		
Länge der Stangen . . . cm	106,3	101,1	Masse . . . . kg	9,8
Länge der Augsprossen . cm	42,2	42,3	Auslage . . . . . . cm	85,0
Länge der Mittelsprossen cm	57,5	44,0	Farbe	1,0
Rosenumfang . . . . . . cm	26,1	26,8	Perlung	1,5
Stangenumfang unten . . cm	17,2	17,7	Spitzen der Enden . .	2,0
Stangenumfang oben . . cm	20,9	17,9	Eissprossen	2,0
Zahl der Enden	9	7	Krone	7,5

Bewertet: Novi Sad (1967) — Gesamtpunktzahl: 228,09
Goldmedaille

Anlage7

Getränkekarte "Jagdhaus" Heiligendamm

Jagdhaus Heiligendamm

Getränkekarte

Preisstufe II

			MDN
Weinbrand, Kastell	40 %	0,02 l	1,17
Weinbrand, Auslese	42 %	0,02 l	1,08
Weinbrand, Edel	40 %	0,02 l	0,92
Weinbrand, Rumänien	40 %	0,02 l	0,88
Weinbrand, Deutscher	40 %	0,02 l	0,77
Weinbrand, Spezial	40 %	0,02 l	0,67
Wodka, Polnischer	40 %	0,02 l	0,83
Wodka, SU	40 %	0,02 l	0,72
Wodka, Adlershofer	40 %	0,02 l	0,62
Korn	40 %	0,02 l	0,58
Eierlikör	35 %	0,02 l	0,80
Kirschlikör	35 %	0,02 l	0,55
Cordial Medock	35 %	0,02 l	0,78
Pfefferminzlikör	35 %	0,02 l	0,55
Stonsdorfer	35 %	0,02 l	0,55
Boonekamp	40 %	0,02 l	0,60
Halb und Halb, Likör	35 %	0,02 l	0,60
Grog von Spezial	%	0,05 l	1,83

		MDN
Deutsches Pilsner (Flasche)	0,33 l	0,68
Limo (Flasche)	0,33 l	0,32
Selters (Flasche)	0,33 l	0,25
Deutsches Pilsner (Glas)	0,25 l	0,51
1 Tasse Kaffee, schwarz		0,75
1 Tasse Kaffee, m. Zucker		0,77
1 Tasse Kaffee, m. Milch		0,82
1 Tasse Kaffee, komplett		0,84
1 Glas Tee m. Zucker		0,30
Bockwurst m. Brot		0,95

Frischer Kuchen – bitte wählen Sie am Büfett

Anlage 8

Wolfserlegungen nach 1945 in Deutschland

1948		1 Rüde	in Elite an der Aller/Lüneburger Heide
1952		1 Rüde	bei Bützow/Mecklenburg
1952		1 Rüde	Rostocker Heide/Mecklenburg (in einer Schlinge gefangen)
1952		1 Rüde	Unterlüß/Lüneburger Heide
1952		1 Rüde	Wriedel/Lüneburger Heide
1955		1 Rüde	Lichtenhorst/Lüneburger Heide
1956		1 Rüde	Knesebeck/Lüneburger Heide
1961	24. März	1 Rüde	Mehlsdorf, Krs. Lukau/Brandenburg (durch Wilddieb erlegt)
1963		3 Rüden (?)	Insel Usedom/Vorpommern (nach Fegewitsch 1968)
1964		1 Rüde	Bezirk Cottbus
1968		1 Rüde	Bezirk Potsdam
1976		1 Rüde	Frohnsdorf bei Jüterborg/Brandenburg (Schlinge)
1979	29. Sept.	1 Rüde	Spreehagen, Krs. Beeskow/Brandenburg
1982	17. Mai	1 Rüde	Nielebock, Krs. Genthin/Brandenburg
1982	20. Sept.	1 Rüde	Krs. Herzberg/Brandenburg (verludert aufgefunden)
1982	22. Okt.	1 Wölfin	Südwinsen, Krs. Celle/Lüneburger Heide
1984	16. Sept.	1 Rüde	Leussow bei Schwerin/Mecklenburg
1985	13. Nov.	1 Rüde	Eberswalde/Brandenburg
1985	30. Nov.	1 Rüde	Schorfheide/Brandenburg
1986	8. Nov.	1 Rüde	Eberswalde/Brandenburg
1987	28. Feb.	1 Rüde	Ramm Krs. Hagenow/Mecklenburg
1989	22. Mai	1 Rüde	Bad Sülze/Mecklenburg
1991	1. Mai	1 Rüde	Bernau/Brandenburg
1991	3. Mai	1 Rüde	Gransee/Brandenburg
1991	17. Mai	1 Rüde	Perleberg/Mecklenburg
1991	24. Mai	1 Rüde	Straußberg/Brandenburg
1993	23. Aug.	1 Rüde	Bernau/Brandenburg (überfahren)
1994	22. Juli	1 Rüde	Gardenitz, Krs. Templin/Brandenburg
1994	7. Dez.	1 Rüde	Zwiesel/Bayern (überfahren)
1995	1. April	1 Rüde	in der Eifel/Niederländische Grenze
1999	9. April	1 Rüde	Gegensee, Krs. Uecker-Randow/Mecklenburg

Quellennachweis

Altmann, Dr. Dagmar	- Die Wolfs-Situation in Deutschland Nachwort in “Der Wolf”
Autorenkollektiv	- *In Verantwortung für den Wald ISBN: 3-933352-00-2*
Autorenkollektiv	- Spurensicherung I Wege in die DDR GNN Verlag 1999
Blüchel, Kurt G.	- *Die Jagd*
Dieck, Horst; Melms, Arno; Welk, Dr. Ernst	- Chronik der Jagdgesellschaft “Rostocker Heide”
Elsner, Eva-Maria und Lothar	- *Weidwerk im Bezirk Rostock*
v. Ende, Rolf	- Über Wölfe und Hunde
Ettle, Dr. Elmar	- *Jäger, Böcke und Pfarrers Hund*
Forst- und Jagdkalender 1914	- Forstliche Statistik (abgeschlossen Okt. 1913)
Frevert, Walter	- *Rominten*
Gautschi, Dr. Andreas; Winsmann-Steins, Burghard	- Rominten Gestern und Heute
Gebhard, Manfred; Küttner, Joachim	- *Deutsche in Polen nach 1946 (Das zweite Ich)*
Goretzki, Dr. J.	- Sind Wolfsbestände in der DDR tragbar? “Unsere Jagd” 1989, S.303
Guth, E.	- *Deutsches Forsthandbuch 1937*
Hallier, Albrecht, Holtz	- Försterhandbuch für den Freistaat Mecklenburg-Schwerin 1929
Herrenkind, Rudolf Fiedler, Brigitte	- *Wanderjäger*

Hespeler, Bruno - Raubwild heute

Hobusch, Erich - Das große Halali

Kramer, Hans - Elchwald

Kutschera, Otto - Geschichte der Jagd um Wismar (1945-1952)

Labhardt, Felix - Der Rotfuchs

Lawrence, Ronald D. - Auf der Spur der Wölfe

Lemke, Dr. Karl; Stoy, F. - Jagdliches Brauchtum

Millahn, Dr. Günter - Raben Steinfeld Geschichte einer Forstschule

Müller-Using, Prof. Dr. Detlev - Diezels Niederjagd, 22. Auflage

Okarma, Henryk - Der Wolf

Schorcht, Dr. Manfred - Forstliche Lehrfahrt des Forstvereins M/V, "Wald- und Forstwirtschaft" Jahrgang 8, Ausgabe 1

Syskowski, Hartmut M. F. - Im Zeichen der Becherkrone

Teubner, Jens - Der Wolf von Ossendorf, "Naturmagazin" 3 und 4/2000

Verlag M. & H. Schaper - Forst, Holz und Jagd Taschenbuch 2000

Voß, Dr. Eberhard - 100 Jahre Jagd- und Forstgeschichte Mecklenburg

Zelms, Bodo - Eine Lanze für die Tiere (brechen)

Zeiske, Wolfgang - Vorwiegend heiter

Bildnachweis

Archiv des Verfassers:	1, 2, 4, 5, 6, 7, 8, 10, 11, 12, 13, 14a,b, 19, 20, 21, 24, 25, 27, 28, 29, 33, 35, 37, 42, 43, 46, 47, 48, 52, 53, 54, 55
Aßmus, Gerhard:	22
Bandt, Karl-Heinz:	26
Bosk, Gerhard:	9
Endrulat, Regina:	36
Grigat, Hubertus:	3
Krüger, Peter:	44, 45
Pentzek, Kurt:	51
Pfotenhauer, Heidelis:	34
Syskowski, Hartmut:	52
Szwewczyk, Peter:	30
Teubner, Jens:	31, 32
Türk, Siegfried:	15
WAGE:	49
Werner, Erich:	16, 17, 18
Zelms, Bodo:	38, 39, 40, 41
Zeiske, Inge:	23

Titelbild - Verfasser mit Rauhhaarteckel Krischan vom Wolfsbruch (Seppel II):

gefertigt von Fotografenmeister Norbert Krüger.

Illustrationen von Diana Steckel

Mit
"Norddeutsche Forst- und Jagdgeschichten"
ist die Trilogie von
Forstmeister i. R. Helmut Mattke komplett!

Ostpreußische Forst- u. Jagdgeschichten

272 Seiten, 43 Fotos, 4 Karten,
17 Zeichnungen von K.-P. Reif
Preis: 34,00 DM
ISBN: 3-9805273-0-1

rlebnisse u. Erzählungen des gebür-
gen Ostpreußen aus seiner verlore-
n Heimat. Der Autor stammt aus
ner alten Försterfamilie, mehrere
enerationen seiner Vorfahren wirk-
n in den dunklen Wäldern Ostpreu-
ns. Überliefertes aus den Forst-
usern Plauen, Rossen und Preloh-
n vermittelt er dem Leser.

Mecklenburgische Forst- und Jagdgeschichten

344 Seiten, 77 Fotos, 21 Zeichnungen von Klaus-Peter Reif
Preis: 36,00 DM
ISBN: 3-9805273-4-4

In der neuen Heimat - dem schönen Mecklenburg, einem ostpreußenähnlichen Landstrich, wirkte der vollblütige Forstmann die meiste Zeit seines Berufslebens. Unterhaltsames, Einzigartiges und Wissenswertes weiß der Autor aus Wald und Flur zu erzählen.

Norddeutsche Forst- und Jagdgeschichten

311 Seiten, 55 Fotos, 43 Zeichnungen. von Diana Steckel
Preis: 40,00 DM
ISBN: 3-9805273-8-7

In seinem dritten Buch schildert der Autor Begebenheiten aus dem Norden Deutschlands, u. a. tragische Begegnungen mit Wölfen oder wehrhaftem Schwarzwild. Er streift in seinen abwechslungsreichen Erzählungen in Masuren, Pommern, Mecklenburg und Schleswig-Holstein.

In allen drei Büchern finden Sie authentische Begebenheiten, die durch wertvolles geschichtliches Hintergrundwissen ergänzt und durch viele Zeichnungen umrahmt wurden.

Im Direktvertrieb beim WAGE-Verlag alle 3 zusammen: 90,00 DM.

(2)

**Die Welt ist uns gram
und wir sind nur ein Spiel**
Goede Gendrich

Die Lebensgeschichte einer Försterfamilie
(1923-1953)

312 Seiten, 25 dokumentarische Fotos,
8 Zeichnungen von Klaus-Peter Reif
Preis: 36,00 DM
ISBN: 3-9805273-3-6

Der bekannte Schriftsteller beschreibt das Schicksal seiner Familie von 1923-1953. Aufgewachsen als Förstersohn, hat er nur das Ziel, selbst den grünen Rock zu tragen und zu der ehrenhaften, eingeschworenen Zunft zu gehören.

Gendrich unterbrach die geliebte Arbeit in der Forst, um freiwillig bei der Wehrmacht zu dienen. Schwer verletzt, kehrte er zurück und übernahm wieder das Forstrevier, bis die Panzer der Roten Armee in den Ort rollten. Mit seiner geliebten Frau verbarg er sich 98 Tage in einer Erdhöhle im Wald. Unter unsäglichen Bedingungen, in der Angst, entdeckt zu werden, ohne Informationen von der Außenwelt und letztlich ohne Nahrung, war die Belastung unerträglich. Trotz der Entbehrungen und des seelischen Druckes schildert der Forstmann die Schönheiten der Natur und die Begegnungen mit dem Wild. Schließlich wagte das Paar die gefährliche Flucht in den britischen Sektor, wo Gendrich bis zur Pensionierung als Revierförster tätig war.

(3)

Im Kranichwald
Forstmeister
Joachim Kolmer

204 Seiten, 27 Fotos (12 Bildseiten),
20 gr. u. v. kl. Zeichn. von K.-P. Reif,
1. Auflage
Preis: 25,00 DM
ISBN: 3-9805273-6-0

Hautnahe Erlebnisse eines *Försters aus Mecklenburg* mit den mächtigen Seeadlern, dem exotisch erscheinenden Wiedehopf, einem "Riesenhirsch", imposanten Kranichen, einem "Marderbaby" und dem "Platzkommando" u. v. m. Ein Streifzug durch das Leben des Forstmannes, von seiner Kindheit in der Griesen Gegend bis hin zum Wirken auf dem Flugplatz Laage-Kronskamp (Rostock), einem Naturparadies.
Viele Zeichnungen, die den Inhalt der Geschichten hevorragend widerspiegeln.

Ein Ort zum Bleiben

Landforstmeister Waldemar Martens

338 Seiten, 51 Fotos,
14 Zeichnungen von K.-P. Reif
Preis: 43,00 DM
ISBN: 3-9805273-2-8

Jagd- u. forstliche Entwicklungen der letzten 30 Jahre auf dem Darß, eingebunden in Anekdoten über einfache Menschen bis hin zu hohen Gästen. Der Autor schildert Unterhaltsames aus seiner Jugendzeit auf der wunderschönen Halbinsel bis hin zu seiner Tätigkeit als Forstmann, Leiter des Staatsjagdgebietes und der Oberförsterei Born.
Folgewerk auf "Wo Adler noch und Stürme jagen".

Hinter den dunklen Wäldern

Lothar von Hausen

311 Seiten, 58 Fotos und Zeitdokumente,
10 Zeichnungen
von Helmut Busch
Preis: 43,00 DM
ISBN: 3-9805273-9-5

Deutschland erlebte Anfang der dreißiger Jahre des vergangenen Jahrhunderts einen der spektakulärsten Wilddiebs-Kriminalfälle, bei dem am 14. November 1932 der preußische Staatsförster Max Daecke ums Leben kam. Das eigentliche Husarenstück der Wilddiebserzählung nach authentischen Begebenheiten begann im Juni 1933, als einer der zu langen Haftstrafen verurteilten Frevler aus dem Gefängnis ausbrach. Zum "Schrecken der Wälder" erklärt, trieb er im Karree der Städte Suhl, Zella-Mehlis, Schmalkalden und Meiningen, vor allem in den Waldungen des 740 m hohen Dolmars, sein Unwesen. Der Wilderer, der sich mit einer SA-Uniform tarnte, erregte bald den Unwillen der braunen Machthaber. Erbarmungslos gejagt, konnte er erst nach Monaten schwer verwundet gefaßt werden. - *Dem Autor ist es nach jahrzehntelanger Arbeit gelungen, an Hand von Dokumenten, eigenen Erlebnissen und persönlichem Kontakt zu einer der Hauptpersonen, zu Albin König, dem Wilderer aus Leidenschaft, die tatsächlichen Vorkommnisse in spannender und informativer Weise zu rekonstruieren. Unter anderem schildert er die Beweggründe der tödlichen Auseinandersetzungen zwischen Wilddieben und Förstern in der Zeit des wirtschaftlichen Niedergangs und der anschließenden gesellschaftlichen Veränderungen.*

Wildtier- und Landschaftsmaler
Helmut Busch

Angebot 2001

Mein grünes Notizbuch

* ca. 120 Seiten
* 150 x 110 mm
* 52 Wochenblätter mit Sonnen- u. Mondzeiten
* zu Beginn und Ende des Monats eine Zeichnung heimischer Wildtiere
* umfangreiches Tabellenwerk für Jäger, Angler und Naturfreunde
* 18,00 DM

Wandkalen

* 460 x 330
* Spiralbindu
* 14 Kalende ter
* Kalendariu mit Sonne und Mond
* Je Kalende zwei jagdl Motive na gemälden Helmut B
* Übersicht Jagdzeite Bundeslär
* 27,50 DM

Limitie Kunstdru nach Zei nungen v Helmut Bu

Motive:
Hirsch, Re ner, Schwarz Füchse

* 400 x 300
* mit Passepa (grünlich o beige)
* limitierte A lage je Mo 100 Stück
* nummerien Orginalsig rung
* je 29,00 D

Bei Fragen und Bestellungen:

Helmut Busch
Hintere Dorfstraße 7
98631 Haina
Tel./Fax.: 03694 821581